VIRUS

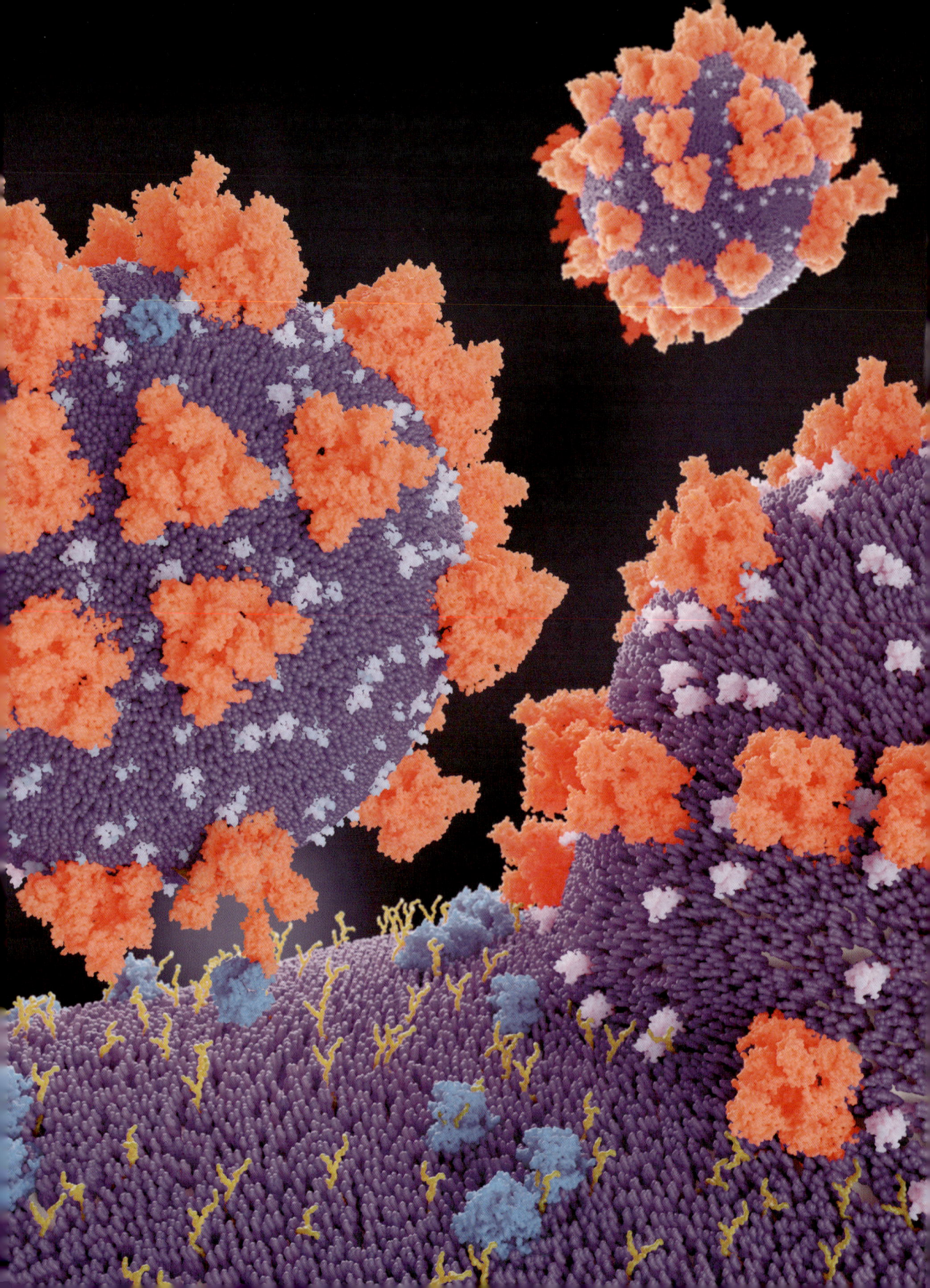

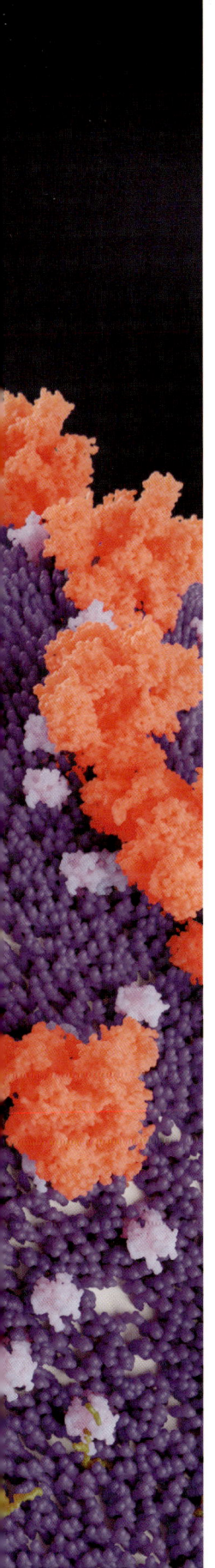

La vida de los
VIRUS
Historia natural de
los virus del planeta

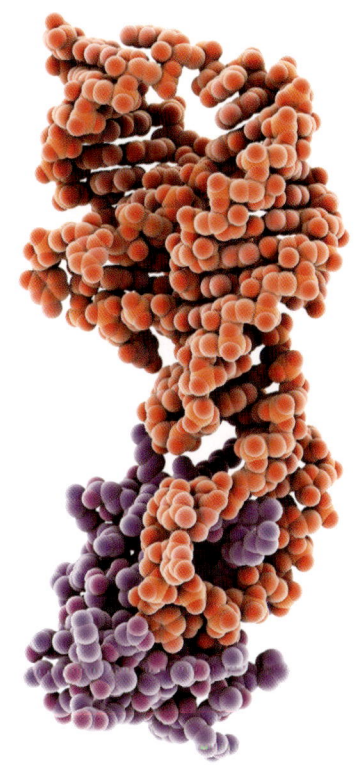

BLUME

Marilyn J. Roossinck

BLUME

Título original *Viruses*

Edición Nigel Browning, Kate Shanahan, Susi Bailey
Dirección del proyecto David Price-Goodfellow
Dirección de arte Wayne Blades
Diseño Lindsey Johns, Wanda España (cubierta)
Documentación iconográfica Sharon Dortenzio
Ilustración Caitlin Monney (Monney Medical Media), Tejeswini Padma,
John Woodcock, Martin Brown, Lindsey Johns
Cartografía Les Hunt
Traducción Sergi Marcó Cuenca
Revisión de la edición en lengua española Susana Guix
Secció Microbiologia, Virologia i Biotecnologia. Departament de Genètica,
Microbiologia i Estadística. Facultat de Biologia (Universitat de Barcelona)
Josep Solanes Batlló Editor médico
Coordinación de la edición en lengua española Cristina Rodríguez Fischer

Primera edición en lengua española 2025

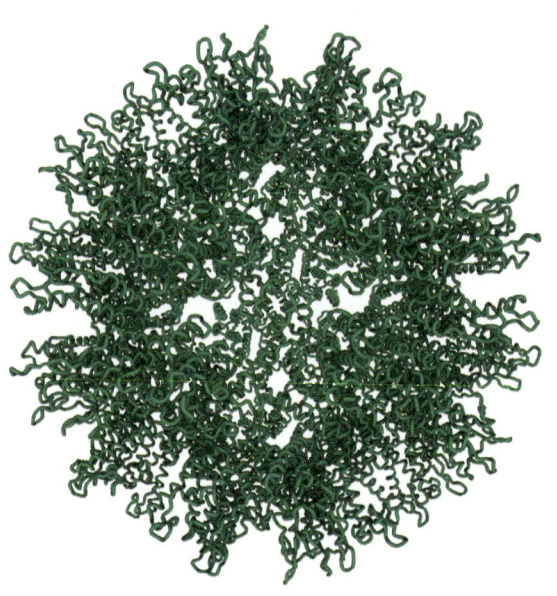

© 2025 Naturart. S.A. Editado por BLUME
Carrer de les Alberes, 52, 2.° Vallvidrera, 08017 Barcelona
Tel. 93 205 40 00 E-mail: info@blume.net
© 2023 UniPress Books Limited, Londres
© 2023 Princeton University Press, New Jersey

I.S.B.N.: 978-84-10469-08-2
Depósito legal: B. 22646-2024
Impreso en Malasia

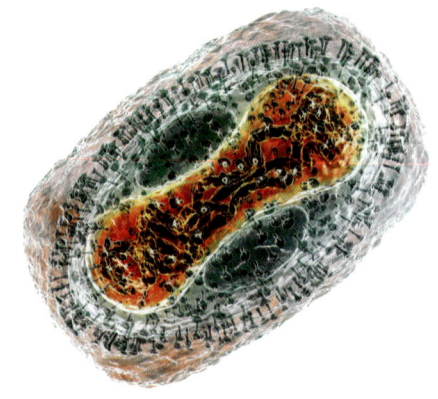

WWW.BLUME.NET

MIXTO
Papel | Apoyando la
silvicultura responsable
FSC® C006474

Portada: microscopía electrónica de transmisión en colores falsos de viriones
del virus de la gripe, de NIBSC; contraportada y lomo: ilustración del virus
Chikungunya, ilustración de Ramon Andrade, 3Dciencia. Ambas imágenes
son cortesía de Science Photo Library; página 2: impresión artística de la
unión de los virus del SARS-CoV-2 a los receptores en la superficie de la
célula; página 3: complejo de ribozimas del virus de la hepatitis delta.

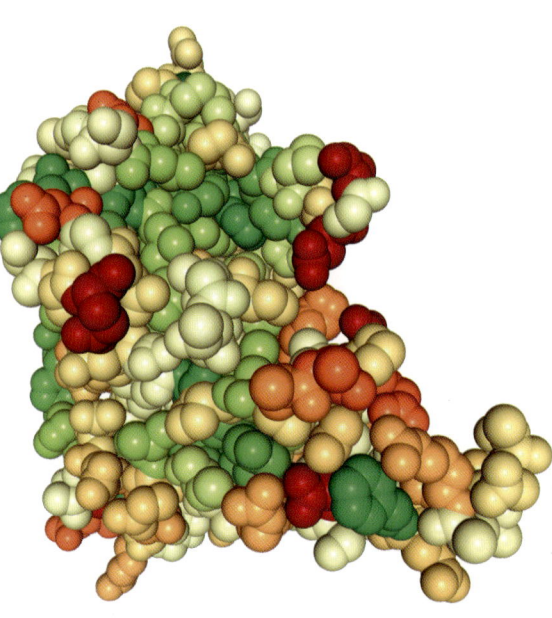

Agradecimientos de la autora
Escribir este libro ha sido una oportunidad maravillosa de presentar mis cosas
favoritas en el mundo: ¡los virus! Me gustaría agradecer a mis compañeros
del Centro de Dinámica de Enfermedades Infecciosas de la Universidad Esta-
tal de Pensilvania por los numerosos y útiles debates sobre puntos clave del
libro, y al equipo de UniPress por sus esfuerzos en la organización, el diseño
y las ilustraciones del libro, que en conjunto lo hacen enormemente atractivo.

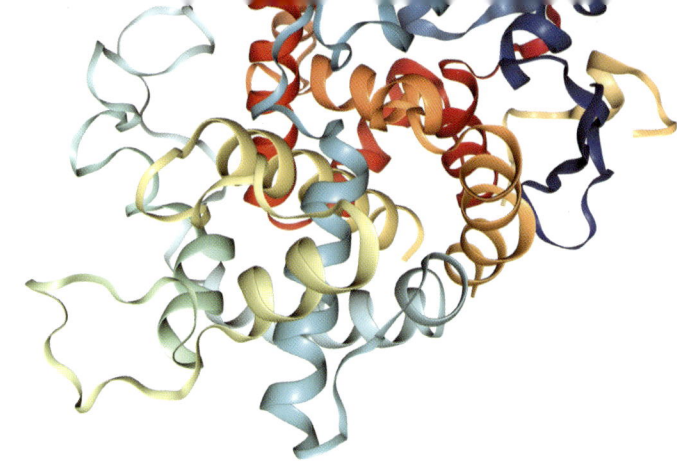

CONTENIDO

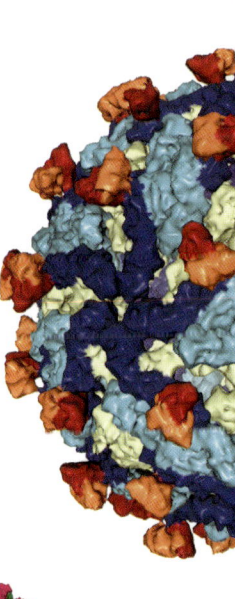

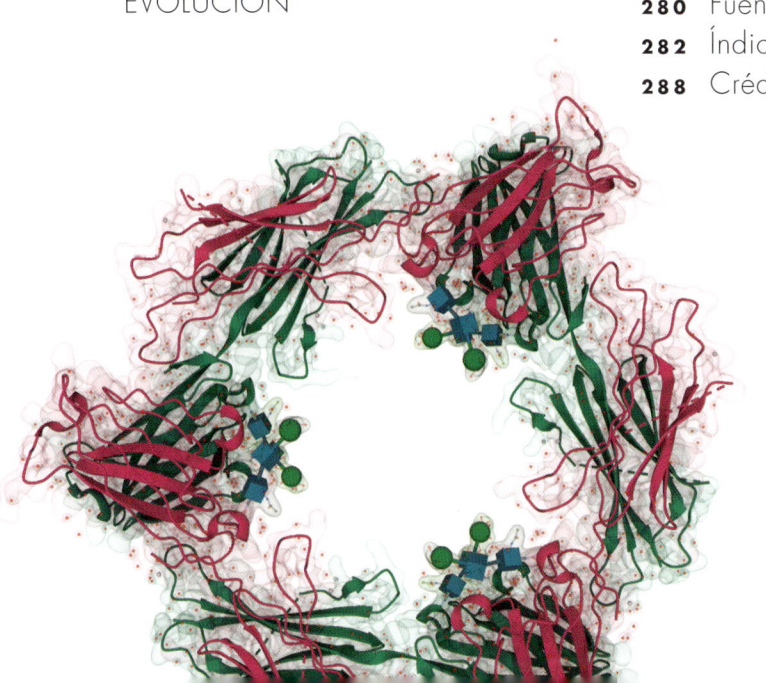

INTRODUCCIÓN

¿Qué son los virus?

Desde la aparición del coronavirus del síndrome respiratorio agudo severo Tipo 2 (SARS-CoV-2) a finales de 2019 y principios de 2020, el mundo ha tomado consciencia de la importancia de los virus y de lo mucho que pueden afectar a nuestras vidas. Los medios de comunicación en general, e incluso el campo de la virología en particular, se vieron abrumados por la complejidad de este virus, que causa la enfermedad por coronavirus 2019 (COVID-19). Aunque los efectos del SARS-CoV-2 tuvieron una repercusión a nivel mundial, esta es solo una pequeña parte de la historia de los virus. Este libro embarcará al lector en un fascinante viaje más allá de la COVID-19 y hacia el reino de las entidades más diversas de la Tierra.

Es difícil encontrar una definición que se ajuste a los diversos tipos de virus. El *Oxford Learner's Dictionary* define virus como «un ser vivo, demasiado pequeño para ser visto sin un microscopio, que causa enfermedades en personas, animales y plantas». Sin embargo, ya la primera frase —«un ser vivo»— es motivo de controversia (*véase* más adelante). Los virus no solo infectan a personas, animales y plantas; de hecho, provocan infecciones en todas las formas de vida conocidas y, en la mayoría de los casos, no causan enfermedades. Por último, esta definición no hace una distinción entre virus y bacterias.

El *Oxford English Dictionary* presenta una definición algo diferente: «Agente infeccioso, a menudo patógeno, o entidad biológica que, por lo general, es más pequeña que una bacteria, que solamente es capaz de ser funcional dentro de las células vivas de un animal, planta o microorganismo huésped, y que está formada por una molécula de ácido nucleico (ADN [ácido desoxirribonucleico] o ARN [ácido ribonucleico]) rodeada por una capa proteica, a menudo con una membrana lipídica externa». Aquí se han realizado algunos progresos en cuanto a la definición, a pesar de que muchos virus gigantes son más grandes que algunas bacterias, y no todos tienen una capa proteica.

Hay algunas características que comparten todos los virus: tienen genomas de ARN o ADN, necesitan un huésped para realizar sus funciones, disponen del material genético para desarrollar muchas funciones sofisticadas y no son capaces de producir su propia energía. Hay un debate en curso acerca de si los virus están vivos o no.

Cuando fueron identificados por primera vez, se dio por hecho que estaban vivos, pero cuando en 1935 se cristalizó el virus del mosaico del tabaco, algunos científicos pensaron que los virus eran más parecidos a una sustancia química que a una forma de vida. Algunos sugirieron que los virus están vivos cuando infectan a una célula huésped, y que son más parecidos a las semillas o a las esporas cuando están fuera de ella.

En resumen, no hay una respuesta sencilla a la pregunta «¿Están vivos los virus?». Existen muchos argumentos a favor y en contra, pero rara vez por parte de los virólogos. En general, a ellos sus entidades favoritas les resultan fascinantes, sin importar si están vivas o no, un aspecto con poca relevancia porque indudablemente afectan a las vidas de todo lo que hay sobre la Tierra.

→ Criomicroscopía electrónica de alta resolución del virus Zika.

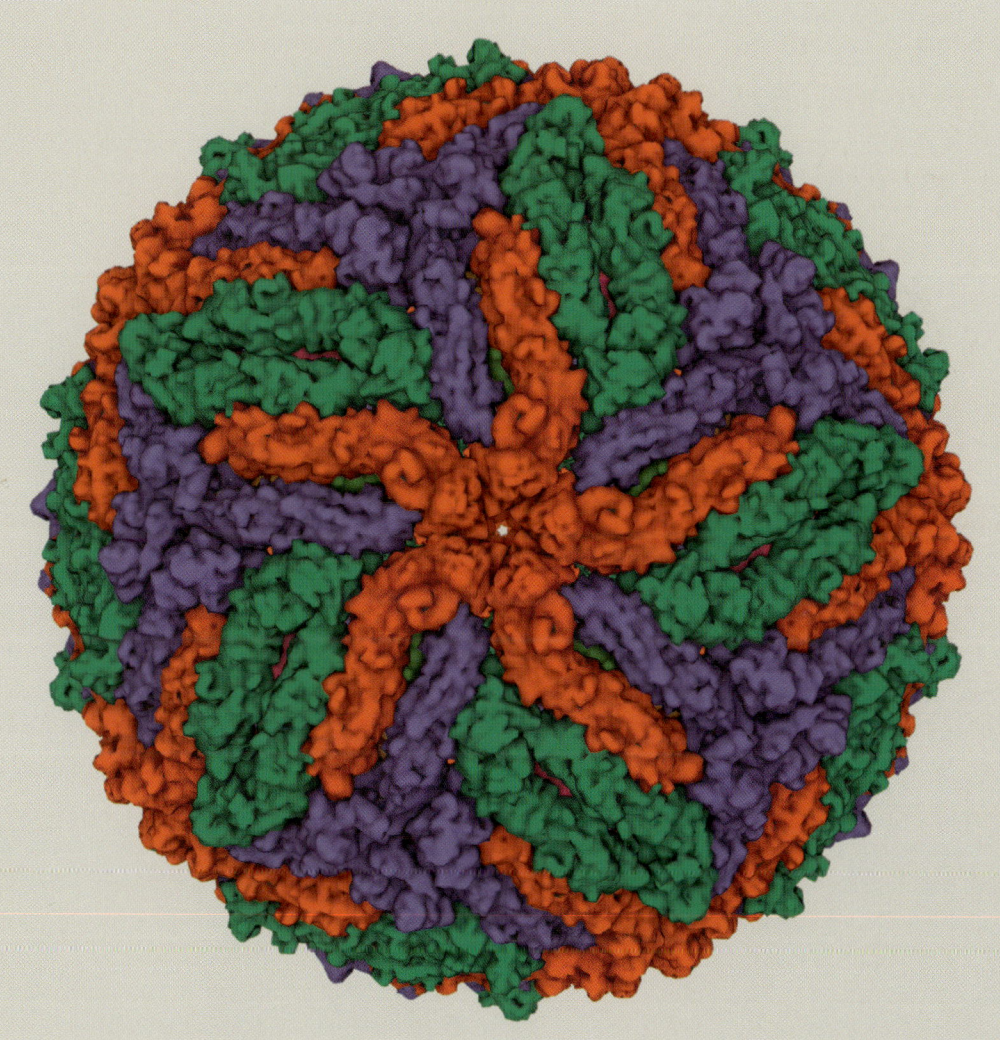

¿Qué son las células?

Una célula es la unidad básica de la vida. Hay dos tipos: las procariotas y las eucariotas (*véase* diagrama inferior). La vida procariota incluye las arqueas y las bacterias, que en su mayoría se componen de células individuales, aunque algunas pueden formar estructuras multicelulares. Las células eucariotas incluyen todo lo demás.

Los fundamentos de la vida celular

Toda forma de vida está constituida por células, que pueden ser procariotas o eucariotas. Las células bacterianas y las arqueas son procariotas, es decir, carecen de núcleo y suelen estar rodeadas por una pared. Las células animales y vegetales son eucariotas, es decir, tienen un núcleo que alberga el genoma del organismo. A diferencia de la mayor parte de las eucariotas, las células animales no tienen pared celular. Las estructuras de las eucariotas se denominan orgánulos y están rodeadas por sus propias membranas. Las mitocondrias de la mayoría de las eucariotas y los cloroplastos de las células vegetales producen su energía y tienen su origen en antiguas bacterias. Cuentan con sus propios genomas de ADN, pero no pueden sobrevivir de manera independiente. Las células se muestran con un tamaño medio según el tipo, pero en realidad este varía enormemente. Por volumen, la célula más grande es el huevo de avestruz.

↓ Representación gráfica de un pequeño fragmento de doble hélice de ADN.

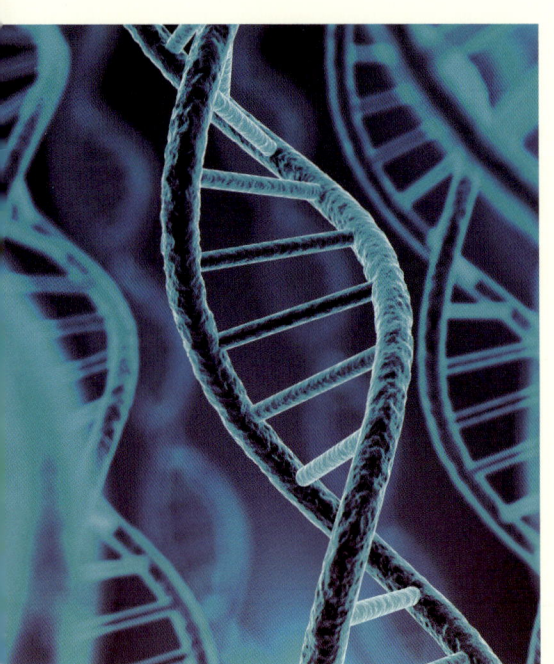

CÉLULA BACTERIANA (PROCARIOTA)

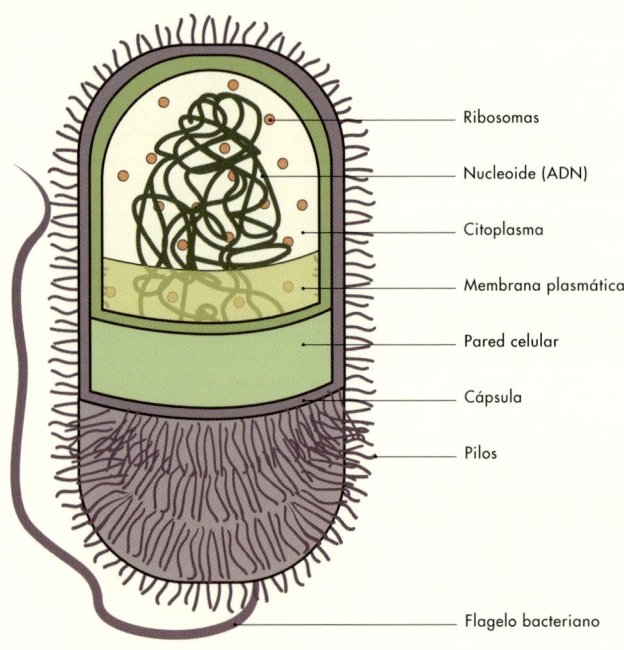

Ribosomas

Nucleoide (ADN)

Citoplasma

Membrana plasmática

Pared celular

Cápsula

Pilos

Flagelo bacteriano

2 μm

CÉLULA ANIMAL (EUCARIOTA)

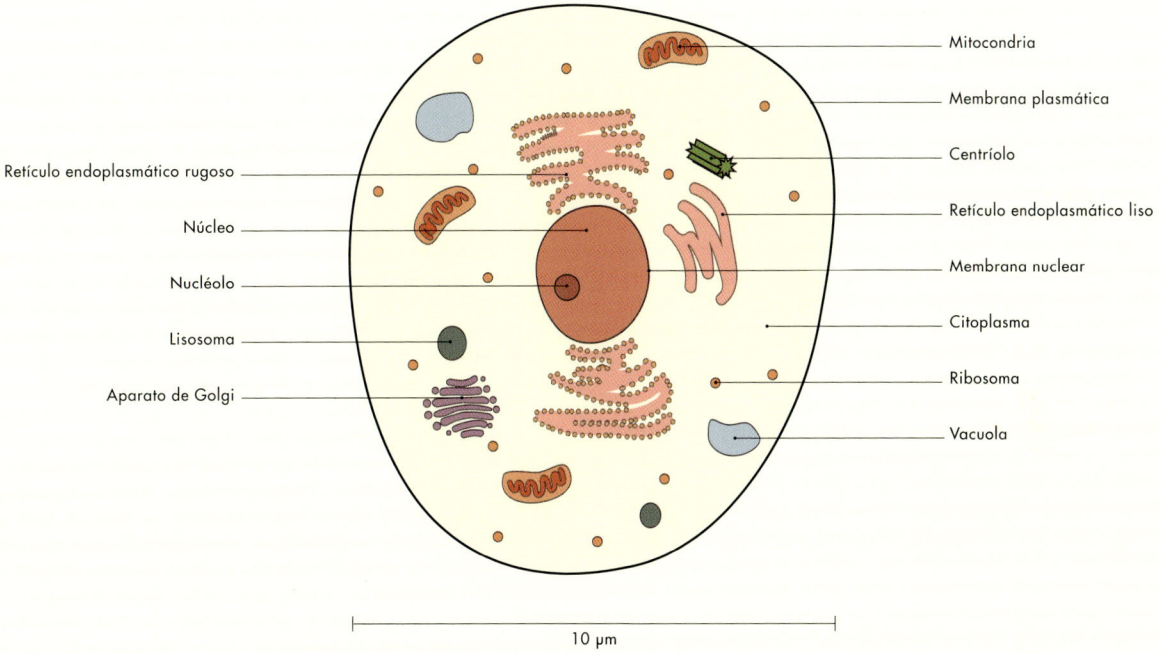

Retículo endoplasmático rugoso

Núcleo

Nucléolo

Lisosoma

Aparato de Golgi

Mitocondria

Membrana plasmática

Centríolo

Retículo endoplasmático liso

Membrana nuclear

Citoplasma

Ribosoma

Vacuola

10 μm

CÉLULA VEGETAL (EUCARIOTA)

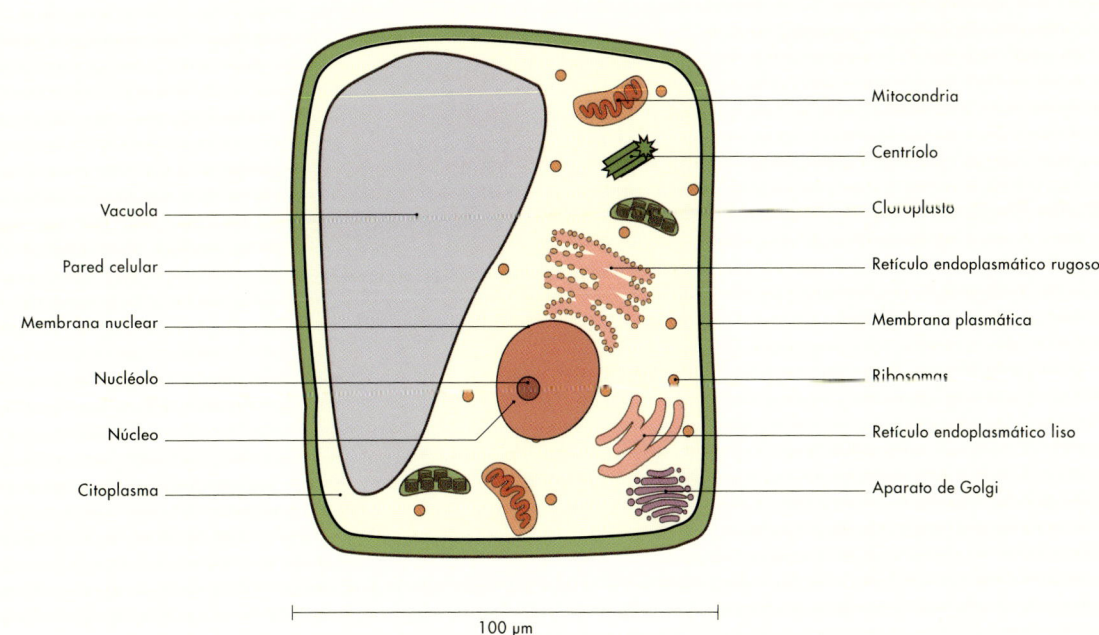

Vacuola

Pared celular

Membrana nuclear

Nucléolo

Núcleo

Citoplasma

Mitocondria

Centríolo

Cloroplasto

Retículo endoplasmático rugoso

Membrana plasmática

Ribosomas

Retículo endoplasmático liso

Aparato de Golgi

100 μm

ADN y ARN

El genoma de toda forma de vida que tenga células está compuesto por ADN, largas cadenas de bases desoxirribonucleotídicas, de las que hay cuatro (*véase* página 66). El genoma es un tipo de código que contiene toda la información necesaria para que la célula sintetice proteínas. Estas son cadenas de aminoácidos; cada aminoácido viene codificado por un codón, formado por tres nucleótidos que lo determinan (*véase* tabla inferior). Las partes del genoma que contienen los codones que permiten codificar proteínas son las regiones codificantes.

Dado que hay cuatro nucleótidos y es necesario codificar 22 aminoácidos, además de un codón que indique que se debe detener la traducción (codón *stop*), suele haber más de un codón codificante para cada aminoácido, ya que existen 48 combinaciones de ellos. La tabla inferior muestra el primer, segundo y tercer nucleótido para cada codón (abreviados como U, C, A y G) y el aminoácido correspondiente a ese codón, que será insertado por la maquinaria de traducción durante la síntesis de la proteína.

EL CÓDIGO GENÉTICO

Cada aminoácido se representa en la tabla con una abreviatura de tres letras. Por ejemplo, Ser significa serina; Leu significa leucina, e His significa histidina.

PRIMERA BASE	SEGUNDA BASE				TERCERA BASE
	U	C	A	G	
U	UUU Phe UUC Phe UUA Leu UUG Leu	UCU Ser UCC Ser UCA Ser UCG Ser	UAU Tyr UAC Tyr UAA STOP UAG STOP	UGU Cys UGC Cys UGA STOP UGG Trp	U C A G
C	CUU Leu CUC Leu CUA Leu CUG Leu	CCU Pro CCC Pro CCA Pro CCG Pro	CAU His CAC His CAA Gln CAG Gln	CGU Arg CUC Arg CGA Arg CGG Arg	U C A G
A	AUU Iso AUC Iso AUA Iso AUG Met	ACU Thr ACC Thr ACA Thr ACG Thr	AAU Asn AAC Asn AAA Lys AAG Lys	AGU Ser AGC Ser AGA Arg AGG Arg	U C A G
G	GUU Val GUC Val GUA Val GUG Val	GCU Ala GCC Ala GCA Ala GCG Ala	GAU Asp GAC Asp GAA Glu GAG Glu	GGU Gly GGC Gly GGA Gly GGG Gly	U C A G

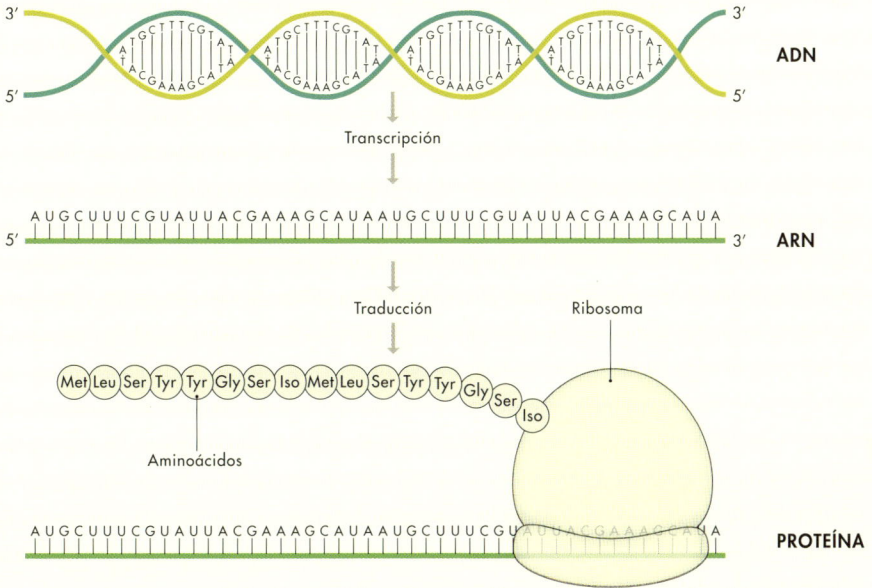

ADN

Transcripción

AUGCUUUCGUAUUACGAAAGCAUAAUGCUUUCGUAUUACGAAAGCAUA
5′ ARN 3′

Traducción

Ribosoma

Met Leu Ser Tyr Tyr Gly Ser Iso Met Leu Ser Tyr Tyr Gly Ser Iso

Aminoácidos

AUGCUUUCGUAUUACGAAAGCAUAAUGCUUUCGUAUUACGAAAGCAUA

PROTEÍNA

De ADN a ARN y de ARN a proteína

El ADN es el material genético de toda forma de vida que tenga células. Un genoma celular comprende dos largas cadenas de moléculas complejas de azúcar, cada una unida con una base nucleotídica. Hay cuatro bases en el ADN: la adenina (A), la citosina (C), la guanina (G) y la timina (T). Cada base se empareja con otra complementaria —A con T y C con G— de manera tal que las dos hebras se complementan y forman una doble hélice. El ADN se transcribe a ARN y este, a su vez, transporta el código para la síntesis de proteínas. El ARN tiene una estructura muy similar al ADN, pero sustituye la timina por el uracilo (U). Este dogma central de la biología molecular —del ADN al ARN y a la proteína— se remonta a 1970, cuando dos científicos estadounidenses independientes, David Baltimore y Howard Temin, descubrieron una nueva enzima sintetizada por virus que convertía el ARN en ADN. En los virus, los genomas de ADN pueden ser monocatenarios (mc).

Existen muchos otros elementos en el ADN que no codifican proteínas, pero son importantes para regular cuándo y cómo se sintetizan. De hecho, hay mucho más ADN no codificante en los genomas de las células que partes codificantes; por ejemplo, la parte codificante del genoma humano representa un 1,5 por ciento del total del genoma. Todavía no se ha descrito con claridad la función de gran parte de este ADN no codificante.

En cambio, los genomas de los virus pueden estar compuestos de ADN o de ARN. ¿Cuál es la diferencia? Desde el punto de vista químico, una base de ADN contiene un átomo de oxígeno menos (de ahí «desoxi-») que una base de ARN. Biológicamente, este pequeño cambio puede causar una gran diferencia: para copiar las diferentes bases se usan enzimas diferentes, tienen diferentes estructuras y el ARN tiene una mayor actividad biológica más allá de codificar genes. El ARN puede actuar como una enzima y forma parte de la compleja maquinaria que existe dentro de las células, como los ribosomas que traducen los genes a proteínas. Una diferencia importante entre los genomas de los virus y la vida celular es que la mayoría de los virus contienen una proporción muy pequeña de ARN o ADN no codificante.

Los genomas de toda vida celular son ADN bicatenario (bc). En eucariotas son lineales, pero en bacterias y arqueas son, a menudo, circulares. En los virus, los genomas pueden ser de ADN o ARN, monocatenario (mc) o bicatenario, lineal o circular. Mientras que todas las células utilizan gran cantidad de ARNmc para realizar distintas funciones, el ARNbc es exclusivo de los virus, a excepción de moléculas muy pequeñas. La mayoría de las células reconocen el ARNbc como una sustancia extraña y pueden desencadenar una respuesta inmunitaria (*véase* «La batalla entre virus y huéspedes», página 160). Los virus con genomas de ARNbc han desarrollado formas de ocultar sus genomas para no ser detectados por las células que infectan.

Cómo se denominan los virus

El primer nivel de la clasificación de virus a menudo se denomina clasificación de Baltimore, llamada así por el biólogo estadounidense David Baltimore. En ella se clasifican los virus en siete categorías de acuerdo con su tipo de genoma (*véase* inferior y la tabla de las páginas 34 y 35). Las distintas clases de virus infectan diferentes huéspedes.

En primer lugar, los nombres de los virus son asignados por el descubridor y, posteriormente, son reasignados o aprobados por el Comité Internacional de Taxonomía de Virus (ICTV, por sus siglas en inglés).

Los nombres de virus vegetales normalmente suelen incluir el nombre del primer huésped donde se aisló y los síntomas que produce como, por ejemplo, el virus del rayado del banano, que produce rayas amarillas en las hojas del plátano (*véase* página 54). En cambio, los nombres de los virus humanos a menudo incluyen el nombre del órgano donde se descubren, como los virus de la hepatitis que se encuentran en el hígado y los rinovirus que infectan el tracto respiratorio superior. Los nombres de los virus fúngicos incluyen

MATERIAL GENÉTICO EN LOS VIRUS

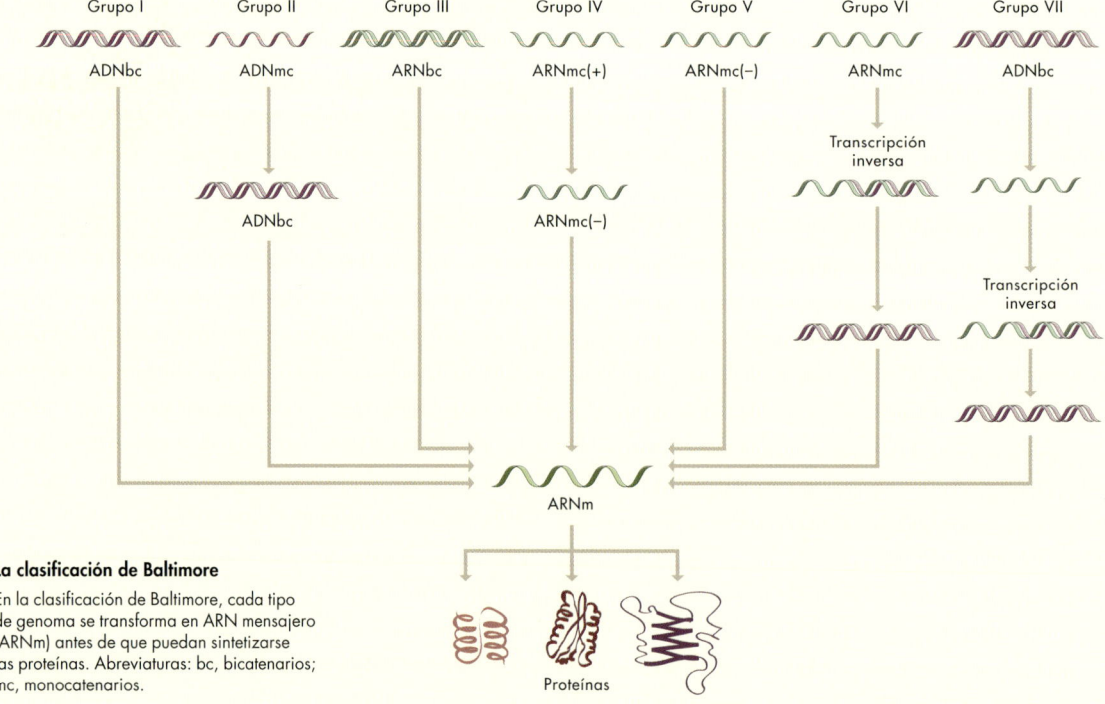

La clasificación de Baltimore

En la clasificación de Baltimore, cada tipo de genoma se transforma en ARN mensajero (ARNm) antes de que puedan sintetizarse las proteínas. Abreviaturas: bc, bicatenarios; mc, monocatenarios.

el género en latín y la especie del huésped, como saccharomyces cerevisiae L-A, que infecta a la levadura (*véase* página 246).

Los nombres de los virus pueden ser confusos porque no siempre se descubren en sus huéspedes naturales y además es posible que puedan infectar a más de un huésped. Por ejemplo, el virus del mosaico del pepino infecta a 1200 especies de plantas, pero no a la mayoría de las variedades del pepino moderno, las cuales son resistentes al virus. Los virus de este libro utilizan los nombres del ICTV del año 2020. En muchos casos, se proporcionan las abreviaturas de los virus, pero debe tenerse en cuenta que no siempre se usan de la misma forma por distintos virólogos y que más de uno puede tener la misma abreviatura. Por ejemplo, el virus del sarcoma de Rous y el virus respiratorio sincitial, ambos documentados en el libro, usan la abreviatura RSV en inglés.

La clasificación taxonómica de los virus difiere de la de las formas de vida celulares en un par de aspectos. En primer lugar, el nivel más alto de clasificación de los virus es el reino, a diferencia del dominio en la vida celular. Los niveles restantes son los mismos. Y, en segundo lugar, en la taxonomía viral todos los niveles de la clasificación se escriben en cursiva, mientras que en otras taxonomías solamente se escriben en cursiva el género y el nombre de las especies. Aunque actualmente está aceptado el uso en latín de los nombres de los virus, las normas sobre cuándo debe usarse la cursiva y cuándo no, varían.

Para evitar la confusión, todos los nombres de los virus de este libro se escriben en letra redonda. Los nombres comunes también se incluyen en la descripción donde será posible para los lectores familiarizarse con ellos.

REPLICACIÓN DE LOS VIRUS

La replicación es la función más importante de los virus; en otras palabras, hacer más copias de sí mismos para infectar otras células huésped y otros huéspedes. Los detalles de este proceso difieren en función del tipo de genoma que tiene el virus y del huésped que infecta. Los detalles de este proceso se describen en el capítulo «Virus que crean más virus», página 62. Ese capítulo es el más técnico de todo el libro y está pensado para aquellos que quieran profundizar en el funcionamiento de los virus.

→ El virus del mosaico del tabaco causa un patrón de color verde claro y oscuro en las hojas de las plantas de tabaco infectadas. El virus se concentra en las zonas verde claro de las hojas.

¿Tienen colores los virus?

Hasta la fecha no se ha descubierto ningún virus que produzca pigmentos. Los pigmentos son biológicamente costosos de producir y siempre tienen un propósito específico en la biología, como atraer a las parejas o disuadir a los depredadores. Los virus no los necesitan, por lo que son incoloros, con excepción de los iridovirus. Estos últimos son grandes comparados con los estándares y tienen miles de facetas en la estructura de su cápside que reflejan la luz, generando colores iridiscentes que a veces pueden verse en los huéspedes infectados (*véase* inferior).

A pesar de que la mayoría de los virus son incoloros, es posible que afecten el color del huésped infectado, causando modificaciones en los pigmentos que produce. Por ejemplo, muchas rayas o manchas en flores y hojas están causadas por virus que alteran los genes responsables de los pigmentos, y los virus también afectan a la producción de pigmento en los hongos.

La mayoría de las imágenes de virus de este libro han sido generadas por ordenador utilizando datos complejos, y se les ha añadido el color para que algunas características se vean con mayor claridad. Los métodos más recientes para analizar la estructura de los virus utilizan criomicroscopía electrónica de alta resolución, que es una modalidad de microscopía electrónica (ME) en la que las muestras se estudian a temperaturas criogénicas. Se trata de un gran avance respecto a los métodos antiguos, en los que las muestras se fijaban químicamente, un proceso que a menudo provocaba cambios en su estructura. Con la criomicroscopía electrónica de alta resolución se combinan miles de imágenes individuales para generar una estructura muy detallada.

Otro método para observar la estructura de los virus es a través de la cristalografía de rayos X. Es fácil convertir los virus en cristales porque suelen tener formas muy regulares. Cuando un haz de rayos X atraviesa un cristal, los rayos se difractan en diferentes direcciones en función de la estructura molecular del cristal. Los programas informáticos convierten las difracciones en una estructura. Algunas imágenes de este libro han sido generadas con este método.

Estructura del iridovirus
Los iridovirus tienen muchas cápsides que reflejan los distintos colores de la luz, de la misma manera que una mariposa puede parecer iridiscente gracias a las diminutas escamas que cubren sus alas.

Proteínas de la membrana externa

Cápside que contiene el ADN genómico

Membrana externa

→ Los tulipanes infectados con el virus de la ruptura del color del tulipán tienen rayas. En el siglo XVII, los holandeses estaban tan enamorados de estas flores que los bulbos de tulipán infectados dieron lugar a la «tulipomanía». Sin embargo, como a veces el virus se perdía cuando los tulipanes se propagaban, los colores no eran estables.

La historia y el futuro de la virología

El primer indicio de que un agente distinto de las bacterias o los hongos causaba infecciones se produjo en 1892, cuando el biólogo ruso Dmitri Ivanovsky (1864-1920) demostró que una enfermedad de mosaico en las plantas de tabaco podía transmitirse por la savia de la planta. Llegó a la conclusión de que en la savia había un veneno. En 1898, el microbiólogo neerlandés Martinus Beijerinck (1851-1931) hizo pasar la savia de las plantas de mosaico de tabaco a través de un fino filtro de porcelana que podía retener las bacterias, y descubrió que la savia filtrada seguía siendo infecciosa. Concluyó que en la savia de la planta había un agente infeccioso más pequeño que las bacterias y lo denominó fluido vivo y contagioso. Posteriormente, Beijerinck usó para el agente la palabra virus, que en latín significa «veneno».

→ Un modelo grande del virus del mosaico del tabaco diseñado por la química inglesa Rosalind Franklin se presentó en la exposición universal de Bruselas en 1958. Aquí se puede ver en construcción.

Ese mismo año, los bacteriólogos alemanes Friedrich Loeffler (1852-1915) y Paul Frosch (1860-1928) demostraron que el agente infeccioso que provocaba la fiebre aftosa era también un virus filtrable, y así nació el ámbito de la virología. En 1901, el médico del ejército Walter Reed (1851-1902) había demostrado que el agente de la fiebre amarilla también era un virus, y en la década siguiente se comprobó que la leucemia y los tumores sólidos eran transmisibles por virus en pollos. En 1915, dos científicos independientes descubrieron los virus bacterianos.

Los virus fueron fundamentales en muchos avances importantes de la biología. Se demostró que los componentes básicos del virus del mosaico del tabaco eran ARN y proteínas, y su estructura se observó en un microscopio electrónico en la década de 1930. La capacidad de los virus vegetales para mutar también se descubrió en esa década, y se demostró para los virus bacterianos en la década de 1940. En 1950, la química inglesa Rosalind Franklin (1920-1958) realizó un modelo estructural del virus del mosaico del tabaco mediante la cristalografía de rayos X, técnica que más tarde utilizó para mostrar la estructura del ADN. Esto condujo al descubrimiento del ARN como material genético. Los virus también se utilizaron para descifrar el código genético.

A lo largo del siglo XX, los virus aportaron muchas herramientas fundamentales para el estudio de la biología molecular. Las primeras enzimas para determinar la secuencia de ADN fueron aisladas de virus y muchas de las herramientas para su clonación proceden de ellos.

EL FUTURO DE LA VIROLOGÍA

Las funciones beneficiosas de los virus para la vida en la Tierra (*véanse* capítulos en páginas 194 y 220) no han hecho más que empezar a esclarecerse, y este es un campo que debería recibir mucha atención en las próximas décadas. Con el aumento de la tecnología que permite descubrir cada vez más virus (*véase* «La profundidad y amplitud de los virus», página 26), los científicos hallarán muchos ejemplos de virus que no causan enfermedades.

Los abrumadores efectos globales de la pandemia de la COVID-19 han dejado claro que es necesario dedicar mucha más energía a comprender cómo surgen los virus para causar enfermedades graves (*véanse* capítulos en páginas 160 y 248).

También es fundamental mejorar los métodos de vigilancia para detener posibles pandemias en su fase inicial. La COVID-19 ha impulsado el desarrollo de nueva tecnología para la investigación de vacunas y dejado claro lo mucho que queda para comprender la respuesta inmunitaria y desarrollar vacunas duraderas. El desarrollo de tratamientos para las enfermedades víricas también es muy importante (*véase* «La batalla entre virus y huéspedes», página 161). En las próximas décadas podemos esperar más biotecnología basada en el uso de virus como herramientas, que mitigue los problemas de resistencia a los antibióticos, facilite la administración de genes para tratar enfermedades genéticas y nos proporcione mejores recursos para comprender el planeta y nuestra relación con el medio ambiente.

← Martinus Beijerinck (1851-1931) fue un microbiólogo neerlandés conocido mayormente por sus primeros trabajos sobre los virus. Sus experimentos manifestaron que la enfermedad del mosaico del tabaco estaba causada por un agente infeccioso más pequeño que cualquier bacteria conocida. Acuñó el término «virus» para describir a este agente que consideró un «veneno contagioso». Beijerinck tuvo otro papel fundamental en la microbiología agrícola: descubrió que las bacterias que colonizaban las raíces de las leguminosas (judías, lentejas, guisantes, etcétera) podían «fijar» nitrógeno. El nitrógeno abunda en el aire, pero cuando se encuentra en esta forma, no puede ser aprovechado por las plantas. Las bacterias convierten el nitrógeno en una forma que pueden usar las plantas. Los agricultores nativos norteamericanos ya conocían este proceso indirectamente porque cultivaban el maíz y las judías juntos. Estas últimas producían un exceso de nitrógeno debido a la presencia de las bacterias en sus raíces, y los tallos de maíz servían de soporte para las plantas de judías. En la imagen superior se muestran los nódulos de la raíz de una leguminosa, donde residen las bacterias fijadoras de nitrógeno. En algunos casos, la infección de la planta huésped por un virus puede reducir el tamaño y la abundancia de estos nódulos.

→ Rosalind Elise Franklin (1920-1958) fue una científica británica que estudió química y cristalografía de rayos X. Es principalmente conocida por su trabajo sobre la estructura del ADN, por el que recibió poco reconocimiento durante su vida. En sus trabajos sobre el ADN descubrió las formas A y B de su doble hélice (*véanse* páginas 34-35). La cristalografía de rayos X es una herramienta muy poderosa para determinar la estructura de grandes moléculas como los ácidos nucleicos y las proteínas. Las moléculas se cristalizan y se hacen pasar rayos X a través del cristal, produciendo un patrón de difracción que puede interpretarse para revelar la estructura. Franklin usó esta técnica para determinar la estructura de los virus, y desde entonces se ha utilizado para establecer varias estructuras de virus, algunas de las cuales se recogen en este libro. El patrón de difracción del virus del mosaico del tabaco (TMV) del trabajo de R. Elise Franklin se ilustra en estas páginas (inferior); es posible que no parezca gran cosa para el ojo inexperto, pero permitió a los científicos construir un modelo que se presentó en la exposición universal de Bruselas el año 1958 (*véase página 19*). Franklin falleció joven y no fue hasta después de su muerte que se reconoció su papel crucial en la determinación de la estructura del ADN.

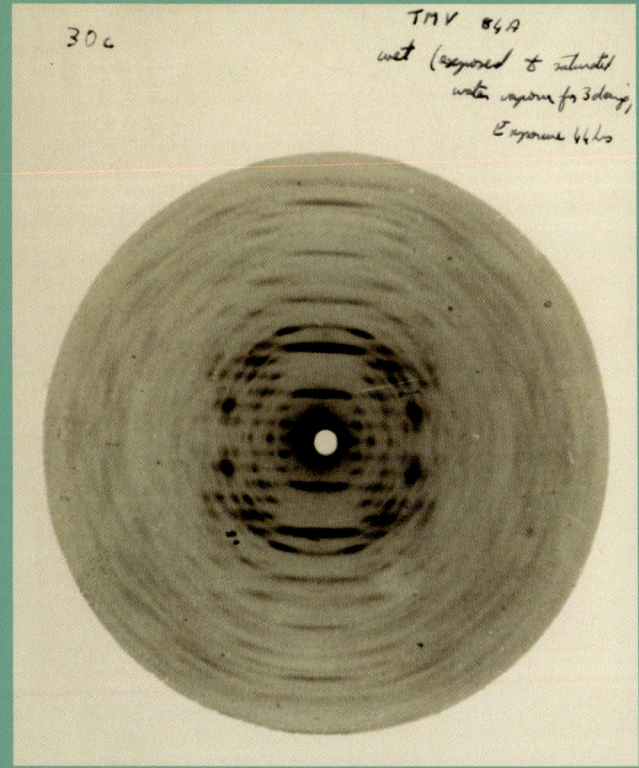

← Howard Martin Temin (1934-1994) fue un virólogo estadounidense. Estudió el virus del sarcoma de Rous (*véase página 100*) durante sus años de doctorado y posdoctorado, y en 1960 fue contratado por la Universidad de Wisconsin-Madison. Descubrió que las secuencias del genoma de este virus ARN podían encontrarse en el ADN de la célula huésped infectada. Concluyó que el virus tenía una forma de convertir su ARN en ADN. Había descubierto la enzima transcriptasa inversa, mostrada aquí como un modelo derivado de la cristalografía de rayos X. El virólogo estadounidense David Baltimore (n. 1938) hizo al mismo tiempo un descubrimiento parecido, usando un virus diferente, y los dos compartieron el Premio Nobel en 1975. El mundo de la biología molecular se vio sumido en el caos por estos descubrimientos, ya que violaban su dogma central (*véase página 13*). Desde su descubrimiento, la transcriptasa inversa se ha convertido en un componente esencial de la biología molecular. Entre otras cosas, ha permitido a los científicos determinar por primera vez la secuencia de las moléculas de ARN y clonar genes a partir de su ARN mensajero.

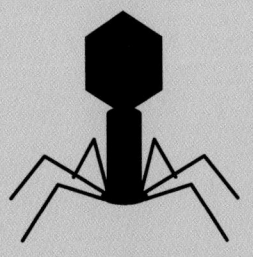

LA PROFUNDIDAD
Y AMPLITUD
DE LOS VIRUS

Introducción

La virología se sitúa en plena era de los descubrimientos, con cientos de nuevos virus que se describen cada día. De la mayoría de nuevos virus solo conocemos la secuencia de sus genomas de ADN o ARN, pero podemos especular sobre qué aspecto tienen, los organismos a los que infectan, y cómo funcionan según sus genes y los de su misma familia, que sí están bien estudiados.

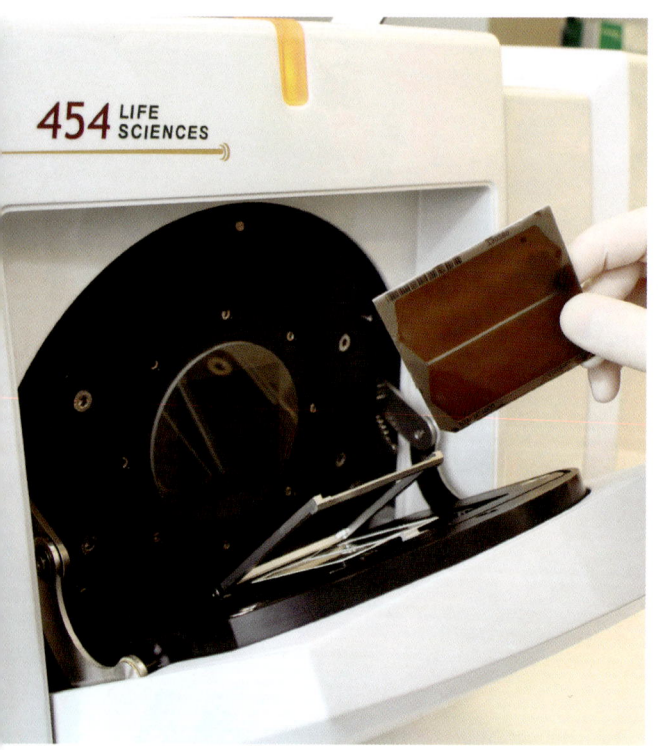

UNA BREVE HISTORIA DE LOS CAZADORES DE VIRUS

Antes de mediados de la década de 2000, el descubrimiento de nuevos virus consistía en un proceso minucioso que implicaba la microscopía electrónica y el cultivo celular, así como intentos de determinar la secuencia del genoma del virus, una vez que se encontraban datos objetivos de su existencia. Establecer el código genético entero de un solo virus pequeño podía demorar más de un año. Durante la primera epidemia de coronavirus del síndrome respiratorio agudo severo tipo 2 (SARS-CoV) en 2002-2004, la determinación de la secuencia genética del virus se completó en solo unos meses, lo que se consideró asombroso. El descubrimiento de otros microbios fue mucho más fácil que el de los virus, porque todas las células vivas tienen genes en común, y pequeñas regiones de estos genes comunes son idénticas.

Esto permitió a los científicos obtener la secuencia de estos genes comunes. En cambio, los virus no tienen genes comunes compartidos, por lo que los grandes estudios se limitaron a buscar virus relacionados con otros ya conocidos. Sin embargo, cuando los investigadores automatizaron el proceso para determinar secuencias de ADN, se pudo establecer con rapidez una gran cantidad de código genético. Por ejemplo, la secuencia del virus SARS-CoV-2 se completó en tan solo unos días.

No tardaron en desarrollarse métodos para llevar a cabo la secuencia genética de manera aleatoria, sin necesidad de conocimientos previos. Este proceso se denomina metagenómica. Los programas informáticos que analizan toda esta información genética están en continuo perfeccionamiento, pero ya nos han permitido describir un gran número de virus. Aun así, todavía entendemos muy poco sobre ellos y estamos lejos de conocerlos a todos.

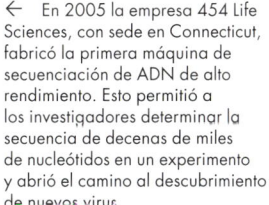
← En 2005 la empresa 454 Life Sciences, con sede en Connecticut, fabricó la primera máquina de secuenciación de ADN de alto rendimiento. Esto permitió a los investigadores determinar la secuencia de decenas de miles de nucleótidos en un experimento y abrió el camino al descubrimiento de nuevos virus.

↗ Los mosquitos son portadores de una amplia gama de virus, tanto de insectos como de mamíferos, y como tales pueden ser un punto de partida para el descubrimiento de virus.

→ Los murciélagos son portadores de virus de mamíferos que causan muchas de las enfermedades emergentes, como el Ébola, el SARS-CoV-2, el virus MERS (síndrome respiratorio de Oriente Medio) y los virus de la rabia. Por tanto, los investigadores de campo deben tener cuidado cuando estudian los murciélagos salvajes para evitar infectarse.

La diversidad de la vida

Para entender cómo son los virus, debemos empezar por la diversidad de la vida. La dividimos en tres dominios: *Bacteria, Archaea y Eukarya*. Las bacterias y las arqueas tienen una estructura simple, normalmente unicelular, y carecen de un núcleo. Tienen una reproducción mayormente asexual. El dominio *Archaea* no fue descubierto hasta 1977. Antes se estimaba que estas células eran bacterianas, pero más allá de algunas semejanzas estructurales, son muy diferentes. Las primeras arqueas se descubrieron en entornos extremos como los respiraderos de aguas profundas o las fuentes termales ácidas y salinas, pero ahora sabemos que están presentes en todas partes, incluso en el intestino humano.

Las células eucariotas son estructuralmente más complejas que las bacterias y las arqueas, aunque suelen ser bioquímicamente más simples. Esto se debe a que dependen de las bacterias para generar muchas de las sustancias químicas básicas que necesitan. Por ejemplo, el cuerpo humano no puede sintetizar algunos nutrientes esenciales y depende de la comida y de las bacterias que viven en su interior para hacerlo. La síntesis bacteriana de las vitaminas B_{12} y K es especialmente importante en nuestra nutrición. Las células eucariotas tienen un núcleo que alberga el genoma y la maquinaria para copiarlo y transcribirlo en ARN. También tienen otras estructuras internas llamadas orgánulos. Algunos, como las mitocondrias o los cloroplastos en plantas y algas, provienen de bacterias que pasaron de ser independientes a vivir en las células de antiguas eucariotas (*véase* diagrama, página 11).

A su vez, las formas de vida se dividen en reinos. Los dominios *Bacteria* y *Archaea* continen un solo reino, mientras que el dominio *Eukarya* se divide en cuatro: *Plantae* (plantas), *Animalia* (animales), *Fungi* y *Protista* (protistas). Algunos organismos no se clasifican de manera clara en ninguno de estos reinos. La mayoría de las personas están más familiarizadas con el reino animal, porque somos parte de él.

Los virus no constituyen un dominio o reino independiente, sino que se asocian a huéspedes de todos los reinos de la vida. En general, los virus no cruzan dominios, pero sí reinos. Por ejemplo, son muchos los virus que pueden infectar tanto plantas como hongos o plantas e insectos.

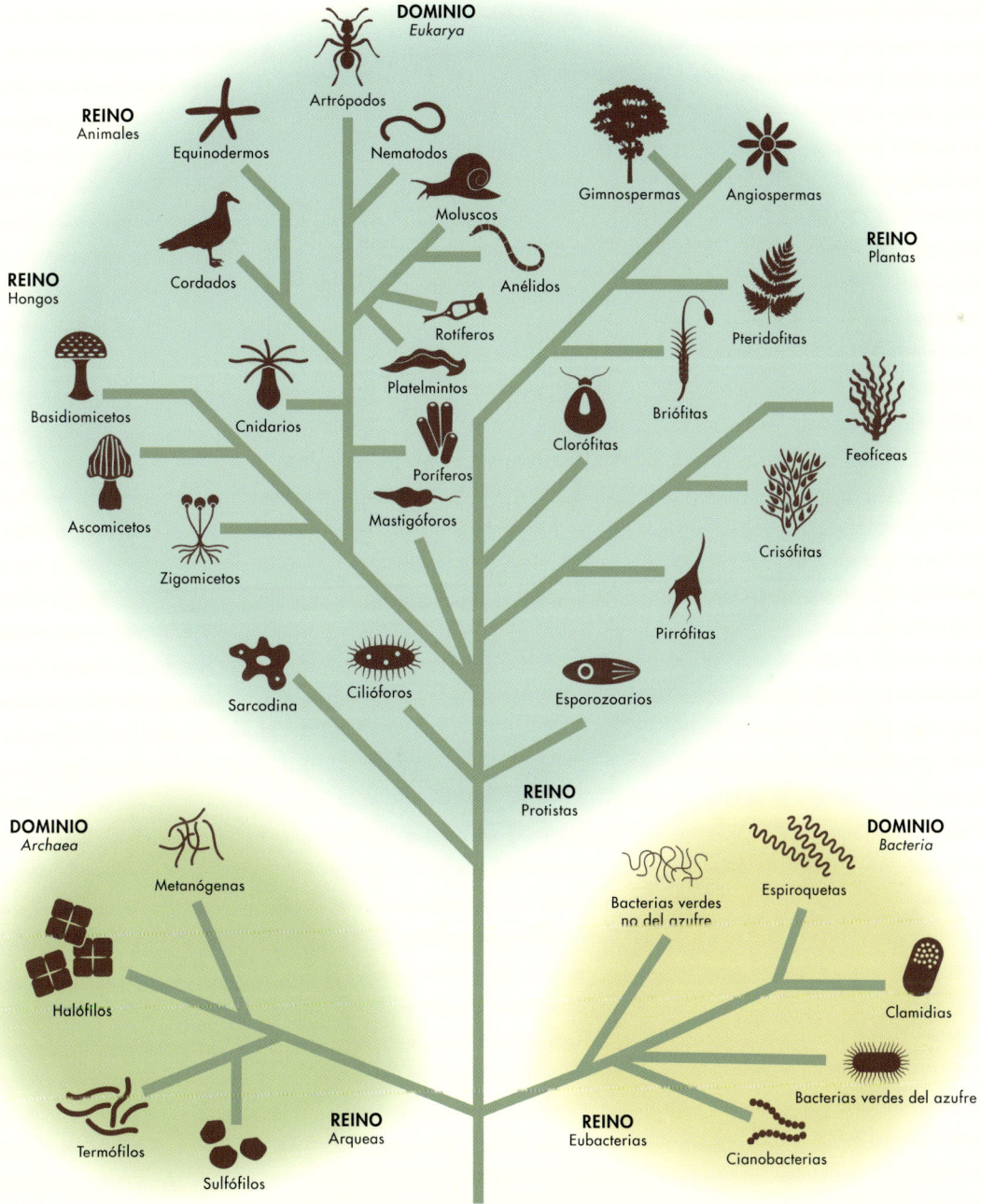

DOMINIO *Eukarya*

REINO Animales

Artrópodos

Equinodermos

Nematodos

Moluscos

Anélidos

Cordados

Rotíferos

REINO Hongos

Gimnospermas

Angiospermas

REINO Plantas

Pteridofitas

Briófitas

Feofíceas

Basidiomicetos

Cnidarios

Platelmintos

Clorófitas

Ascomicetos

Poríferos

Crisófitas

Zigomicetos

Mastigóforos

Pirrófitas

Sarcodina

Cilióforos

Esporozoarios

REINO Protistas

DOMINIO *Archaea*

Metanógenas

Bacterias verdes no del azufre

Espiroquetas

DOMINIO *Bacteria*

Halófilos

Clamidias

Termófilos

Bacterias verdes del azufre

REINO Arqueas

REINO Eubacterias

Cianobacterias

Sulfófilos

ANTEPASADO COMÚN A TODA LA VIDA

Los dominios y reinos de la vida

La vida se divide en tres dominios y seis reinos. Los dominios —*Bacteria*, *Archaea* y *Eukarya*— tienen un fondo sombreado y los reinos se indican en cada uno. *Bacteria* es el dominio más antiguo de la vida. Las bacterias y las arqueas son procariotas y suelen ser unicelulares; la célula no tiene núcleo. En cambio, las células de *Eukarya* sí tienen núcleo, donde se almacena el genoma de ADN, y a menudo otros orgánulos como los cloroplastos y las mitocondrias, que proceden de antiguas bacterias.

TAMAÑO DE LOS VIRUS

Los virus varían enormemente en el tamaño de su partícula y de su genoma. Los virus más pequeños solo miden 17 nm (nanómetros) de diámetro. Para hacerse una idea del tamaño de un nanómetro, imagine que corta el grosor de su uña (que es de aproximadamente 1 mm) en 1000 rodajas. Cada rodaja tendría un grosor aproximado de un micrómetro (μm). A continuación, imagine que toma una rodaja y la corta en 1000 rodajas más: cada una de ellas tendría un grosor aproximado de un nanómetro. El mayor virus conocido mide 1,5 μm, 90 veces más que el virus más pequeño y más que muchas bacterias. Los genomas también varían de tamaño; el genoma vírico más pequeño tiene poco más de 1700 nucleótidos y el más grande casi 2,5 millones, una diferencia de unas 1500 veces.

Junto con la enorme diferencia en el tamaño del genoma vienen el número y los tipos de proteínas codificadas por los virus. Los virus más simples solo pueden sintetizar dos proteínas: una enzima para que copie su genoma y una capa proteica para que lo cubra y proteja. Incluso hay algunos virus que no disponen de la capa proteica y tienen el ARN desprotegido. El virus con el genoma más grande puede sintetizar más de 2500 proteínas que realizan algunas funciones que una célula podría hacer, pero no todas. Hasta ahora, no se ha encontrado ningún virus que pueda dirigir completamente la elaboración de sus proteínas. Aunque tienen los genes para fabricarlas, necesitan la maquinaria de la célula que infectan para convertir esos genes en proteínas. Además, son incapaces de generar su propia energía y dependen de la célula huésped para ello.

FORMAS DE LOS VIRUS

Los virus tienen muchas formas diferentes, que a menudo se asemejan a estructuras geométricas. La forma clásica de un virus es un icosaedro, una figura con 20 caras equivalentes. A menudo se dibujan en dos dimensiones, como polígonos de seis u ocho lados. Las caras de una partícula vírica suelen subdividirse en muchas subcaras, llamadas capsómeros. Los virus icosaédricos más grandes tienen más de 2000 capsómeros, mientras que los más pequeños solo tienen 12.

La hélice es otra forma común de los virus. El virus del mosaico del tabaco, el primero descubierto (*véase* página 18), tiene forma helicoidal. Algunos virus helicoidales son rígidos, mientras que otros son flexibles. Aquellos que están envueltos (por una membrana externa) tienen una forma más relajada, pero a menudo su forma interna es rígida. Muchos virus bacterianos (también llamados bacteriófagos) tienen complejas estructuras de «aterrizaje». Sin embargo, las formas más diversas de todas se observan en los virus de las arqueas. Muchos de ellos son únicos, como los ampulavirus, que tienen forma de botella. Cuando se descubrieron por primera vez, nadie podía descifrar las funciones de sus genes, porque eran muy diferentes a los de los demás.

↙ Si imaginamos una célula vegetal del tamaño de un campo de fútbol americano, un virus tendría aproximadamente el tamaño de una pelota de béisbol.

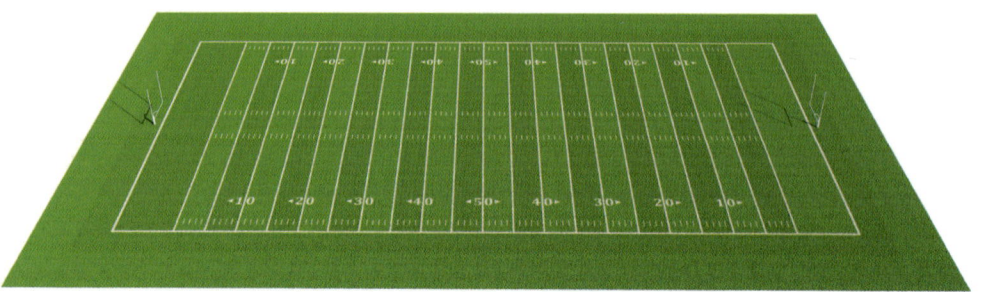

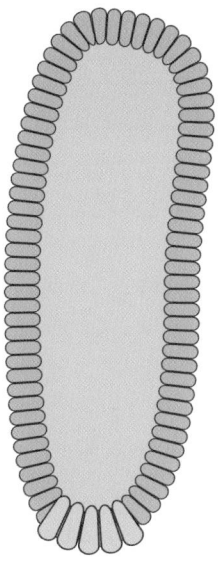

Pithovirus sibericum
1,5 µm de longitud

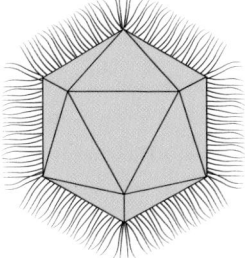

Megavirus chilensis
440 nm

Circovirus porcino
17 nm

Tamaño de los virus

El virus más pequeño que se conoce es el circovirus porcino 1 (PCV-1) y el de mayor tamaño físico es el pithovirus sibericum, aunque el megavirus chilensis es el más grande de estructura icosaédrica (los virus no se dibujan a escala comparativa).

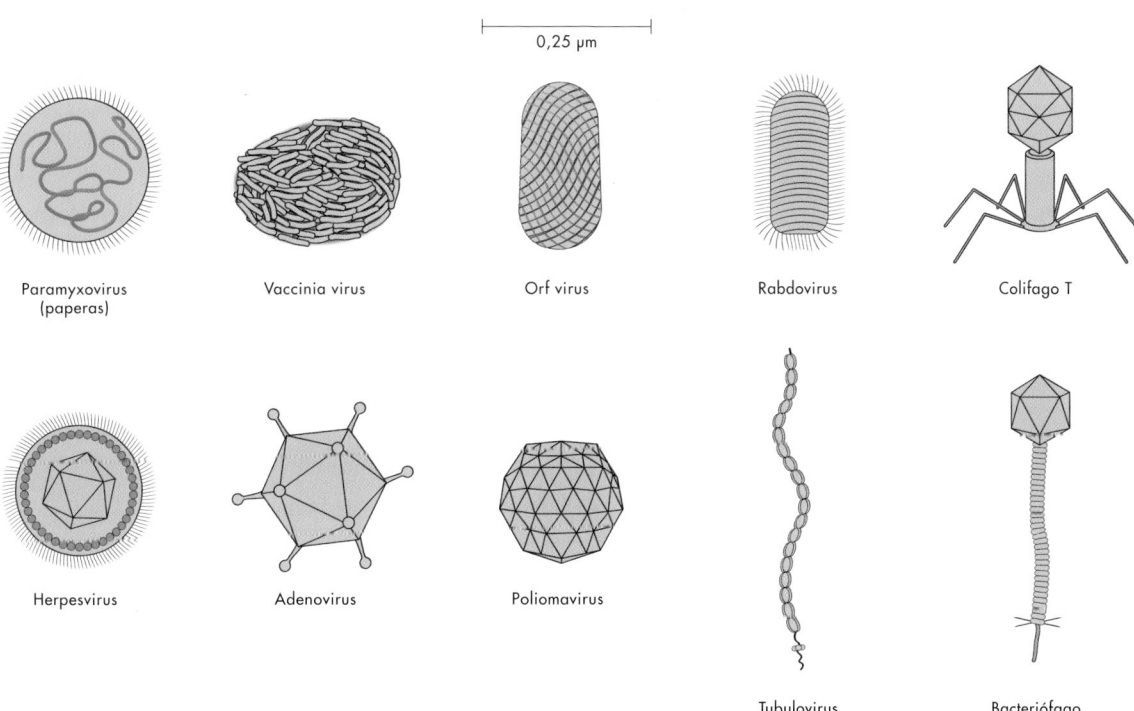

0,25 µm

Paramyxovirus
(paperas)

Vaccinia virus

Orf virus

Rabdovirus

Colifago T

Herpesvirus

Adenovirus

Poliomavirus

Tubulovirus

Bacteriófago
de cola

Virus de la gripe

Picornavirus

φX174

Formas de los virus

Los virus tienen una gran variedad de formas y estructuras, más allá del emblemático icosaedro o la hélice, y algunos tienen una membrana en el exterior conocida como envoltura.

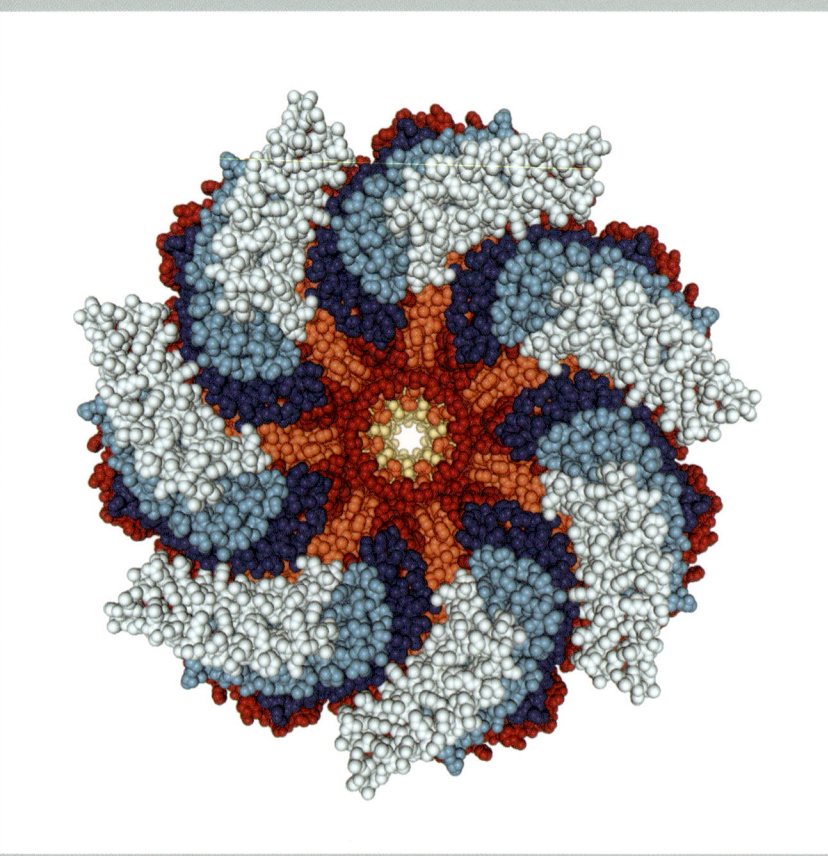

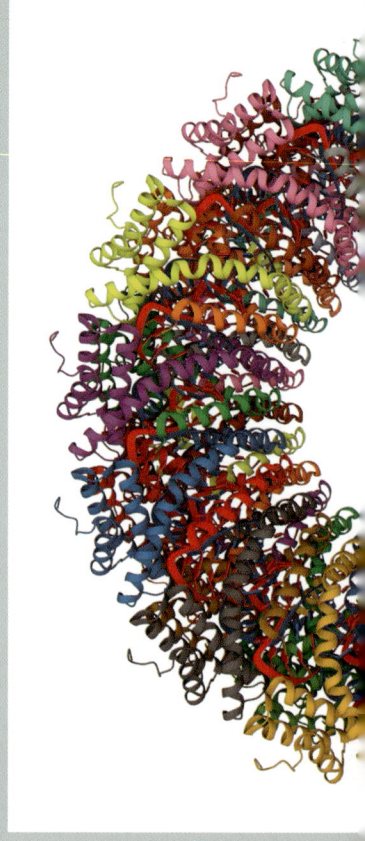

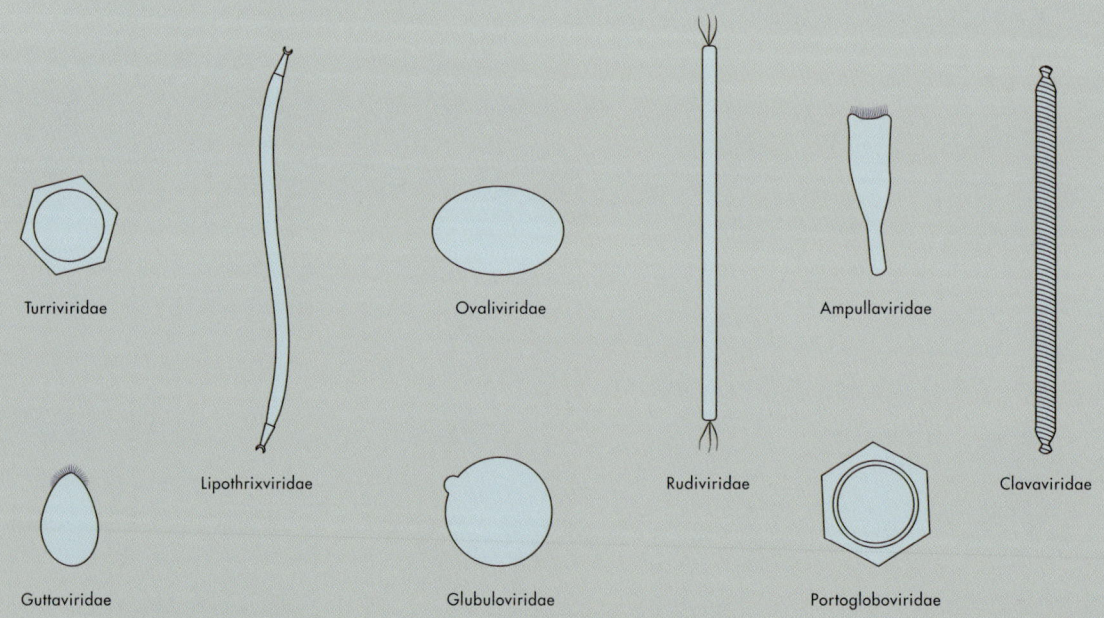

Turriviridae

Lipothrixviridae

Ovaliviridae

Ampullaviridae

Rudiviridae

Clavaviridae

Guttaviridae

Glubuloviridae

Portogloboviridae

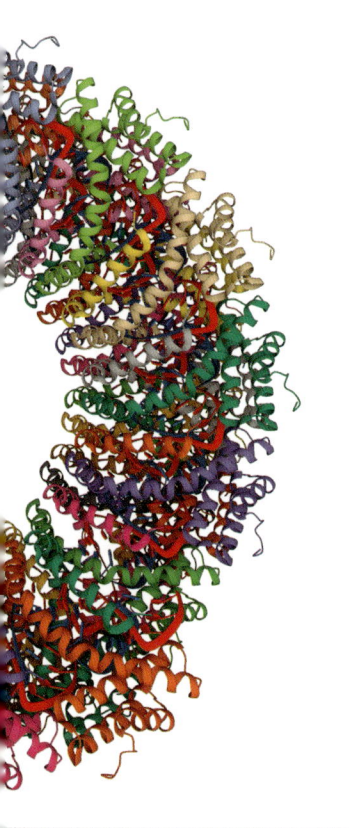

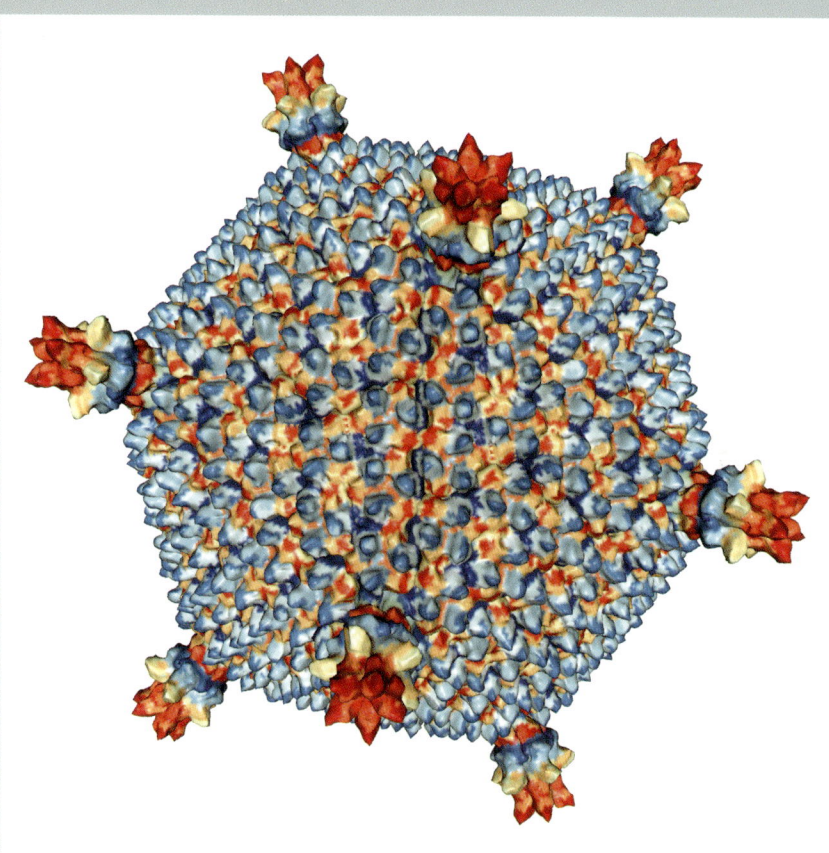

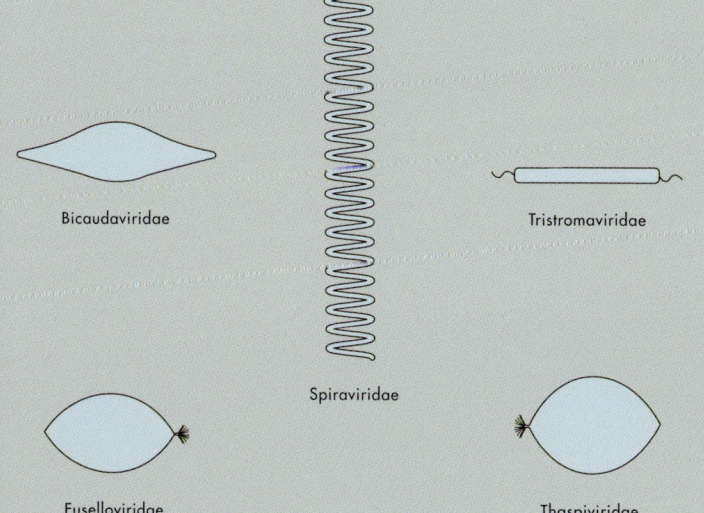

Bicaudaviridae

Spiraviridae

Tristromaviridae

Fuselloviridae

Thaspiviridae

↖↖ Modelo de una sección transversal de la cola del virus fusiforme sulfolobus 19 creado con datos de criomicroscopía electrónica.

↖ Representación tridimensional del interior del virus en forma de bastón sulfolobus islandicus a partir de datos de criomicroscopía electrónica. El huésped de este virus vive en agua muy ácida, a 80° C. El ADN puede verse dentro de la estructura en forma de hélice, pero se trata de una forma distinta conocida como forma A. En esta, el ADN es más estable en ambientes extremos.

↑ Modelo estructural del virus icosaédrico con torrecillas (turreted) sulfolobus obtenido con datos de criomicroscopía electrónica.

← La gran variedad de formas de los virus que infectan las arqueas.

Clasificación de los virus

Los genomas de los virus están compuestos por ADN o ARN, los cuales pueden ser bicatenarios (bc) o monocatenarios (mc) (*véanse* páginas 38-39). Los genomas virales pueden ser lineales o circulares, y pueden estar en uno o más segmentos, algo parecido a lo que ocurre con nuestros propios genomas, que están en varios segmentos llamados cromosomas (tenemos 23 pares).

Los tipos de genoma de los virus están restringidos a infectar reinos específicos de la vida, con excepción del Tipo II ADNmc, que es el único presente en todos. No se han encontrado virus ARN en las arqueas ni tampoco virus de Tipo I ADNbc en plantas, salvo en algas. Las razones de estas diferencias no siempre son claras, pero puede que estén relacionadas con las características del huésped. Por ejemplo, la mayoría de los virus con ADNbc son grandes y las aperturas de las células vegetales son demasiado pequeñas para que quepan virus de ese tamaño. En general, las plantas tienen las células más grandes de todos los reinos de la vida, y la mayoría de los virus más pequeños.

Entonces, ¿cuántos virus hay? Los primeros grandes estudios de la biodiversidad del virus, de principios de 1900, se enfocaron en los virus presentes en el mar. Se limitaban a contar las partículas de virus en el agua del mar, observadas por microscopía electrónica o métodos fluorescentes. Con estos datos, los científicos calculan que hay aproximadamente 10^{30} (un 1 con 30 ceros detrás) virus en el mar o 10 millones de veces el número de estrellas que hay en el universo. Aunque los virus son pequeños individualmente, representan una gran parte de la biomasa total, unas 15 veces la biomasa de las ballenas de los océanos antes de que se empezara su caza. Si el tamaño medio de un virus en el mar fuese de 100 nanómetros y pudiéramos colocarlos todos juntos en cadena, se extenderían más allá de la Vía Láctea.

Conocemos mucho menos sobre los virus terrestres. Aunque también se han tomado muestras de virus en muchos sistemas terrestres, su estudio plantea dificultades técnicas. Las cifras anteriores sobre los virus marinos se refieren al número aproximado de partículas virales individuales, pero ¿cuántas especies diferentes existen? La respuesta es que simplemente no lo sabemos. Cada vez se identifican más virus, pero el ICTV reconoce poco más de 9000 especies. Es muy probable que solo sea una pequeña fracción del número total de especies que existen en nuestro planeta.

→ Imágenes de virus procedentes de diferentes fuentes que incluyen reproducciones artísticas y microscopía electrónica que muestran diversas formas: (A) virus de la gripe; (B) cytomegalovirus; (C) virus de la viruela; (D) virus de la rabia.

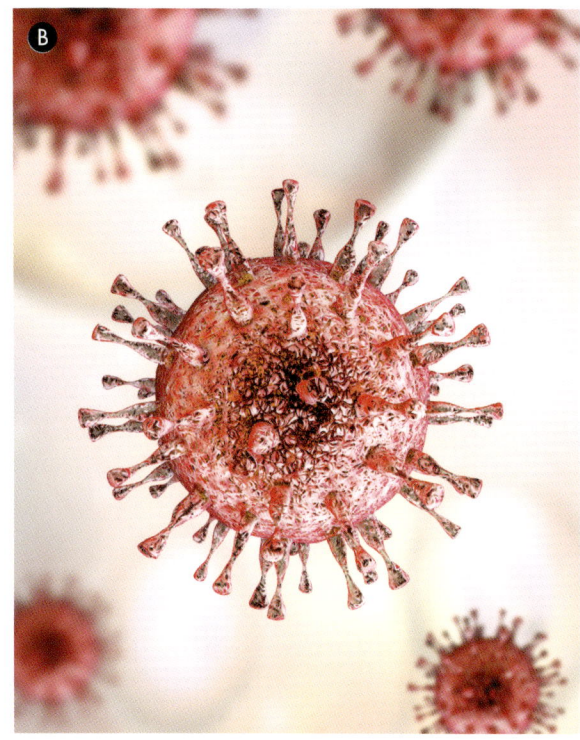

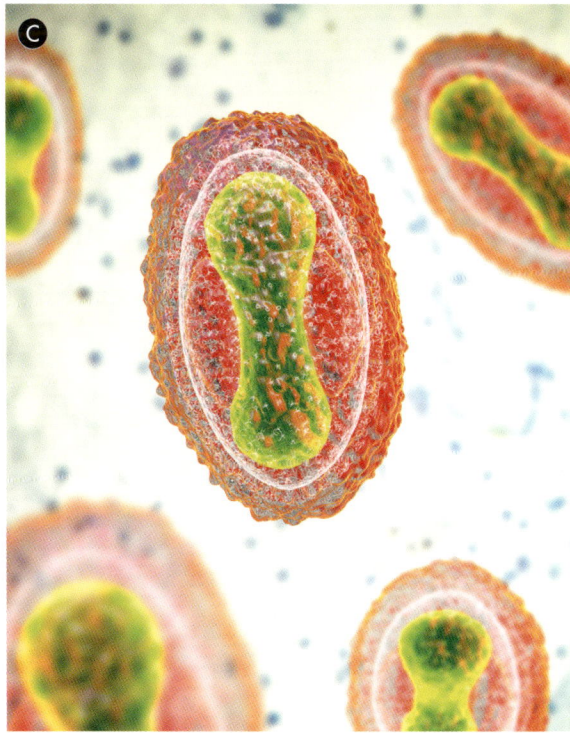

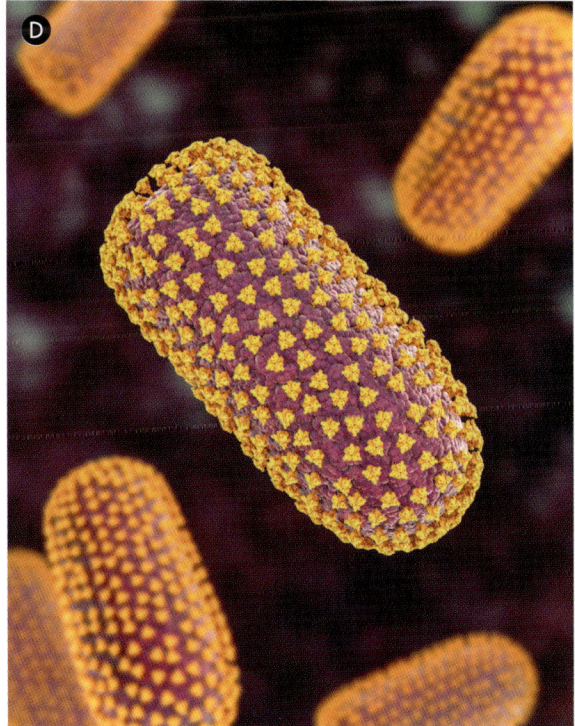

CLASIFICACIÓN DE BALTIMORE Y TIPO DE HUÉSPED

Los virus de los distintos grupos de la clasificación de Baltimore infectan a distintos tipos de huéspedes. La mitad superior de esta figura muestra la distribución de varias clases de virus en los tres dominios de la vida, mientras que la mitad inferior muestra la distribución de las diferentes clases en tres grandes grupos de *Eukarya*.

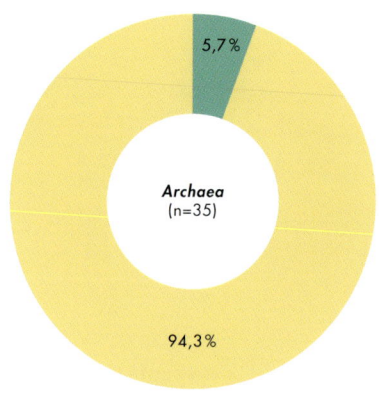

Archaea
(n=35)

5,7%

94,3%

↓ Diferentes categorías de células eucariotas

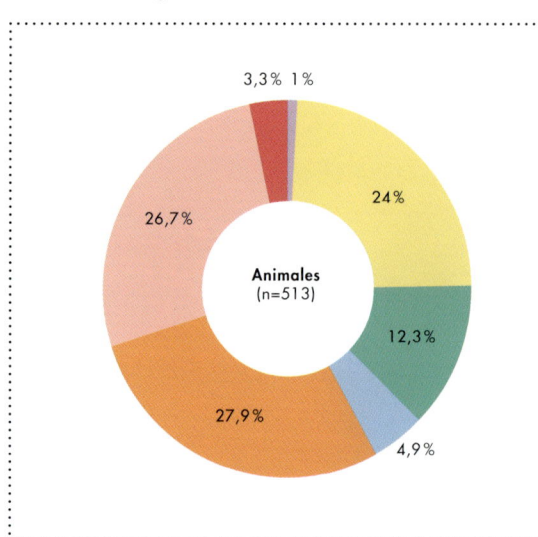

Animales
(n=513)

3,3% 1%

24%

26,7%

12,3%

4,9%

27,9%

 ADNbc = ADN bicatenario

 ADNmc = ADN monocatenario

 ARNbc = ARN bicatenario

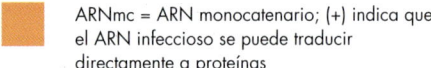 ARNmc = ARN monocatenario; (+) indica que el ARN infeccioso se puede traducir directamente a proteínas

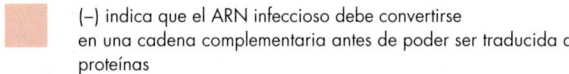 (−) indica que el ARN infeccioso debe convertirse en una cadena complementaria antes de poder ser traducida a proteínas

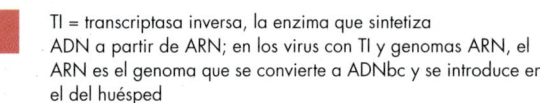 TI = transcriptasa inversa, la enzima que sintetiza ADN a partir de ARN; en los virus con TI y genomas ARN, el ARN es el genoma que se convierte a ADNbc y se introduce en el del huésped

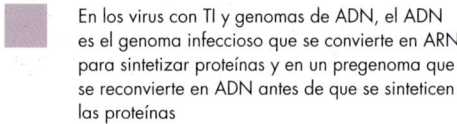 En los virus con TI y genomas de ADN, el ADN es el genoma infeccioso que se convierte en ARN para sintetizar proteínas y en un pregenoma que se reconvierte en ADN antes de que se sinteticen las proteínas

↓ Tipos de huéspedes infectados por diferentes tipos de virus en función de su genoma

TIPO DE GENOMA
Animal
Vegetal
Hongos
Protista
Bacterias
Arqueas

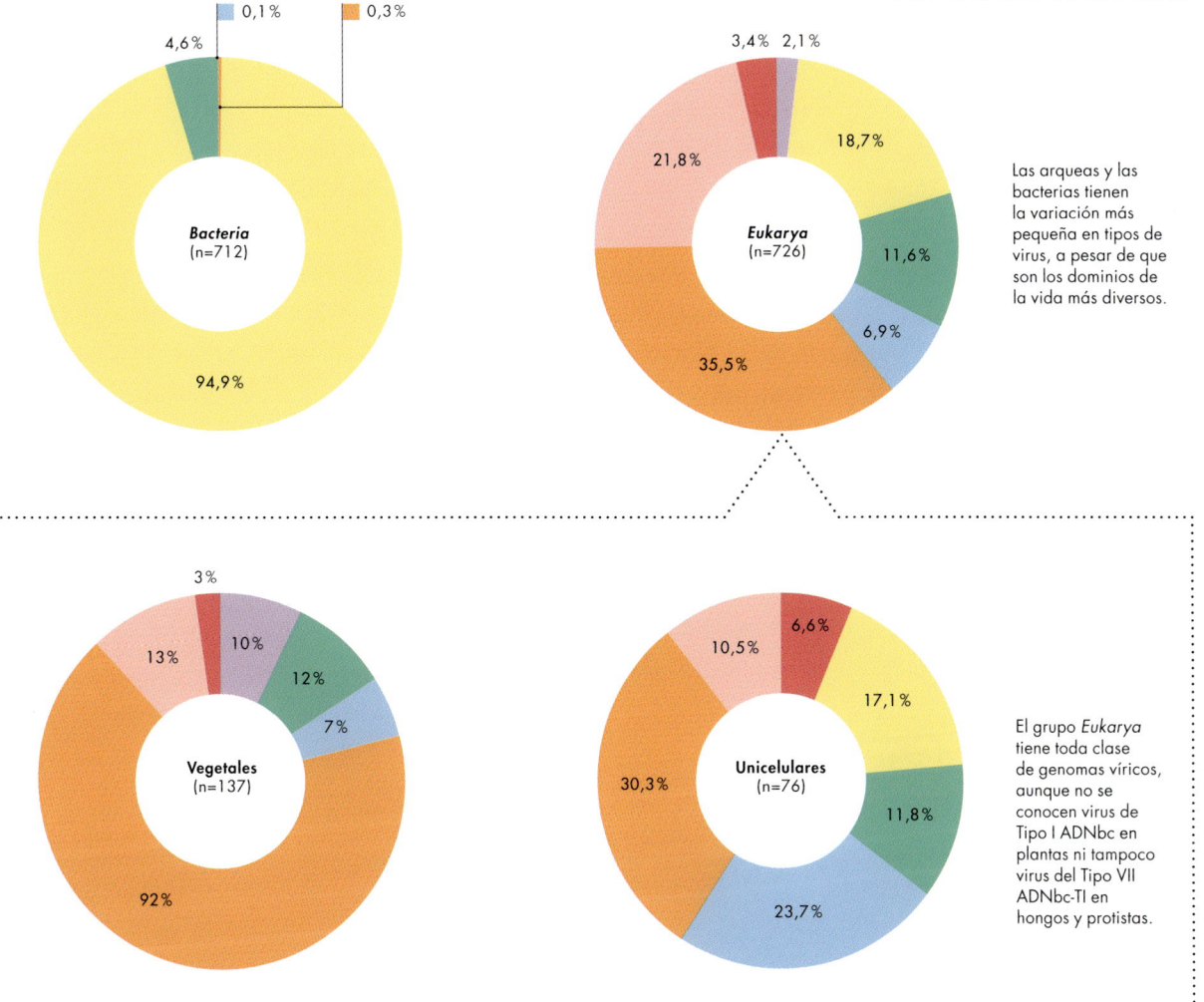

Bacteria
(n=712)

0,1% 0,3%
4,6%
94,9%

Eukarya
(n=726)

3,4% 2,1%
18,7%
11,6%
6,9%
35,5%
21,8%

Las arqueas y las bacterias tienen la variación más pequeña en tipos de virus, a pesar de que son los dominios de la vida más diversos.

Vegetales
(n=137)

3%
10%
12%
7%
13%
92%

Unicelulares
(n=76)

6,6%
17,1%
11,8%
23,7%
30,3%
10,5%

El grupo *Eukarya* tiene toda clase de genomas víricos, aunque no se conocen virus de Tipo I ADNbc en plantas ni tampoco virus del Tipo VII ADNbc-TI en hongos y protistas.

Tipo I ADNbc[1]	Tipo II ADNmc[2]	Tipo III ARNbc[3]	Tipo IV ARNmc(+)[4]	Tipo V ARNmc(–)[5]	Tipo VI ARN TI[6]	Tipo VII ADN RT[7]
sí	sí	sí	sí	sí	sí	sí
no	sí	sí	sí	sí	sí	sí
sí	sí	sí	sí	sí	sí	no
sí	sí	no	sí	no	no	no
sí	sí	no	sí	no	no	no
sí	sí	no	no	no	no	no

Los virus en el mar

La mayoría de los virus marinos infectan bacterias u otros microbios, con los cuales forman de manera conjunta la mayor parte de la biomasa de los océanos. Estos virus son importantes para diferentes ciclos de la vida y de la energía del planeta, y se tratan con más detalle en «Los virus en el equilibrio del ecosistema» (*véase* página 195). Hasta la fecha, se han recogido y analizado más de 150 muestras marinas distintas, procedentes de océanos árticos y antárticos, o de mares tropicales y templados. Las muestras de estos dos últimos se han tomado a múltiples profundidades.

↙ Detectada por primera vez en 2013, las estrellas de mar padecen una enfermedad que las debilita y cuya causa es desconocida. Se ha descubierto un densovirus en los equinodermos, pero está presente tanto en animales enfermos como sanos, por lo que probablemente no sea la causa de esta enfermedad.

↓ Las focas y otros mamíferos marinos pueden infectarse con el virus de la gripe (aunque no son las cepas que infectan a los humanos). A menudo también son infectados por un virus cercano al sarampión. No está claro si es posible que dichas infecciones causen problemas a los animales.

↘ Los investigadores de la de San Diego State University recogen muestras marinas para la investigación de los virus.

Los virus de otras formas de vida marina, incluidos los peces, los crustáceos, las plantas y los mamíferos, no se han estudiado con mucha profundidad, pero las enfermedades de la vida oceánica suelen impulsar la búsqueda de virus como posibles causantes. Por ejemplo, cuando empezaron a morir las estrellas de mar a lo largo de la costa oeste de Estados Unidos en 2013, los científicos buscaron virus y encontraron un tipo de densovirus común en ellas. Se culpó a este virus por la disminución de la población de estrellas de mar, pero nunca hubo pruebas reales de ello y, de hecho, el virus es común tanto en estrellas de mar enfermas como sanas. Los investigadores han buscado virus en especies de moluscos y crustáceos importantes para el consumo humano. Se han encontrado virus en gambas, ostras, cangrejos, langostas y cangrejos de río, y en muchos casos son más problemáticos en las especies de piscifactoría, incluidas las gambas y las ostras.

La acuicultura es una práctica muy antigua, pero se expandió no hace mucho para el cultivo de peces.

Los pescadores raramente se encuentran con enfermedades en las capturas de peces, pero cuando se descubrieron por primera vez en las piscifactorías, los virólogos llevaron a cabo más estudios para identificarlos en las poblaciones salvajes. Se han estudiado virus tanto en peces de agua dulce como en peces marinos, y ya se ha descrito un gran número de ellos. Curiosamente, los virus que causan enfermedades en los peces domésticos o de piscifactoría suelen estar presentes en los peces salvajes sin causar enfermedades.

Los virus de los mamíferos marinos se han estudiado muy poco, con excepción de aquellos que pertenecen a los grandes grupos: los que están relacionados con los virus de la gripe, que generalmente se encuentran en focas y morsas (*Odobenus rosmarus*); y los de un gran grupo de virus que incluye el virus del sarampión (*véase* página 156). Los pocos estudios que han buscado virus en mamíferos marinos de forma más general han encontrado muchos otros además de estos grupos.

Virus terrestres

En la Tierra, existen distintos entornos terrestres y de agua dulce que albergan una gran variedad de formas de vida como las plantas, los animales, los hongos, las bacterias y las arqueas. Los virus también se encuentran en todos estos entornos y muchos estudios recientes se centran en intentar encontrar a los virus asociados con un huésped o entorno concreto, denominado viroma. Los intentos por describir el viroma humano han revelado que el cuerpo está repleto de diferentes virus, algunos de los cuales infectan a las células y otros, a nuestros microbios.

→ Tomatera infectada con el virus del rizado amarillo del tomate (TYLCV, *tomato yellow leaf curl virus*).

↓ El virus del rayado del banano (BSV, *banana streak virus*) causa estrías amarillas entre las venas principales de las hojas del plátano.

VIRUS EN EL SUELO

Los virus abundan en el suelo. La mayoría son de bacterias o arqueas, pero algunos de *Eukarya* son muy estables y pueden sobrevivir como partículas latentes en el suelo durante largos periodos de tiempo. Desde 2014 se lleva a cabo un proyecto muy interesante de descubrimiento de virus del suelo, en el que participan estudiantes universitarios de casi 200 facultades y universidades, la mayoría de Estados Unidos. Los estudiantes recogen muestras y las procesan para analizar la secuencia de sus genomas, y utilizan sofisticados programas informáticos para descubrir qué virus están presentes. Este proyecto ha permitido describir alrededor de 20 000 virus bacterianos.

Otros estudios del suelo se han llevado a cabo en ecosistemas muy diversos, como desiertos, salinas, suelos antárticos, agrícolas y forestales, sedimentos fluviales y humedales. El número de virus descubiertos en estos estudios varía enormemente. En los entornos más ricos, como los suelos forestales o de humedales, es posible encontrar más de mil millones de partículas víricas en un solo gramo de suelo, mientras que en un desierto, la cifra puede ser de tan solo 1000.

VIRUS DE PLANTAS Y HONGOS

Las plantas fueron el objetivo de muchas de las primeras muestras terrestres que se tomaron en busca de virus. Diversos estudios han analizado los virus de las plantas de cultivo, pero muy pocos se han centrado en las silvestres. La mayoría tiene múltiples virus, pero rara vez muestra indicios de enfermedad. En algunos casos, los virus que se encuentran en plantas silvestres también están presentes en especies de cultivo. Sin embargo, no está claro si las especies silvestres son fuente de virus para las de cultivo, o si los virus se desplazan en sentido contrario, es decir, de los cultivos a las plantas silvestres.

Los hongos representan uno de los reinos infectados por virus menos estudiados, pero en los últimos años la nueva tecnología metagenómica ha permitido a los investigadores describir una enorme variedad de aparentes infecciones víricas en hongos. La mayoría de los virus fúngicos no causan enfermedades. Algunos son beneficiosos y otros se utilizan para controlar hongos que causan enfermedades en las plantas.

VIRUS DE INSECTOS

La cantidad de insectos disminuye a nivel mundial
con una pérdida estimada de alrededor del 9 por ciento
cada década desde 1990. Este descenso se debe a diversos
factores que probablemente no estén relacionados
con los virus, ya que son pocos los que pueden causar
enfermedades graves en insectos, y las grandes extinciones
se han atribuido a los baculovirus, virus grandes de Tipo I.
Dichas extinciones se estudiaron a fondo antes de que
se conociera su causa y se especula que forman parte
del ciclo natural que controla las poblaciones de insectos.
Cuando cualquier población de huéspedes de virus se
vuelve demasiado densa, la propagación del virus puede
ser muy rápida.

Los insectos albergan una gran variedad de virus,
reflejo de la increíble diversidad de vida entre los insectos
del planeta. Los virus de insectos que se han estudiado
con más detalle también infectan a las plantas y los
mamíferos, ya que actúan como agentes de transmisión
(*véase* página 117). La abeja europea (*Apis mellifera*) ha sido
analizada en busca de virus, y se sabe que algunos virus
patógenos son responsables, en parte, de su declive general.

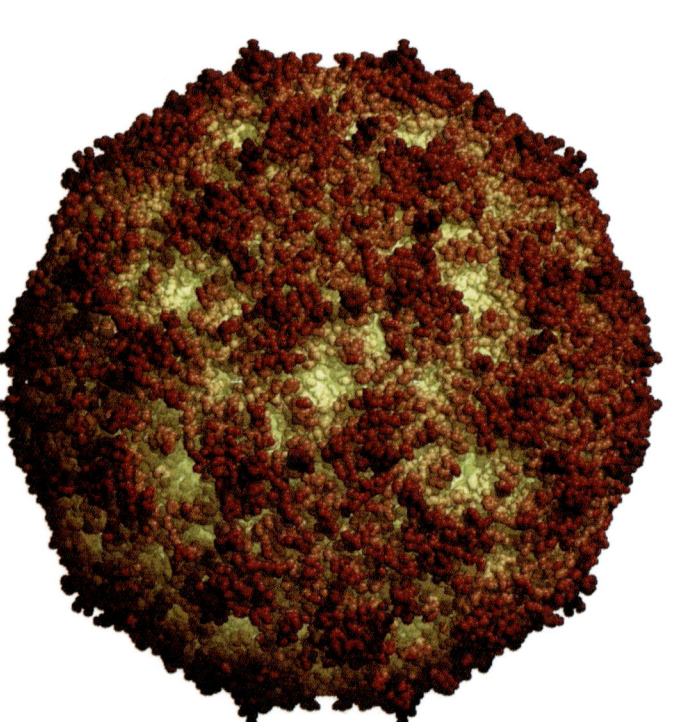

↑ La polilla de la cera (*Galleria mellonella*) es un depredador de las abejas que actualmente tiene una distribución global. Sus larvas se alimentan de cera y polen en las colmenas y pueden causar una gran destrucción y pérdidas económicas.

← El densovirus de *Galleria mellonella* infecta a la polilla de la cera. Algunos densovirus de insectos son letales para el huésped y se estudian como agentes de biocontrol de las plagas de insectos.

↗ Las poblaciones de ranas han sufrido una grave disminución en muchas partes del mundo. Uno de los factores responsables es el virus 3 de la rana, un Ranavirus presente en todo el mundo.

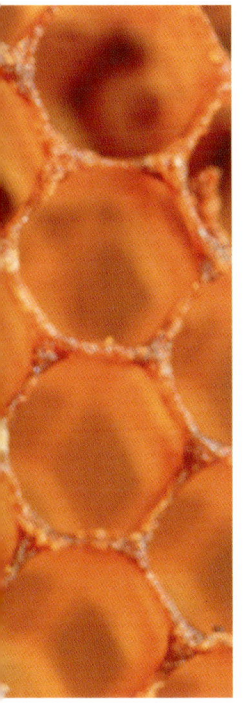

VIRUS DE VERTEBRADOS

Los virus de anfibios y reptiles han sido muy poco estudiados, aunque, como ocurre con muchos huéspedes, los casos descubiertos están en aumento y se han encontrado virus de todas las principales familias. Algunos se han estudiado en busca de agentes patógenos; además, se ha asociado un virus a una enfermedad neurológica que afecta a boas y pitones cautivas. Las ranas, en particular, han sufrido un grave declive en las últimas décadas. Uno de los principales agentes de la enfermedad en las ranas es un hongo, pero su declive también se ha atribuido a los virus. Los ranavirus se encuentran en ranas de todo el mundo.

La mayoría de estudios de virus de aves se han centrado en aves domésticas. Gran parte de las investigaciones se han llevado a cabo con gallinas, pero también se han estudiado patos, pavos y gansos. Los estudios sobre aves silvestres se han centrado principalmente en virus específicos, como la gripe aviar en aves acuáticas silvestres y el virus del Nilo Occidental en cuervos y aves afines. Dado que muchas aves migran, son buenas candidatas para transportar virus a través del largas distancias, por lo que se ha prestado atención a la búsqueda de virus patógenos de humanos y animales domésticos en las especies migratorias. Se han descubierto cerca de 300 especies infectadas con el virus de la gripe A (*véase* página 252). Como sucede con otros grupos de huéspedes, hay muchos virus en las aves, y la mayoría de especies silvestres infectadas no suelen mostrar síntomas de enfermedades, aunque hay algunas excepciones, sobre todo entre los virus que afectan a los polluelos.

Los murciélagos están llenos de virus, muchos de los cuales infectan a otros mamíferos, incluidos los humanos. Gran parte de los virus que causan enfermedades emergentes en humanos, como el Ébola, el virus del síndrome respiratorio de Oriente Medio (MERS, por sus siglas en inglés), el SARS-CoV y el SARS-CoV-2, probablemente se originaron en murciélagos. La mayoría de sus virus no parece causarles enfermedades, con excepción de la rabia. Los murciélagos son longevos (por ejemplo, el murciélago pardo norteamericano, *Myotis lucifugus,* vive aproximadamente 40 años) y se desplazan cientos de kilómetros a lo largo del año, por lo que, como las aves, son buenos candidatos para transportar virus. Por otra parte, los contactos entre humanos y murciélagos son raros. Los virus suelen pasar al ser humano infectando algún huésped intermediario; por ejemplo, el MERS parece pasar de los murciélagos a los camellos y, de ahí, a los humanos.

VIRUS Y SERES HUMANOS

De todos los virus de mamíferos, se han estudiado en profundidad aquellos que afectan a los humanos. El viroma humano se ha investigado en un gran número de estudios y se calcula que comprende unos 10 billones de virus. Estos no solo infectan células humanas, sino también a los microbios que residen en ellas (incluidas las bacterias y las arqueas), y hay algunos que se encuentran simplemente de paso por su presencia en nuestra alimentación. El viroma humano puede sufrir grandes cambios durante diversos estadios de enfermedad: por ejemplo, tanto la desnutrición grave como la diabetes de tipo 1 provocan una reducción de la diversidad de virus, mientras que el cáncer colorrectal provoca su aumento. Parece probable que la mayoría de los mamíferos, y de hecho la mayoría de formas de vida, tengan un número de virus parecido al de los humanos.

Aunque se ha investigado mucho más sobre los virus de animales domésticos que los de animales salvajes, también se han realizado estudios sobre los virus de estos últimos. Esto se debe a que los virus que causan enfermedades a menudo pueden transmitirse de animales domésticos o salvajes a humanos, un proceso denominado zoonosis. Los humanos comparten virus o grupos de virus con otros mamíferos, y los de otros primates son probablemente más parecidos a los virus humanos que los de cualquier otro animal.

← El murciélago pardo norteamericano (*Myotis lucifugus*) está en grave declive debido a la enfermedad fúngica llamada síndrome de la nariz blanca. En el noreste de Estados Unidos, ha muerto a causa de esta enfermedad cerca del 90 por ciento de esta especie de murciélagos. El hongo se infecta con un virus que es posible que contribuya a esta enfermedad.

→ Electromicrografía coloreada del henipavirus Nipah en tejido infectado. El henipavirus Nipah es un grave patógeno humano transmitido por murciélagos frugívoros. Para infectar a los humanos, el virus puede pasar primero de los murciélagos a los caballos.

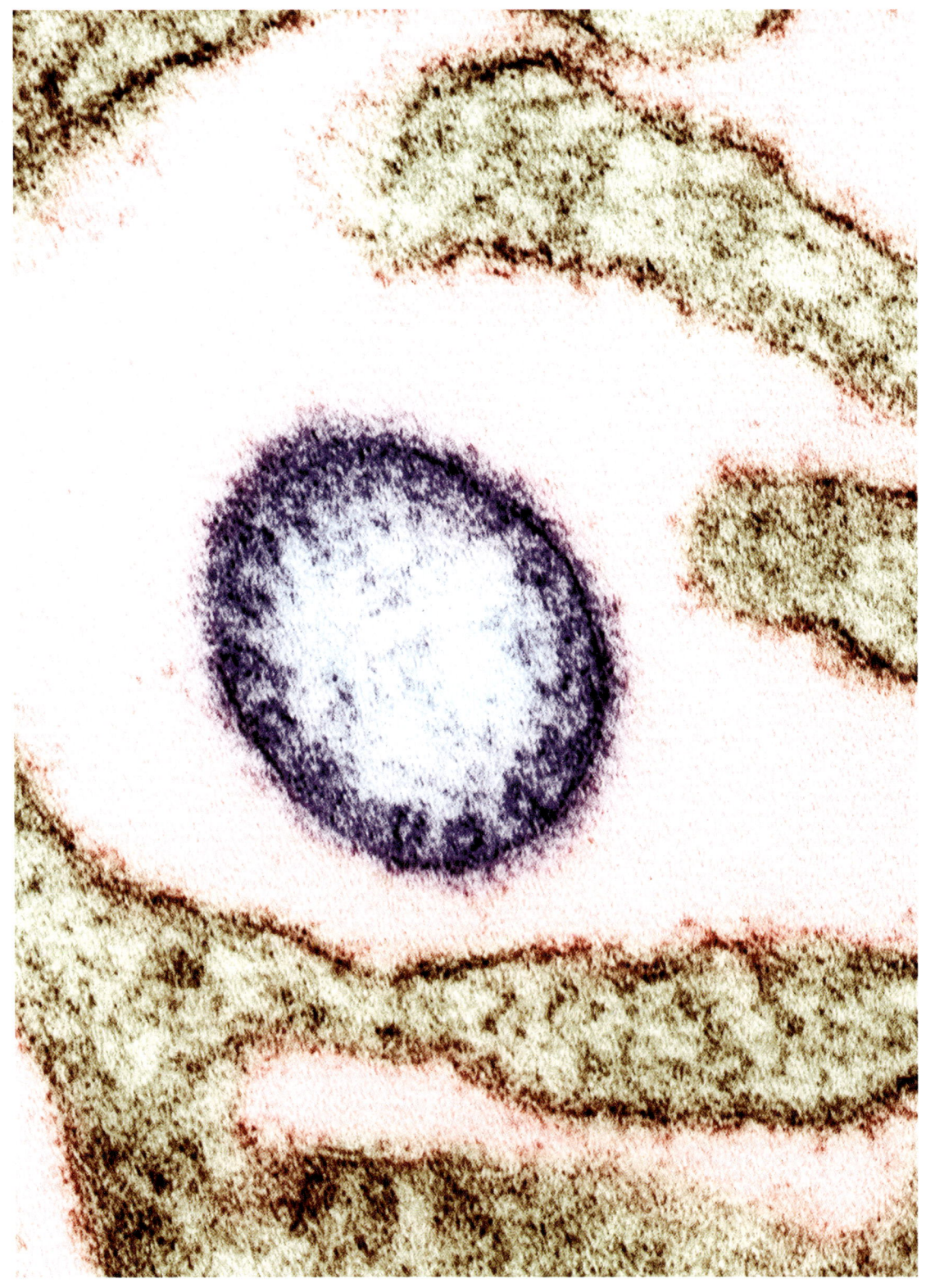

Los virus dentro de nuestros genomas

En nuestro genoma y en el genoma de cualquier forma de vida, se pueden encontrar multitud de fragmentos de virus. Estos fragmentos se denominan virus endógenos, que significa «dentro del genoma». Los más estudiados son los retrovirus endógenos.

RETROVIRUS

Los retrovirus (virus de Tipo VI) tienen genomas ARN que se copian a ADN cuando infectan una célula, y terminan introduciendo dicho ADN en el genoma de la célula huésped. Todos los retrovirus realizan este proceso en cada célula que infectan. La mayoría de las veces esto tiene pocas consecuencias, pero ocasionalmente el ADN se introduce en un lugar que cambia la forma en que se usa el gen. Muy raramente, estos virus pueden infectar

también células de la línea germinal —óvulos o esperma—, y cuando esto sucede, el virus introducido puede transmitirse a la siguiente generación dentro del genoma del huésped. A lo largo de la historia evolutiva, esto ha sucedido en numerosas ocasiones: alrededor del 8 por ciento del genoma humano está compuesto por retrovirus. Muchos otros virus o genes de virus se encuentran en los genomas y son como un registro fósil de infecciones víricas pasadas. El estudio de estos genes de virus endógenos ha dado lugar a un nuevo campo de estudio, la paleovirología.

Estamos muy lejos de conocer todos los virus de nuestro planeta y la virología moderna muestra cuánto desconocemos. ¿Qué hacen todos estos virus? La creencia de que los virus son simples agentes patógenos está cambiando, y en los siguientes capítulos se profundiza en aquello que hacen.

↓ Representación gráfica de una molécula de ADNbc, el material genético de toda forma de vida celular, y de muchos virus.

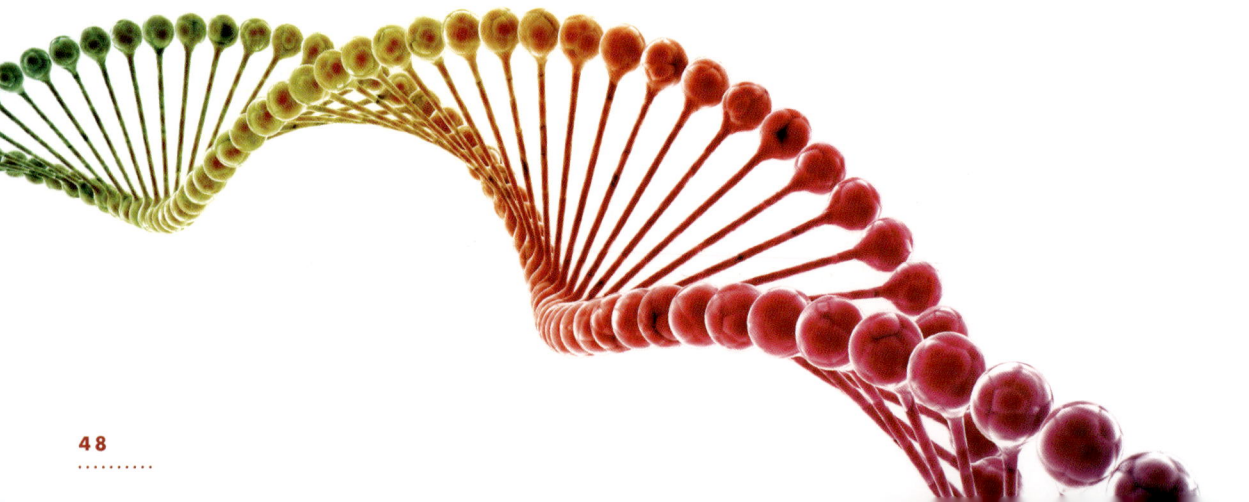

AGENTES SUBVIRALES

Los virus no son las entidades más pequeñas que existen: los viroides, las moléculas de ARN que infectan plantas, son incluso más pequeños. Normalmente tienen una longitud inferior a los 400 nucleótidos y no codifican ninguna proteína. En su lugar, toda su actividad biológica proviene de su molécula de ARN y usan las enzimas del huésped para copiarse a sí mismos.

Los viroides son conocidos por las enfermedades que causan, como la deformación fusiforme del tubérculo de la patata (*véase* página 60), el manchado solar del aguacate, la exocortis de los cítricos y el cadang-cadang del coco. Se transmiten por contacto entre material vegetal infectado y no infectado y pueden engancharse y acompañar a un virus, o ser transmitidos por insectos.

Algunos virus tienen virus que son dependientes de ellos, llamados virus satélite. Estos codifican para tener una capa proteica, pero usan el virus huésped (virus auxiliar o virus *helper*) para todo lo demás. Otro tipo de entidad son los ARN satélite, que se diferencian de los virus satélite en que no codifican una capa proteica y, a veces, no codifican ninguna proteína. Algunos ARN satélite tienen un efecto muy drástico sobre los síntomas que causa el virus auxiliar sobre el cual tienen dependencia, ya sea mejorándolos o empeorándolos. Por ejemplo, las plantas de tomate (*Solanum lycopersicum*) se infectan con un ARN satélite que utiliza el virus del mosaico del pepino como auxiliar, causando una enfermedad que mata a las plantas en 10 días.

↓ El viroide del tubérculo fusiforme de la patata provoca el alargamiento y la forma fusiforme de los tubérculos que puede dar lugar a plantas atrofiadas. El viroide también infecta a otras hortalizas, incluidos los tomates.

PCV-1

Circovirus porcino

El virus conocido más pequeño

GRUPO	II
FAMILIA	Circoviridae
GÉNERO	Circovirus
GENOMA	ADN circular, no segmentado, monocatenario, de unos 1760 nucleótidos, que codifica dos proteínas
PARTÍCULA VÍRICA	Icosaédrica
HUÉSPEDES	Cerdos domésticos y salvajes (varias especies de *Sus*)
ENFERMEDADES ASOCIADAS	Ninguna, pero el circovirus porcino 2 (PCV-2) causa deterioro y diarrea en los lechones
TRANSMISIÓN	Por contacto
VACUNA	Virus genéticamente modificados o virus inactivados por calor utilizados para tratar el PCV-2

Con un genoma minúsculo y una partícula vírica que mide solo 17 nm, el circovirus porcino de tipo 1 (PCV-1, por sus siglas en inglés) es benigno. Sin embargo, hoy, los científicos distinguen cuatro tipos distintos de circovirus porcinos (tipos 1-4).

El circovirus porcino de tipo 2 (PCV-2, por sus siglas en inglés) causa enfermedades debilitantes en cerdos, especialmente en lechones, y se ha convertido en un grave problema mundial para la industria porcina. El PCV-1 es genéticamente muy similar, pero tiene un impacto muy diferente en sus huéspedes. Se desconoce el motivo de estas diferencias.

El PCV-1 se replica en el núcleo de las células huésped usando la misma enzima (la ADN polimerasa dependiente del ADN) que usa la célula para copiar su propio ADN. El genoma se copia mediante el mecanismo de replicación de círculo rodante, en el que la polimerasa replica continuamente el ADN para formar una larga cadena de genomas que posteriormente se cortan a medida. Aunque el virus solo codifica dos proteínas, puede sintetizar dos versiones diferentes de una de ellas,

la proteína Rep, que controla la replicación de su genoma. Esta estrategia de utilizar las mismas secuencias genéticas para distintos fines es común entre los virus pequeños.

Los circovirus porcinos forman parte de un gran grupo de virus denominados por sus siglas en inglés CRESS (circulares, codificadores de replicasa, monocatenarios). Estudios recientes han descubierto estos virus integrados en genomas de huéspedes de todo el dominio *Eukarya*. La mayoría no se han estudiado, exceptuando aquellos que causan enfermedades, como los geminivirus en plantas. Los virus CRESS siempre codifican una proteína Rep, que dirige su patrón único de replicación de círculo rodante.

→ Representación tridimensional de la cápside del PCV-1 obtenida mediante datos de microscopía electrónica.

Pandoravirus salinus

El genoma vírico conocido más grande,
mayor que el de algunas bacterias

GRUPO	I
FAMILIA	Sin clasificar
GÉNERO	Pandoravirus
GENOMA	ADN lineal, no segmentado, bicatenario de unos 2,5 millones de nucleótidos, que codifican aproximadamente 2500 proteínas
PARTÍCULA VÍRICA	Ovalada, alargada, con un poro en un extremo
HUÉSPEDES	Amebas
ENFERMEDADES ASOCIADAS	Degradación del núcleo
TRANSMISIÓN	Difusión en el agua

El pandoravirus salinus tiene el genoma más grande de todos los virus, aunque no es el de mayor tamaño; este mérito le pertenece al pithovirus sibericum, que es aproximadamente un 50 por ciento más grande y mide 1,5 μm de longitud.

En los últimos 20 años se ha descubierto un gran número de nuevos virus gigantes que desafían la definición del grupo en su conjunto. Son lo bastante grandes como para ser vistos con facilidad a través de un simple microscopio óptico; codifican miles de proteínas, incluso algunas que usan para su propia síntesis proteica; y, curiosamente, muchos afectan a protistas unicelulares como las amebas. Cuando se descubrió el pandoravirus, su forma poco común propició su nombre, y los investigadores que lo descubrieron pensaron que cambiaría nuestra comprensión de lo que es un virus y abriría la caja de Pandora del conocimiento.

Desde la década de 1970 se conocen otros grandes virus que infectan a las algas, pero son mayores y más complejos.

El pandoravirus salinus es tan diferente de cualquier otro virus, que no se ha clasificado más allá de su nombre de género y especie. Fue descubierto en una búsqueda de sedimentos en las aguas costeras de Chile. En una búsqueda parecida en agua dulce en Australia, se descubrió un virus relacionado y se denominó pandoravirus dulcis. El hallazgo de estos virus emparentados tan distantes geográficamente entre sí, y en entornos diferentes, apunta a su antigua historia. Ambos infectan a la ameba *Acanthamoeba castellanii*. Tanto el huésped como el entorno están muy poco estudiados, por lo que es posible que haya muchos otros virus relacionados que aún no se han descubierto.

→ Micrografía electrónica del pandoravirus dulcis, pariente cercano de pandoravirus salinus. La familia pandoravirus fue descubierta en 2013 por científicos del Laboratoire Information Génomique et Structurale, asociado al Laboratoire Biologie à Grande Échelle.

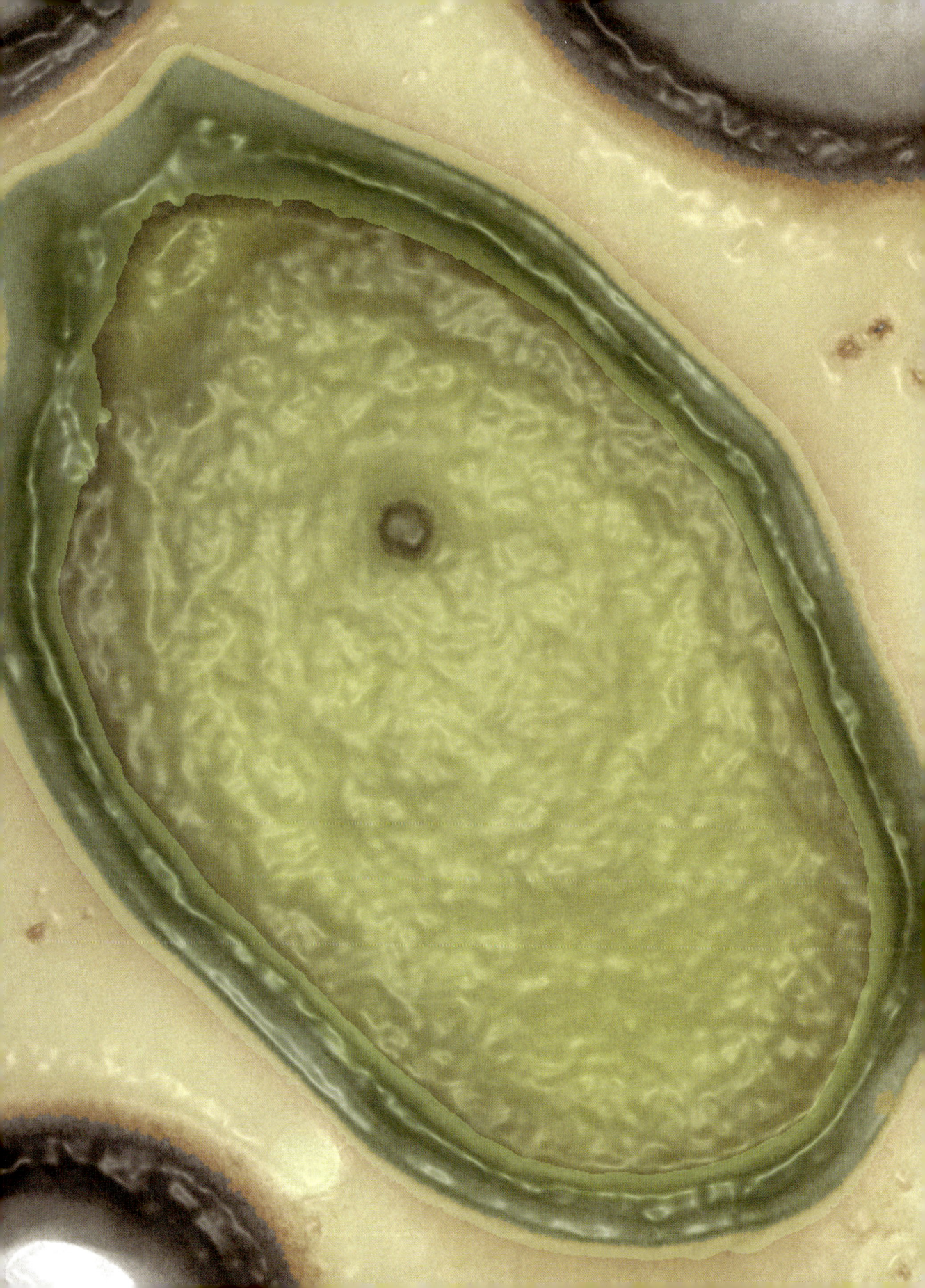

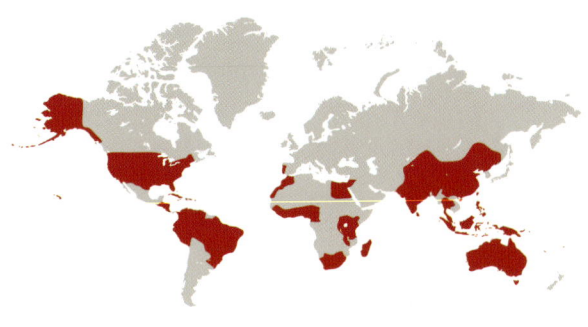

BSV

Virus del rayado del banano

Un virus extraordinario que entra y sale del genoma de la célula huésped

GRUPO	VII
FAMILIA	Caulimoviridae
GÉNERO	Badnavirus
GENOMA	ADN circular discontinuo, bicatenario, de unos 7400 nucleótidos, que codifican aproximadamente 6 proteínas, algunas a través de una poliproteína
PARTÍCULA VÍRICA	Partículas alargadas facetadas no envueltas, de 150 nm de largo por 30 nm de ancho
HUÉSPEDES	Banana (varias especies de *Musa*)
ENFERMEDADES ASOCIADAS	Rayado del banano
TRANSMISIÓN	Cochinillas blancas, estrés

El virus del rayado del banano (BSV, por sus siglas en inglés) se transmite por las cochinillas blancas y provoca enfermedades graves en algunas zonas de África. Antes era un problema aislado, pero en los últimos años se ha vuelto más común tras la adopción de los nuevos métodos de propagación del banano, conocidos como micropropagación.

Existen dos especies de bananas, abreviadas como AA o BB. Las domésticas son tetraploides de AAAA (lo que significa que tienen un doble juego de cromosomas) o híbridas de AAB (con un doble juego completo de cromosomas AA y un juego de cromosomas B). Las AAAA son bananas de postre, mientras que las AAB son plátanos.

Sin embargo, cuando los híbridos AAB sufren afectaciones, como ocurre durante la micropropagación en la que nuevas plantas crecen a partir de pequeñas cantidades de tejido vegetal, el virus sale del genoma AAB, un proceso conocido como exogenización. Esto hace que el virus se vuelva infeccioso y se propague.

Las plantas AAB aún tienen una copia del virus endógeno en uno de sus cromosomas, pero no las protege de la infección, y las cochinillas blancas propagan el virus entre los genotipos AAAA y AAB.

El ancestro de la banana silvestre BB es inmune al BSV, precisamente debido a que tiene una versión endógena del virus integrada en su genoma. Como ocurre con la mayoría de los virus endógenos, este virus permanece en el genoma de las plantas BB y se transmite de generación en generación.

Las plantas infectadas con la forma exógena del virus presentan estrías en las hojas (*véase* página 42). El virus interfiere en la producción de clorofila en las zonas existentes entre las venas principales de la planta.

→ Imagen de microscopio electrónico de transmisión de partículas del virus del rayado del banano. Su longitud es uniforme, aunque pueden verse algunas partículas más cortas y rotas, lo que suele ocurrir durante el procesamiento de la muestra.

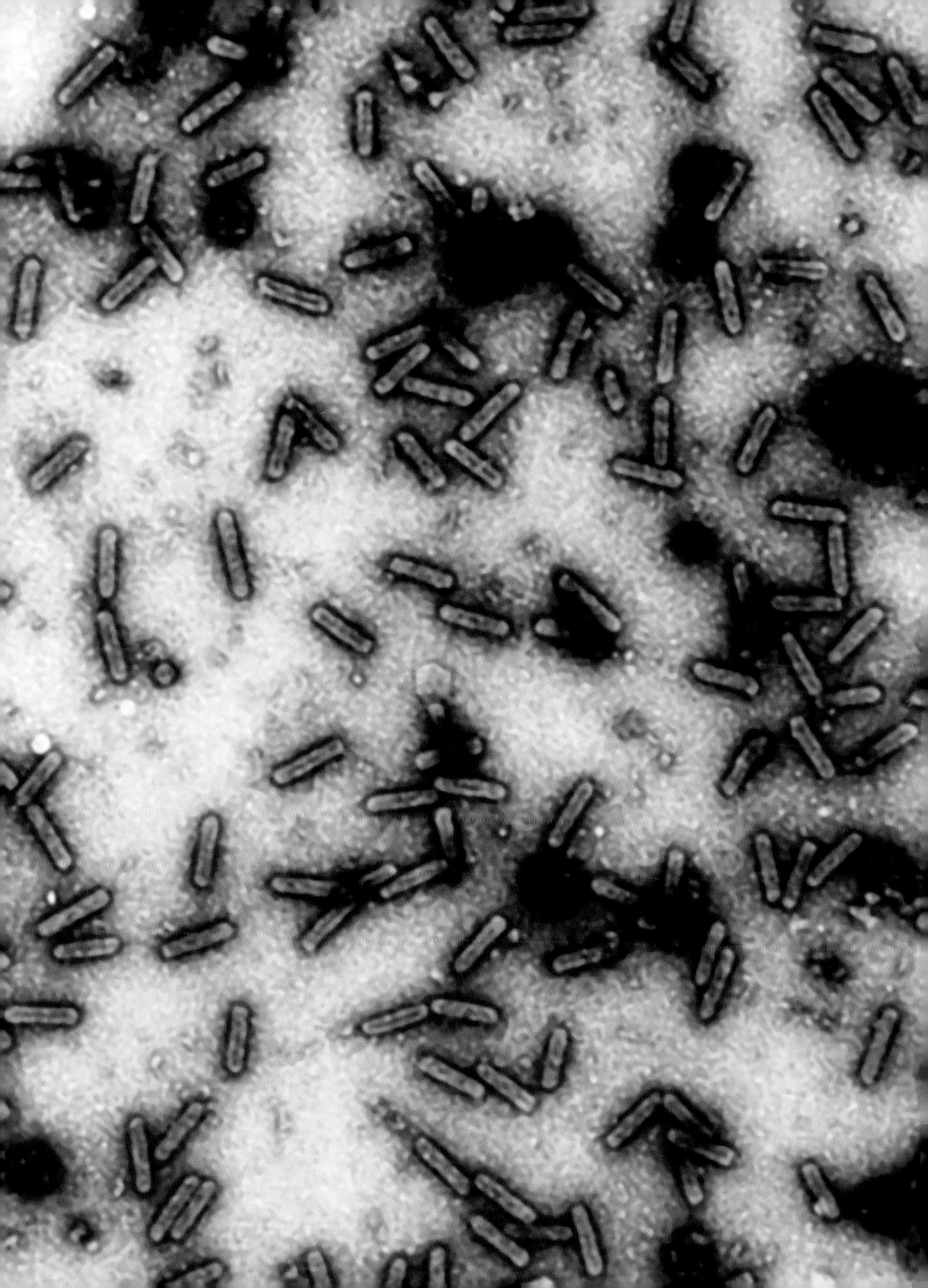

HERV-K

Retrovirus endógeno humano K

El más joven de los retrovirus endógenos humanos

GRUPO	VI
FAMILIA	Retroviridae
GÉNERO	Betaretrovirus
GENOMA	Proviral
PARTÍCULA VÍRICA	Ninguna
HUÉSPEDES	Humanos; virus relacionados en otros simios grandes
ENFERMEDADES ASOCIADAS	Posiblemente cáncer
TRANSMISIÓN	Vertical a través del genoma

El retrovirus endógeno humano K (HERV-K, por sus siglas en inglés) no es un solo virus, sino un grupo bastante amplio de secuencias retrovirales parciales o completas que se encuentran en todo el genoma humano. De ellos, el más estudiado está presente en unas 90 copias en el genoma humano.

El HERV-K es «activo» en el sentido de que el ARN y las proteínas de los provirus pueden encontrarse en diversos tejidos humanos, aunque son más frecuentes en embriones y testículos. Los científicos han descubierto una relación entre la expresión de genes víricos y el cáncer, pero aún no se comprenden definitivamente los detalles. El HERV-K es una de las pocas versiones verdaderamente humanas de los retrovirus endógenos humanos, ya que no se encuentra en otros primates. Esto significa que infectó por primera vez a los humanos tras la escisión de otros grandes simios. Los lugares en el genoma humano donde se encuentran estas secuencias víricas no son los mismos en cada individuo, lo que significa que se han ido moviendo activamente por el genoma en escalas de tiempo evolutivas.

Entonces, ¿estos retrovirus endógenos tienen alguna función? Algunos sí. Los miembros del grupo W del retrovirus endógeno humano (HERV-W) producen una proteína llamada sincitina, que es fundamental para la formación de la placenta: sin HERV-W, no habría mamíferos placentarios. En otros casos, la ubicación del virus parece afectar la activación o desactivación de genes cercanos.

→ El HERV-W está integrado en muchos sitios del genoma humano. Esta imagen se creó utilizando una sonda fluorescente, que reconoce la secuencia del HERV-W, aplicada a una muestra de cromosomas humanos y observada bajo el microscopio.

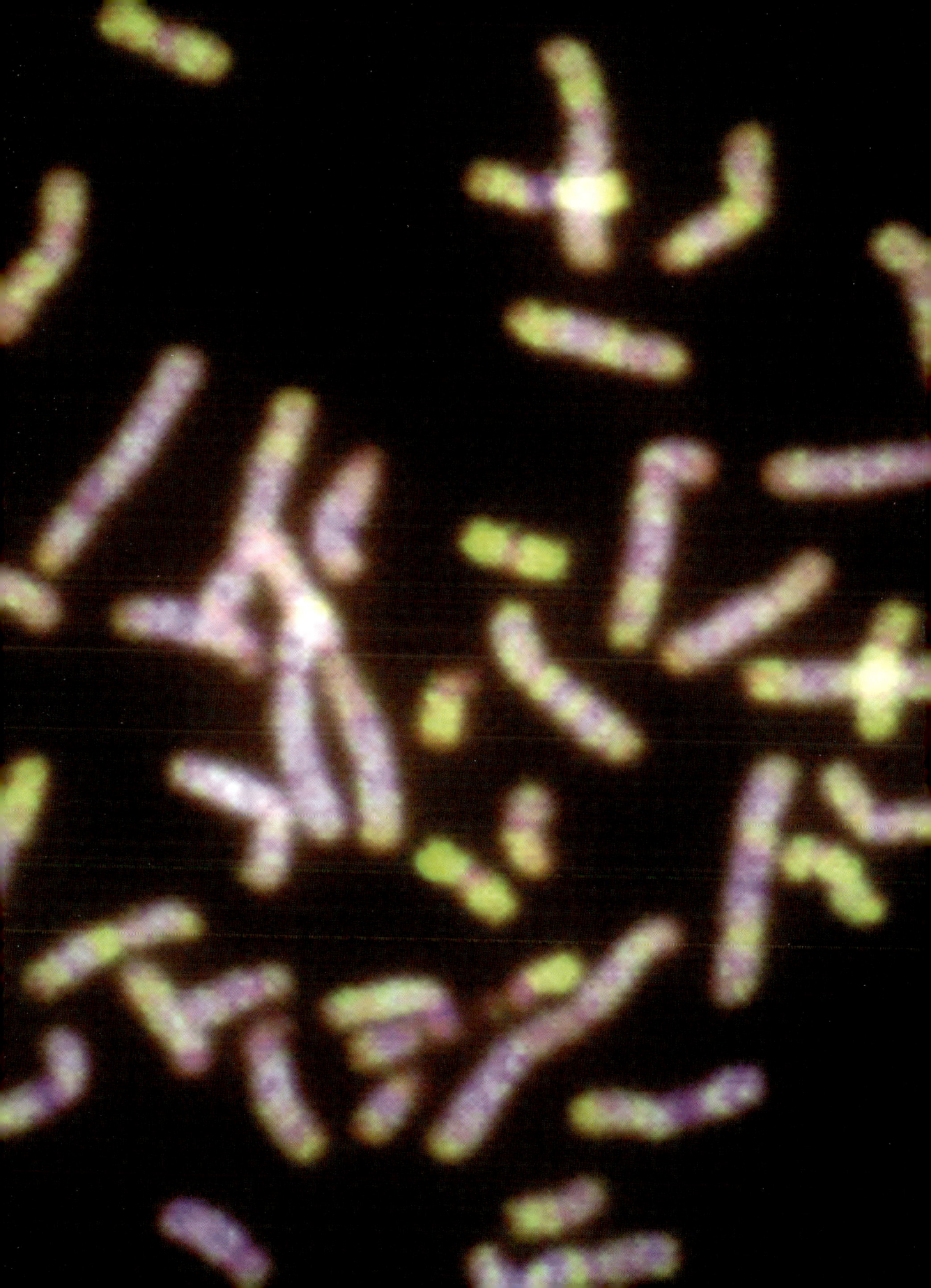

VHD

Virus de la hepatitis delta

Un autoestopista viral

GRUPO	V
FAMILIA	Kolmioviridae
GÉNERO	Deltavirus
GENOMA	ARN circular, monocatenario, de unos 1700 nucleótidos, que codifican una proteína
PARTÍCULA VÍRICA	Envuelto, esférico, de unos 22 nm, sin núcleo interno
HUÉSPEDES	Humanos
ENFERMEDADES ASOCIADAS	Hepatitis aguda
TRANSMISIÓN	Contacto sexual, fluidos corporales, vertical
VACUNA	Vacuna contra la hepatitis B

El virus de la hepatitis delta (VHD) es un virus satélite que a veces se descubre en las infecciones causadas por el virus de la hepatitis B (VHB). Necesita el VHB, el virus auxiliar, para empaquetar su genoma, y usa las proteínas del auxiliar para crear su envoltura.

El VHD se ha descubierto en infecciones humanas en distintas partes del mundo, y se ha dividido en ocho especies diferentes del género Deltavirus; sin embargo, no se definen aquí, ya que rara vez se hace referencia al VHD con el nombre de las especies. El virus se replica mediante un mecanismo de círculo rodante, muy parecido al de un viroide, y usa las ARN polimerasas del huésped. No obstante, a diferencia de un viroide, codifica una proteína, el antígeno de la hepatitis delta (HDAg). El VHD sintetiza dos versiones de esta proteína: una al principio de la infección y otra más tarde, que inhibe la replicación del virus auxiliar. Esta versión tardía es necesaria para el ensamblaje del virus delta.

Las personas pueden estar infectadas por el VHB durante años y luego contraer el VHD, o pueden contagiarse con los dos a la vez. La infección por el VHD empeora los síntomas del VHB, sobre todo cuando ambos se adquieren de forma conjunta.

Cuando el VHD se copia a sí mismo, produce una cadena larga de genomas unidos entre sí, el concatémero. El ARN del virus tiene una parte parecida a una enzima, llamada ribozima, que al final del proceso corta la larga cadena en trozos del tamaño de un genoma; estos, su vez, se circularizan. Los biólogos han utilizado la ribozima del VHD como herramienta para cortar las moléculas de ARN del tamaño correcto en una célula.

Partícula VHD

El genoma del VHD (izquierda) usa las proteínas del VHB (derecha) para encapsidar su genoma.

→ Un modelo tridimensional del genoma ARN plegado del VHD.

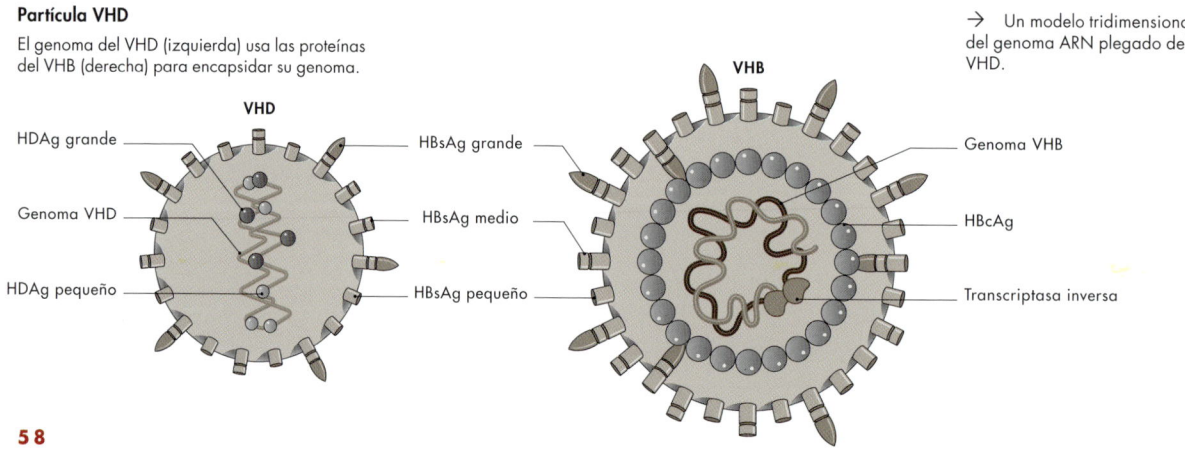

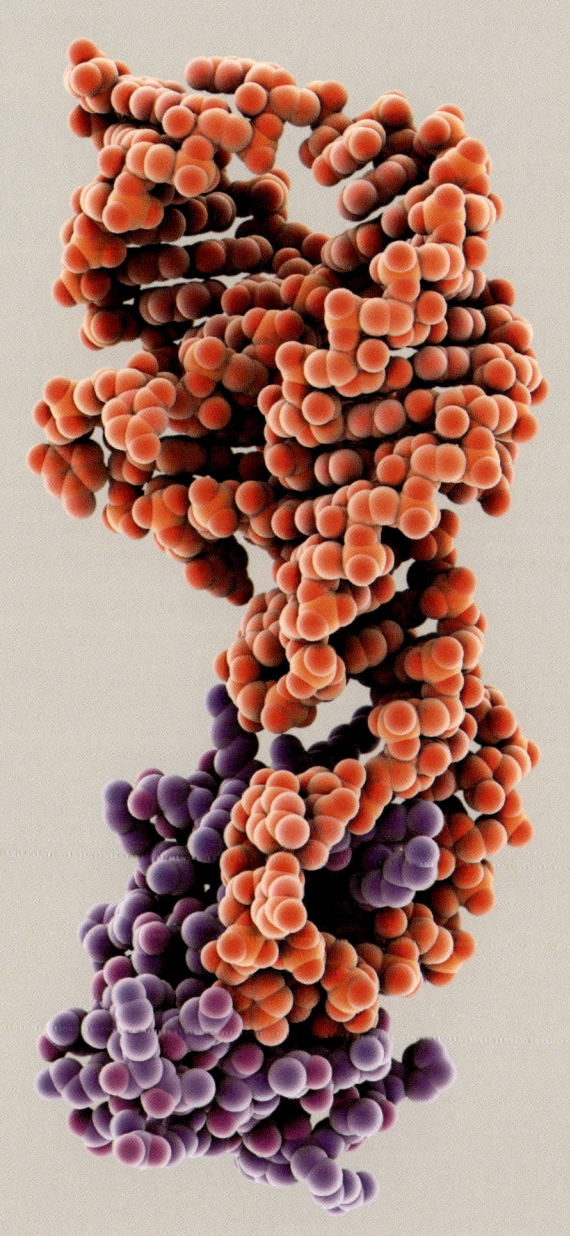

PSTVd

Viroide del tubérculo fusiforme de la patata

¿Un vestigio del mundo del ARN?

GRUPO	N/A
FAMILIA	Pospiviroidae
GÉNERO	Pospiviroid
GENOMA	ARN circular, monocatenario, no segmentado, de unos 360 nucleótidos, que no codifica proteínas
PARTÍCULA VÍRICA	Ninguna
HUÉSPEDES	Patata (*Solanum tuberosum*), tomate (*Solanum lycopersicum*) y otros miembros de la familia de las solanáceas
ENFERMEDADES ASOCIADAS	Enfermedad fusiforme de la patata, enanismo del tomate
TRANSMISIÓN	Semillas, polen, insectos en contacto con virus vegetales

Los viroides son simples moléculas de ARN que no codifican proteínas. Se pliegan en estructuras complejas porque la mayoría de sus nucleótidos son adicionales entre sí y pueden formar pares de bases. Las distintas partes de la estructura son responsables de la replicación del viroide y de los diferentes efectos que causan en sus huéspedes. Algunos investigadores consideran que son un vestigio de un mundo precelular en el que gobernaba el ARN, debido a que los viroides tienen mucha actividad biológica, pero no codifican proteínas.

Los viroides se replican con un método de círculo rodante que genera largas moléculas de ARN con muchas copias del genoma encadenadas. Algunos contienen una molécula ribozima, una estructura de ARN similar a una enzima que se especula que es un vestigio de un mundo anterior a la vida celular, y que corta el ARN largo en fragmentos del tamaño del genoma. Sin embargo, el viroide del tubérculo fusiforme de la patata (PSTVd) no contiene la ribozima, sino que usa una enzima del huésped para cortar su ARN.

Genoma del PSTVd

El genoma del viroide del tubérculo fusiforme de la patata (PSTVd) y la estructura secundaria que se forma por apareamiento de bases de nucleótidos. Se muestran diferentes regiones del genoma que intervienen en la actividad biológica.

El síntoma más evidente en las plantas de patata infectadas por el PSTVd es la forma enjuta de los tubérculos. Sin embargo, el viroide también infecta a las tomateras, donde puede causar retraso del crecimiento, cambios en los pigmentos de la planta y muerte del tejido vegetal a lo largo de su sistema vascular. El PSTVd está relacionado con el viroide del enanismo del crisantemo, el del enanismo apical del tomate y el de la exocortis de los cítricos, que causan graves enfermedades en todo el mundo, en sus respectivos huéspedes.

→ Una planta de patata infectada por el PSTVd con síntomas muy leves. Aunque las patatas suelen propagarse a través de tubérculos, esta planta tiene frutos, y se cree que el viroide probablemente se propagó por todo el mundo a través de las verdaderas semillas de las patatas.

Terminal izquierdo | Patogenicidad | Segmento central conservado | Variable | Terminal derecho

VIRUS
QUE CREAN
MÁS VIRUS

El ciclo de infección

Si imaginamos que los virus tienen un propósito, este es simplemente multiplicarse. Su objetivo no es causar enfermedades ni facilitar otros procesos beneficiosos; su única razón de ser es producir más virus. A veces, en este afán por reproducirse benefician a sus huéspedes, y si esto sucede, es posible que haya una fuerte presión selectiva para mantener dicha relación. Otras veces, accidentalmente causan daño a su huésped, sobre todo si llevan poco tiempo relacionándose y aún deben perfeccionar esta relación a través de la adaptación y evolución. Por último, un virus adoptará cualquier cambio o estrategia que le favorezca para reproducirse.

Todo el proceso de producción de virus empieza con la infección del huésped. Los detalles de cómo entran (y salen) de sus huéspedes se describen en el siguiente capítulo, pero por ahora se dará por hecho que un virus ha conseguido entrar en la célula huésped. El siguiente paso en el ciclo de infección para muchos virus consiste en liberar su genoma de su cápside, lo que a veces se denomina «desencapsidar». Este proceso varía según el virus. Muchos permanecen dentro de su capa protectora hasta que llegan al lugar de destino en la célula huésped.

Algunos tipos de virus, como aquellos con ARNbc, nunca se desencapsidan por completo. Los retrovirus permanecen dentro de la partícula infecciosa hasta que han copiado a ADN su genoma ARN. Otros virus, como los bacteriófagos o los Phycodnaviridae, que infectan algas, inyectan su genoma directamente en la célula huésped sin permitir que su cápside (la partícula vírica intacta) entre en la célula.

Una vez dentro de la célula, el virus tiene varios trabajos que hacer: producir ARN mensajeros (ARNms) que puedan dirigir la producción de proteínas; copiar su genoma; y empaquetarlo en nuevas partículas que puedan infectar otras células o huéspedes. La manera en que se realizan estos procesos depende del tipo de virus (tipo de genoma, *véanse* páginas 14 y 38), del tipo de huésped, y de si el virus tiene o no una membrana a su alrededor, denominada envoltura lipídica (*véase* página 108).

← Representación gráfica de una célula bacteriana que explota.

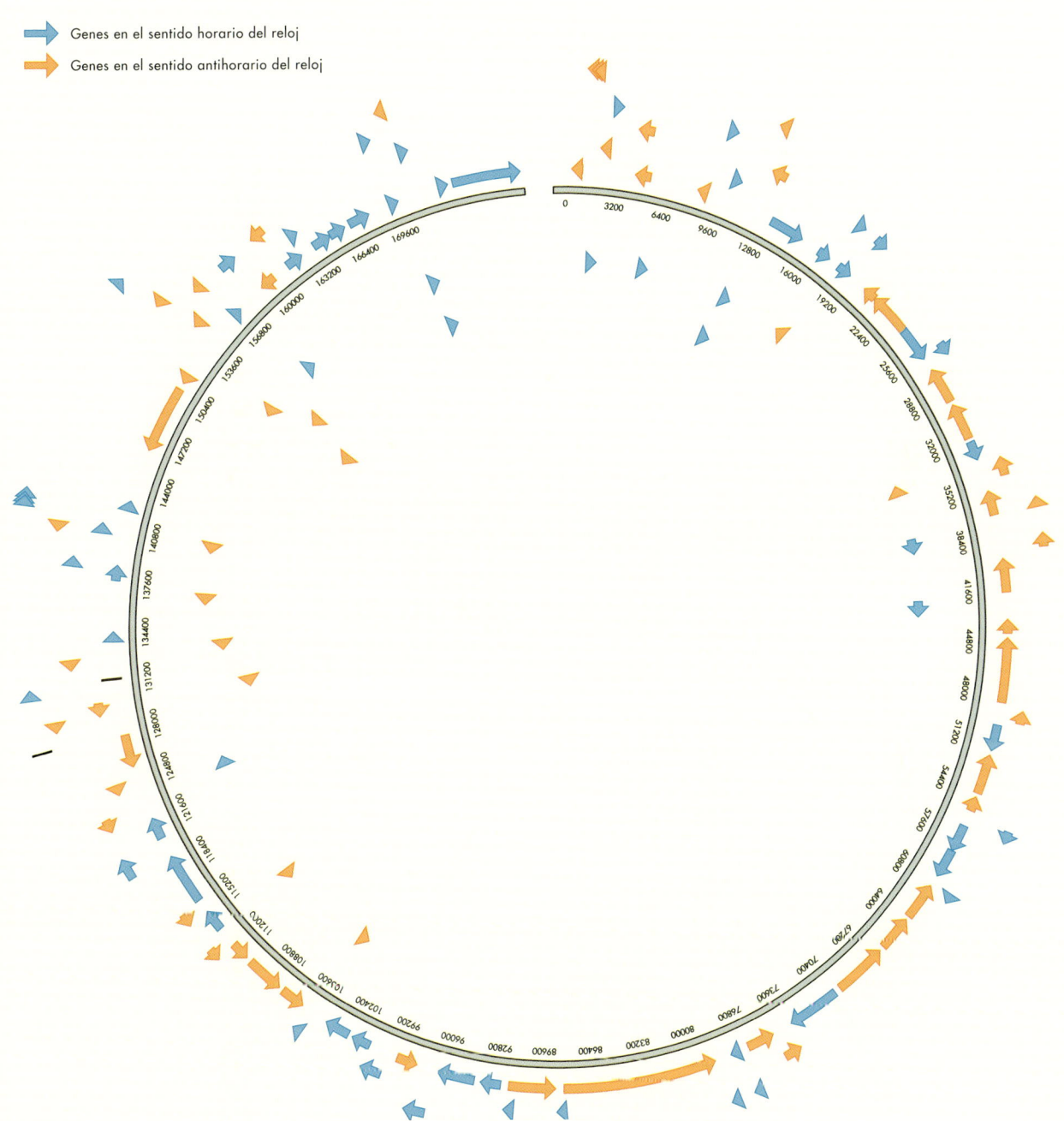

Genes en el sentido horario del reloj

Genes en el sentido antihorario del reloj

La complejidad del ADNbc de un genoma vírico

Un virus complejo de ADN bicatenario, como el de la enfermedad de Marek, produce unos 70 ARN mensajeros (ARNm) diferentes, que se muestran en este mapa del genoma mediante las flechas de colores que van en ambas direcciones. Aunque el genoma es lineal, aquí se dibuja como un círculo para que sea más fácil ver todos los genes. Antes del inicio de cada ARNm hay señales en la secuencia que indican a la ARN polimerasa dónde empezar a sintetizar el ARN. Hay otras señales que indican a la polimerasa cuándo debe detenerse.

Apareamiento de bases

La estructura química de los nucleótidos, los componentes básicos del ADN o el ARN, tiene un grupo fosfato en la posición 5' del azúcar ribosa, y un grupo hidroxilo en la posición 3'. Sobre este extremo 3' es donde los nucleótidos individuales se unen para formar la larga cadena de moléculas que componen el ADN, como se muestra aquí. Las bases de cada molécula se emparejan con sus bases complementarias mediante enlaces de hidrógeno —que se muestran con líneas de puntos—

para crear ADNbc. El par citosina-guanina (C-G) es más fuerte que el par timina-adenina (T-A), debido a que el par C-G tiene tres puentes de hidrógeno, mientras que el par T-A tiene únicamente dos. Por convención, las moléculas de ADN y ARN se escriben en la orientación 5'-a-3', con el grupo fosfato al principio y el grupo hidroxilo al final. El ARN tiene una estructura química muy similar, pero la timina se sustituye por uracilo (U) y tiene un grupo hidroxilo (OH) más.

Cuando se copia el ARN o el ADN, la secuencia correcta de nucleótidos se determina mediante el apareamiento de bases. Se trata de un proceso bastante preciso —la adenina (A) siempre se empareja con la timina (T) (o uracilo, U, en el caso del ARN) y la guanina (G) siempre se empareja con la citosina (C)—, aunque en algunas se situaciones pueden producirse errores que den lugar a una mutación (*véase* página 136). Cuando se copian los genomas celulares, las enzimas implicadas tienen métodos para comprobar que no han cometido errores, denominados mecanismo de corrección de errores. Algunos virus que usan las enzimas del huésped para copiar sus genomas se benefician de esta capacidad correctora. Sin embargo, otros virus, sobre todo los de ARN, no disponen de este mecanismo, por lo que son propensos a cometer más errores y, en consecuencia, a padecer más mutaciones.

↘ La proteína de la espícula (*spike*) del SARS-CoV-2 muestra tres copias de la proteína con la mutación D614G resaltada en rojo. Esta mutación apareció en Europa en 2020.

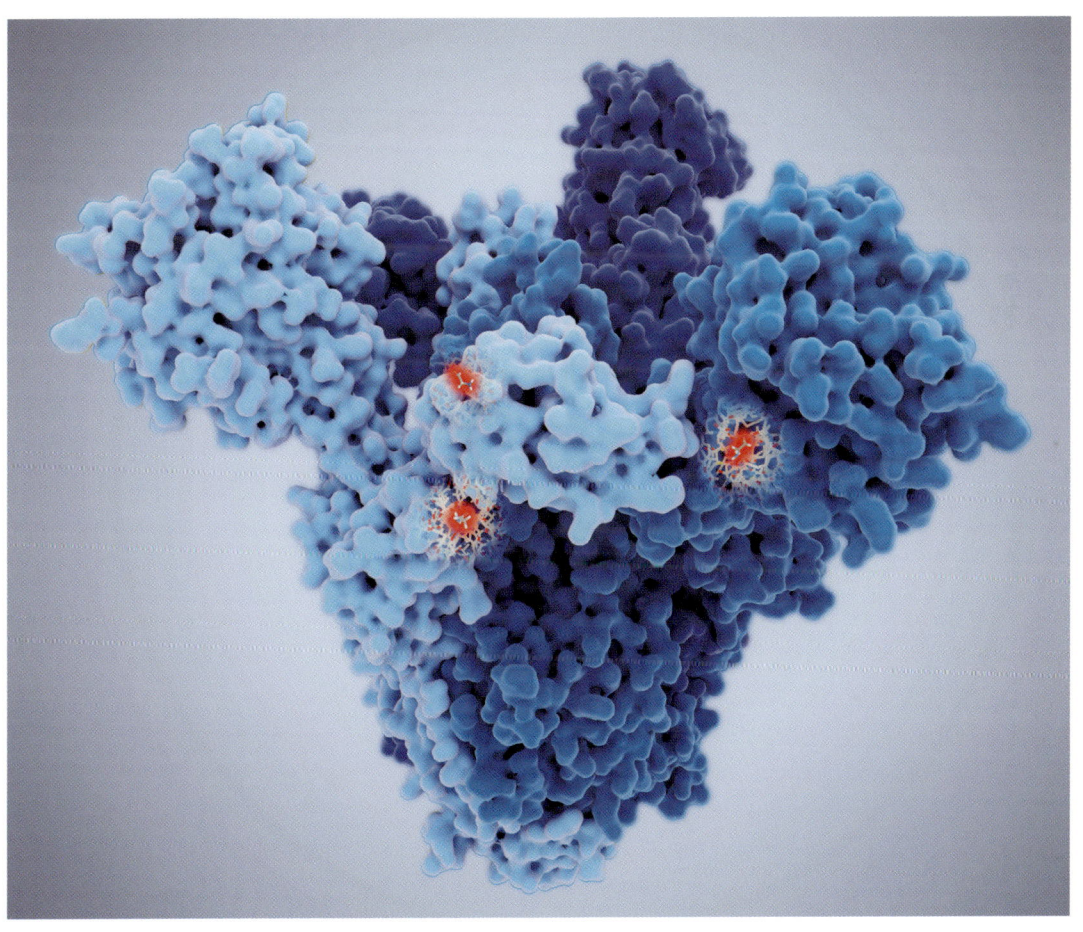

Los virus ADN

Dado que todas las células huésped copian su genoma mediante la replicación de ADN de doble cadena, los virus de ADN (ADNbc) a menudo usan la maquinaria enzimática celular para producir ARNm y copiar su genoma. En las células huésped eucariotas, las enzimas se hallan en el núcleo, por lo que la mayor parte del ciclo vírico transcurre en ese orgánulo. Las células eucariotas a menudo sintetizan estas enzimas solo durante la fase de duplicación de su genoma, por lo que el virus tiene que programar su replicación para hacerla coincidir con la de la célula huésped. Sin embargo, muchos virus tienen formas de alterar el ciclo de la célula huésped para poder acceder a las enzimas necesarias cuando las precisan.

VIRUS DE ADN BICATENARIO

Estos virus a menudo son grandes y complejos, y es posible que tengan cientos de genes que codifican proteínas (*véase* diagrama, página 70). Por el contrario, unos pocos virus ARN solo tienen un gen, y muchos virus ARN pequeños solo tienen dos genes.

Generalmente, el ADN y el ARN se sintetizan en una sola dirección, que por convención se escribe como «de 5' a 3'» (*véase* diagrama, página 65). El ADNbc se encuentra en forma de doble hélice que debe desenrollarse en hebras separadas antes de poder copiarse. Este proceso se lleva a cabo con la ayuda de las enzimas helicasa y topoisomerasa. Si el ADN se usa para sintetizar ARN, la cadena 3'-a-5' del ADN se copia en la dirección 5'-a-3' en el ARN. En cambio, si el ADN se replica, se copian las dos cadenas.

Este es un proceso más complicado, porque solo una cadena puede copiarse dando lugar a una hebra continua de nucleótidos que van todos en la dirección 5'-a-3'. La otra cadena debe copiarse en tramos cortos que se unen posteriormente (*véase* diagrama, página 85). Las enzimas que copian el ADN necesitan anclarse a «algo» antes de poder actuar; este «algo» suele ser una molécula de ARN llamada cebador. Otras enzimas, denominadas primasas,

son las que sintetizan los cebadores de ARN para poner en marcha el proceso, que deberán ser eliminados antes de que la enzima ADN ligasa una las cadenas cortas del ADN sintetizado.

La mayoría de los grandes virus de ADN utilizan una estrategia diferente para sintetizar la primera copia de su genoma, y luego un proceso modificado para la síntesis de copias adicionales. Los poxvirus y muchos virus ADN pequeños utilizan un método de replicación por desplazamiento de hebra, mientras que los adenovirus son capaces de utilizar como cebador un extremo del genoma que es complementario a su otro extremo.

↗ Un polluelo de albatros de Laysan (*Phoebastria immutabilis*) infectado con el virus de la viruela aviar. Las aves suelen recuperarse de esta enfermedad en unas pocas semanas.

→ Representación gráfica de una sección transversal de un virus de la viruela; el núcleo interno donde reside el genoma se muestra en rojo.

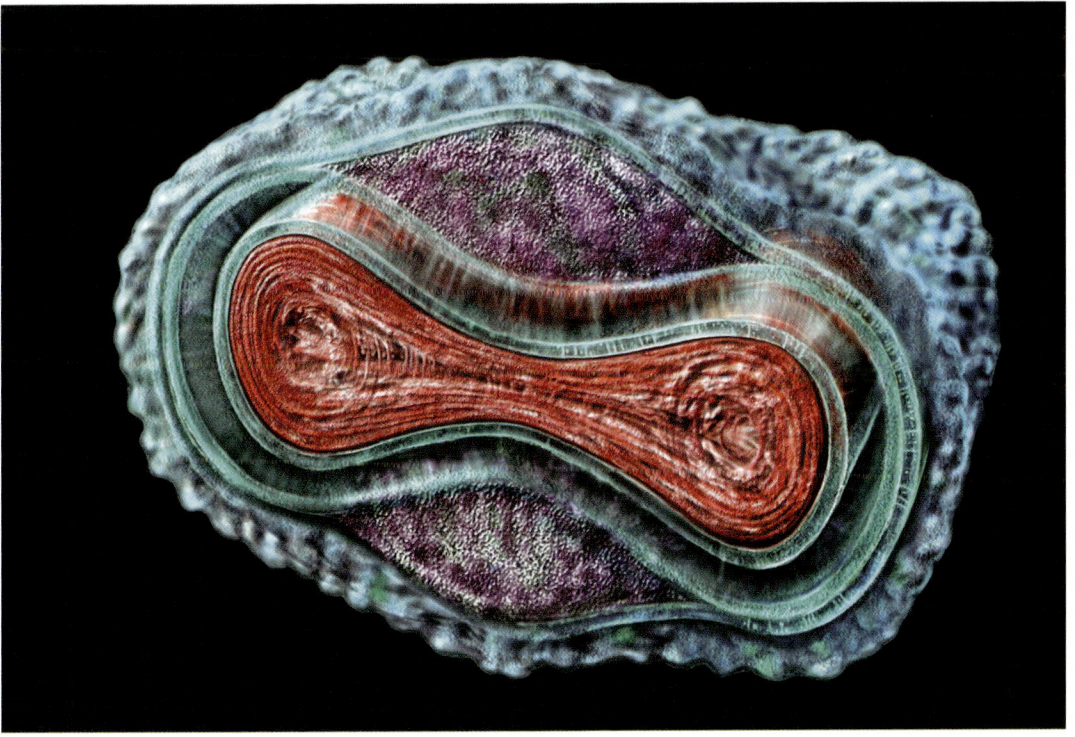

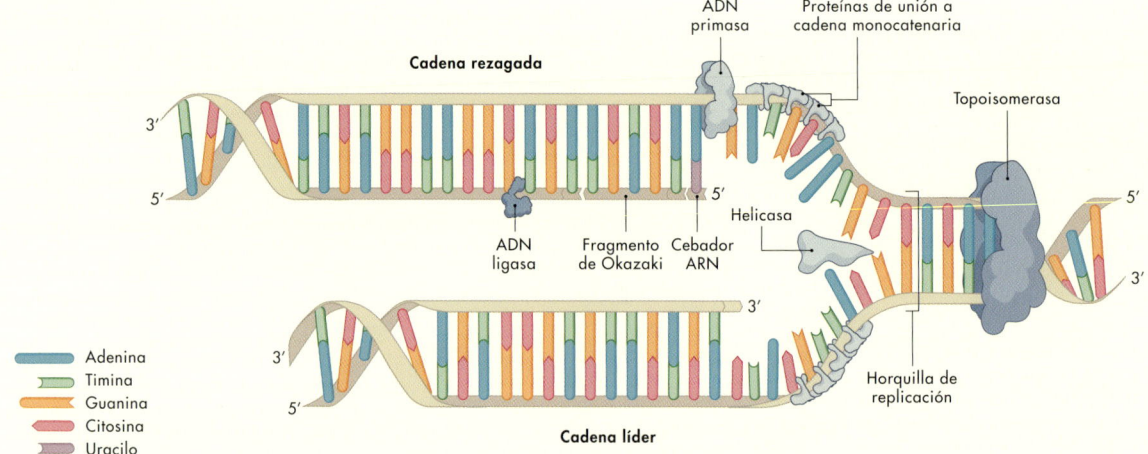

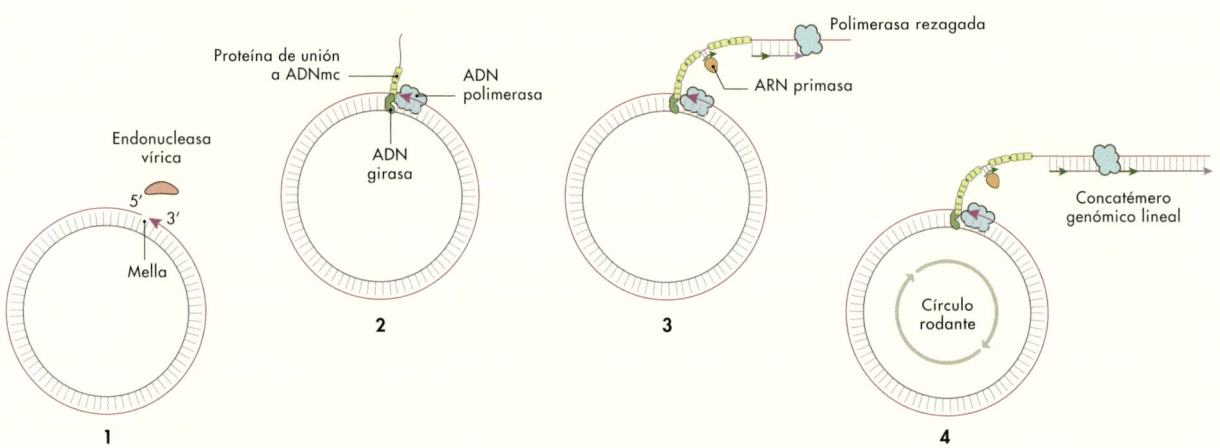

Detalles de la replicación del ADN

El ADNbc se sintetiza en la dirección 5'-a-3' en las dos cadenas. Para una (la cadena líder) se trata de una copia continua a medida que se desenrolla el ADN. Para la otra (la cadena rezagada), el proceso debe hacerse en segmentos cortos, denominados fragmentos de Okazaki en honor a la pareja de científicos japoneses que los describieron por primera vez.

A continuación, los fragmentos se unen mediante la enzima ADN ligasa. Para desenrollar el ADN bicatenario se necesitan enzimas helicasas y topoisomerasas, y las proteínas de unión a la cadena monocatenaria lo mantienen desenrollado. Se utilizan diferentes ADN polimerasas para copiar la cadena líder y la cadena rezagada.

Replicación en círculo rodante

Los grandes virus ADN y la mayoría de los virus ADN bacterianos se replican mediante un mecanismo en círculo rodante, en el que el ADN se copia alrededor de una versión circular del genoma. Las enzimas son las mismas que se muestran en el diagrama anterior.

1. La replicación del ADN empieza en lugares específicos del genoma denominados «orígenes». La endonucleasa vírica hace una muesca en el origen de la replicación.

2. La maquinaria de replicación se ensambla, con la ADN polimerasa en el extremo 3'.

3. La ADN polimerasa y los factores asociados comienzan una síntesis de desplazamiento de hebra, y producen así ADNmc lineal concatenado con una copia del genoma por vuelta de replicación. En la hebra concatenadora, los fragmentos de Okazaki (*véase* diagrama anterior) se elongan tras la síntesis secuencial del cebador de ARN por la primasa, convirtiéndose así en ADNbc. El cebador de ARN de la cadena concatenadora se retira y los fragmentos de Okazaki se ligan.

4. A continuación, las horquillas de replicación producen un largo concatémero lineal, que será procesado y encapsidado como genomas lineales.

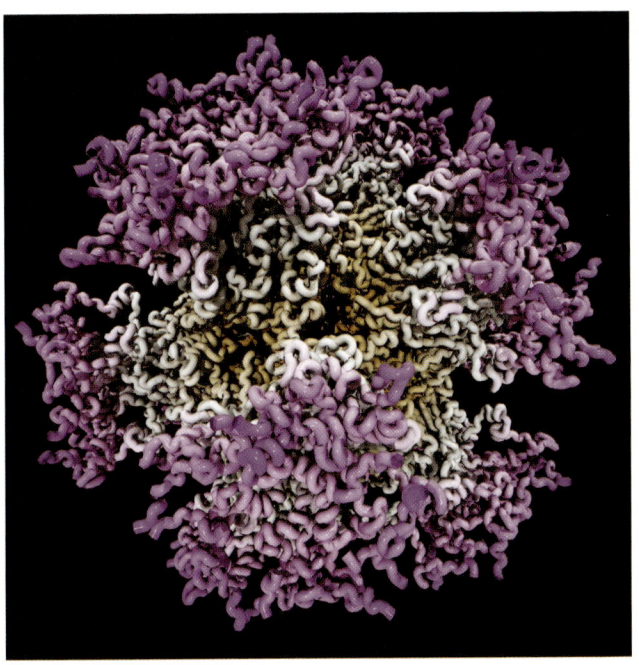

← Estructura de la partícula pentón del adenovirus humano 3.

↓ Representación gráfica de un herpesvirus humano extraída de una micrografía electrónica de transmisión.

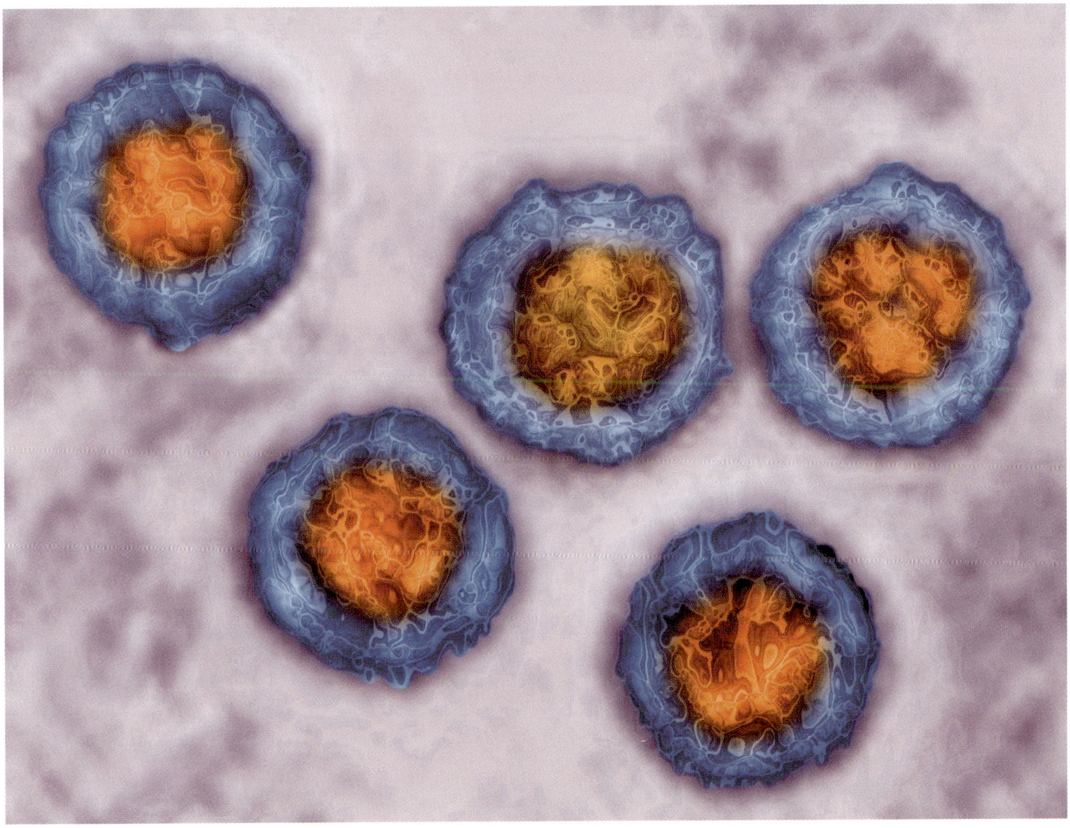

Replicación por desplazamiento de hebra del adenovirus

La replicación por desplazamiento de hebra copia solo una por vez. El proceso libera ADNmc que, a su vez, se copia en ADNbc. El adenovirus, mostrado aquí, tiene una proteína unida al extremo 5′ del ADN genómico (TP). Usa la proteína preterminal (pTP) como primer cebador de la síntesis de ADN. La pTP se une a la polimerasa (pTP-Pol) para guiarla a iniciar la síntesis de ADN (paso 1). La polimerasa también actúa como topoisomerasa para desenrollar el ADN, y el ADN se mantiene monocatenario gracias a la proteína de unión a ADNmc (verde, ssDB, por sus siglas en inglés; paso 2).

Una vez completada la primera hebra, el ADNbc intermediario puede reciclarse para sintetizar más primeras hebras (paso 3). Cuando se sintetizan suficientes primeras hebras, estas se circularizan utilizando las secuencias complementarias cortas que existen en ambos extremos del genoma (paso 4). Entonces comienza la síntesis de la segunda hebra en un proceso similar al del paso 1 (pasos 5, 6 y 7). En los grandes virus de ADN, como los poxvirus, un bucle del extremo se pliega hacia atrás para iniciar la síntesis, y forma largas cadenas de múltiples genomas que son procesadas por las enzimas virales en fragmentos genómicos.

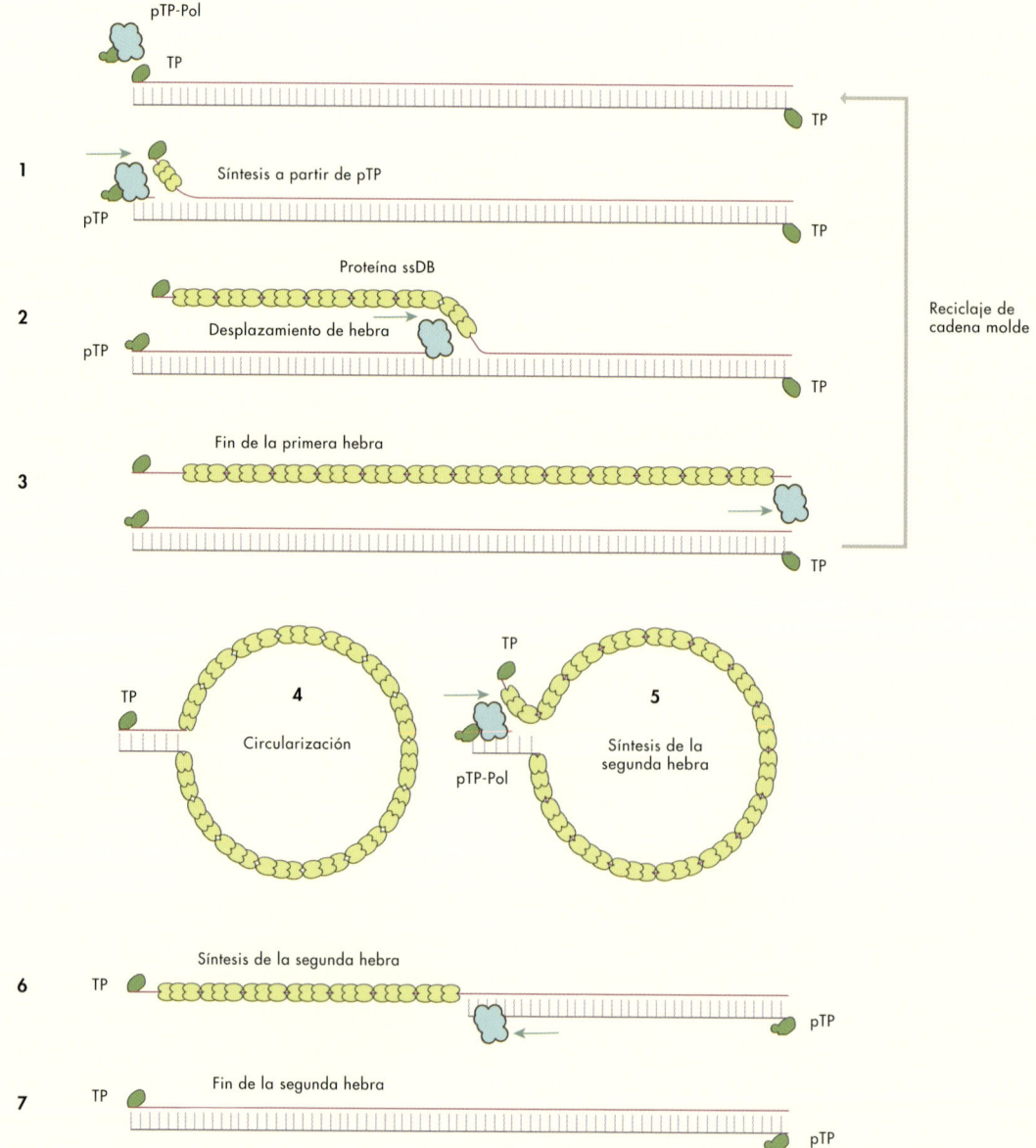

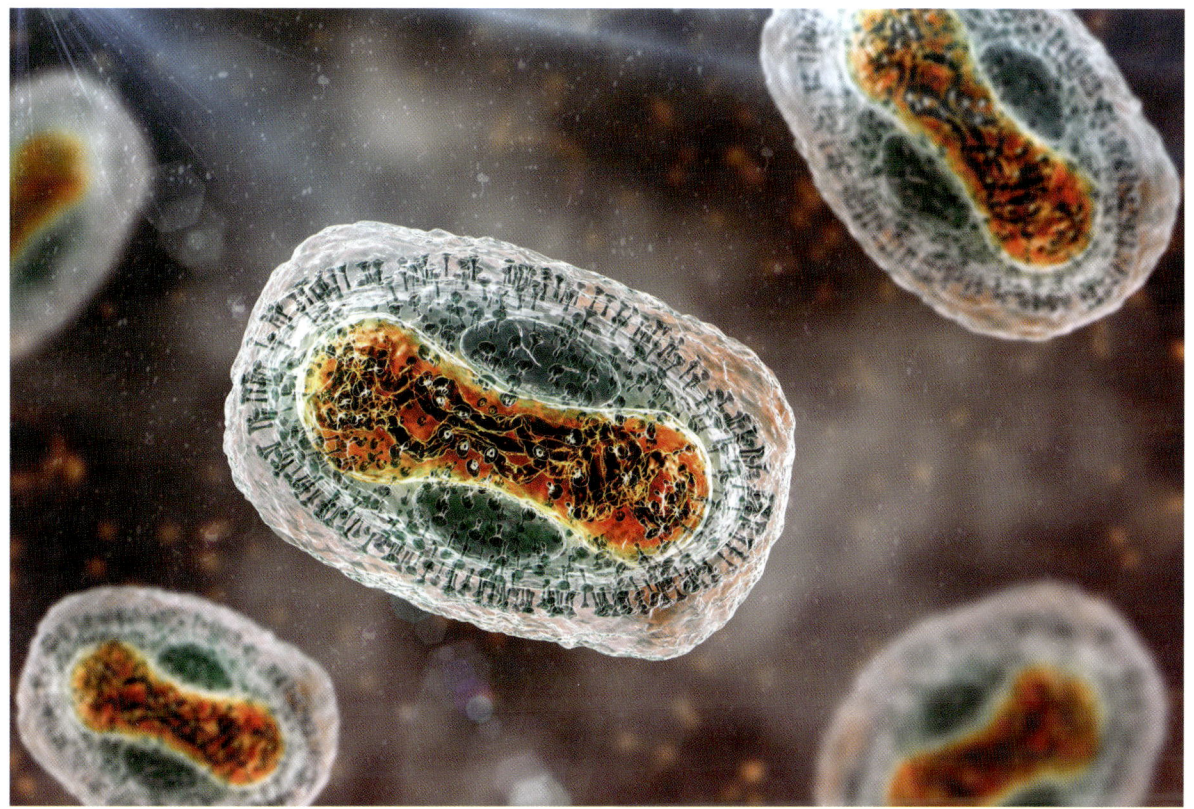

Copiar ADNbc es el proceso de replicación más complejo, por lo que es coherente que muchos virus utilicen las enzimas del huésped. Sin embargo, algunos virus ADNbc tienen su propio conjunto de enzimas para realizar este proceso. Los poxvirus son un ejemplo de ello, ya que se replican en el citoplasma de la célula huésped usando alrededor de 14 proteínas propias en el proceso. La enzima principal para copiar ADN se denomina ADN polimerasa. Las ADN polimerasas de poxvirus están relacionadas con las enzimas polimerasas de las células eucariotas, pero son sustancialmente diferentes. Algunos biólogos evolutivos opinan que las enzimas de replicación de los poxvirus son más antiguas que las enzimas celulares, y que el núcleo de las células eucariotas se originó a partir de un virus similar que fue engullido por una protocélula primitiva.

↑ Imagen generada por ordenador del virus de la viruela del mono. Todos los virus de la viruela están estrechamente relacionados y tienen una estructura muy similar.

VIRUS DE ADN MONOCATENARIO

Los virus de ADNmc se encuentran en todos los reinos de la vida y son, posiblemente, los que más abundan en la Tierra. También son antiguos: las secuencias del geminivirus se pueden encontrar en el genoma del tabaco y, por su distribución en plantas emparentadas con esta, el virus probablemente tenga más de un millón de años. Otras secuencias exclusivas de los virus de ADNmc las encontramos en muchos otros huéspedes, que incluyen mamíferos, insectos, hongos y bacterias.

La mayoría de los genomas de virus de ADNmc son circulares y muy pequeños; están entre los más pequeños jamás conocidos (*véase*, por ejemplo, el circovirus porcino, página 50). La ADN polimerasa del huésped convierte el genoma circular de cadena sencilla en ADN de doble cadena. A continuación, estas moléculas se utilizan para sintetizar ARNm y producir proteínas víricas, así como para generar más genomas.

Muchos genomas circulares se replican mediante un mecanismo en círculo rodante (*véase* diagrama, página anterior); colectivamente se conocen como virus CRESS, por sus siglas en inglés (*véase* página 50). La proteína del virus conocida como Rep hace una muesca en una hebra del círculo bicatenario. Además, actúa como cebador para que la polimerasa del huésped comience a sintetizar ADNmc, que permanece alrededor del círculo hasta que la copia está completa. En algunos virus, la enzima continúa, dando lugar a una cadena de genomas unidos entre sí, denominada concatémero. Entonces se cortan en genomas individuales y el círculo se cierra por la acción de una enzima del huésped. El genoma recién formado está listo para repetir el proceso o para ser empaquetado en una nueva partícula. El virus utiliza muchas enzimas del huésped para este proceso, pero no para los mismos fines que los requeridos por la célula; por ejemplo, la polimerasa del huésped suele utilizarse para fabricar ADNbc. Los geminivirus son virus CRESS que infectan plantas (*véase* página 212). Aunque durante su replicación usan las enzimas del huésped, que deberían corregir errores, presentan un grado muy elevado de variabilidad genética, de forma similar a los virus ARN. Para un virus, mucha variabilidad genética puede ser una ventaja porque hace que sea más flexible para a infectar a nuevos huéspedes.

Los virus de ADNmc con genomas lineales, como los parvovirus (*véase* página 268), se replican mediante un método relacionado, denominado replicación en horquilla. En estos virus, los extremos del ADNmc se pliegan sobre sí mismos mediante el apareamiento de bases para formar una horquilla. Esto actúa como un cebador sobre el que puede comenzar la síntesis de ADN.

← Plantas de pimienta infectadas con geminivirus, que muestran los típicos síntomas de color amarillo brillante.

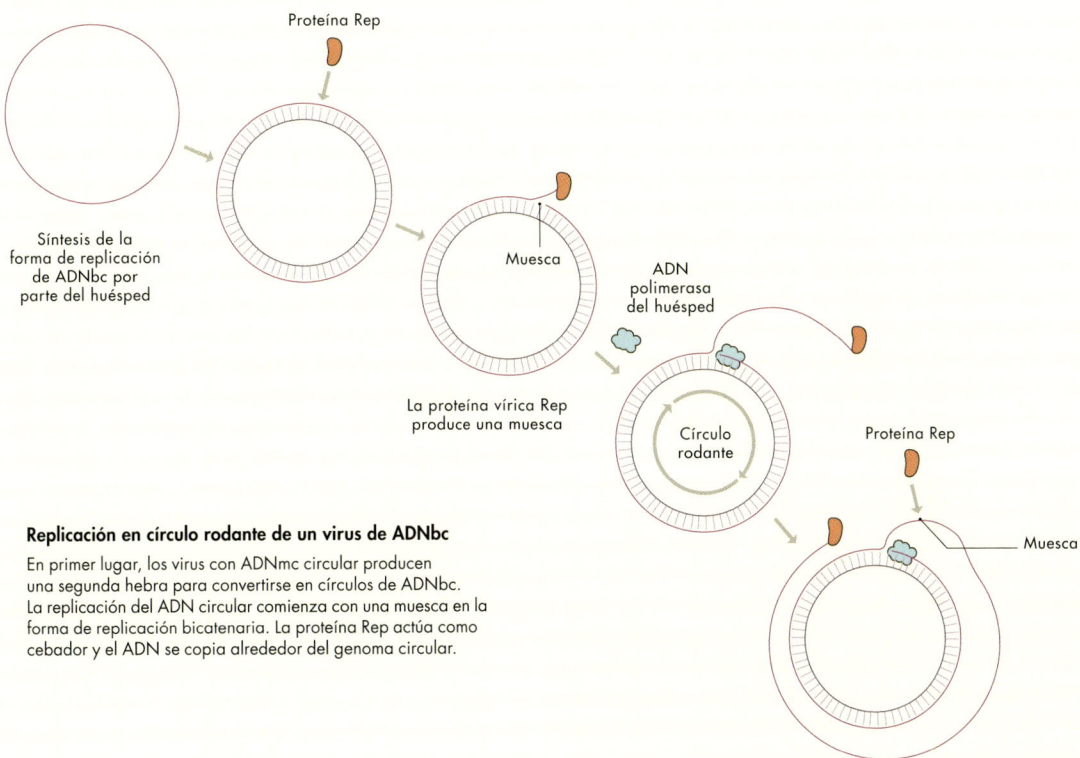

Proteína Rep

Síntesis de la
forma de replicación
de ADNbc por
parte del huésped

Muesca

ADN
polimerasa
del huésped

La proteína vírica Rep
produce una muesca

Círculo
rodante

Proteína Rep

Muesca

Replicación en círculo rodante de un virus de ADNbc

En primer lugar, los virus con ADNmc circular producen
una segunda hebra para convertirse en círculos de ADNbc.
La replicación del ADN circular comienza con una muesca en la
forma de replicación bicatenaria. La proteína Rep actúa como
cebador y el ADN se copia alrededor del genoma circular.

3′

AAATCAGATATCTGATTT

5′

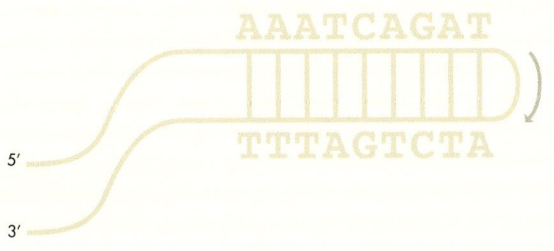

5′ AAATCAGAT

3′ TTTAGTCTA

Bucle de horquilla para elongación del cebador

Los virus de ADN monocatenario con genomas lineales forman
una horquilla que actúa como cebador para la ADN polimerasa.
El cebador está constituido por nucleótidos complementarios al
final del genoma, que se pliegan unos sobre otros. Las horquillas
pueden formarse porque contienen secuencias de nucleótidos
repetidas e invertidas. En el diagrama se muestra una versión
simplificada para ilustrar cómo se pliegan, pero realmente
suelen ser mucho más largas. Una vez copiada la hebra hasta
el final, se rellena el otro extremo.

Los virus ARN

Los virus de ARN codifican sus propias enzimas para replicarse, las denominadas ARN polimerasas dependientes de ARN. Copian ARN en ARN, no como las ARN polimerasas del huésped, que son dependientes de ADN y copian ADN en ARN. A diferencia de las ADN polimerasas, las ARN polimerasas no necesitan un cebador, lo que simplifica la replicación. La mayoría no tiene la función de corrección de errores que tienen las ADN polimerasas, por lo que son más propensas a cometerlos. Una excepción es la polimerasa de los coronavirus, que puede corregir algunos errores.

El ARNm transporta el código del ADN desde el núcleo de una célula hasta su citoplasma, donde los ribosomas, que sintetizan proteínas, lo leen y lo traducen. El ARN de transferencia (ARNt) actúa como enlace entre el ARNm y los aminoácidos utilizados en la síntesis de proteínas. En las células, los ARNm tienen unas estructuras en sus extremos 5' llamadas estructuras de caperuza o «estructuras cap». Estas son añadidas por las enzimas de la célula y proporcionan protección al hacer que sean reconocibles como pertenecientes a ella. En sus extremos 3' suelen tener una cadena de residuos de adenina, denominada cola de poli-A. Los virus también usan estas estructuras, pero algunos tienen una proteína en el extremo 5' y otros adjuntan un ARNt al extremo 3'. Los virus ARN tienen diferentes estrategias para sintetizar ARNm a partir de sus genomas para su traducción a proteínas.

Los virus utilizan distintas estrategias para sintetizar los ARNm a partir de sus genomas y poder traducirlos a proteínas. Una estrategia común se denomina «un ARN– una proteína», donde cada proteína se codifica en un

← Planta del tabaco infectada por el virus del bronceado del tomate, un virus ARN(–) que infecta a plantas e insectos y está relacionado con los virus animales.

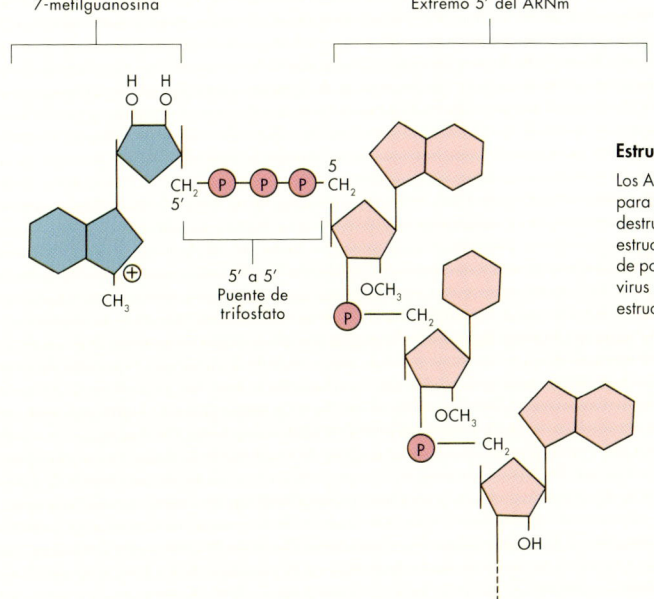

7-metilguanosina

Extremo 5′ del ARNm

CH₂ — P P P — CH₂ 5

5′

5′ a 5′
Puente de
trifosfato

OCH₃

OCH₃

OH

Estructuras que utilizan los virus para proteger sus genomas

Los ARN víricos tienen varias estructuras en los extremos 5′ y 3′ para protegerlos de las enzimas celulares que, de lo contrario, los destruirían. Al igual que las enzimas celulares, pueden tener una estructura cap (arriba a la izquierda) en el extremo 5′ y una cola de poli-A (en el centro a la derecha) en el extremo 3′, pero algunos virus utilizan una proteína viral unida al genoma en lugar de la estructura cap (en el centro) y un ARNt (abajo) en el extremo 3′.

AAAAAAAAAAAAAAA–OH

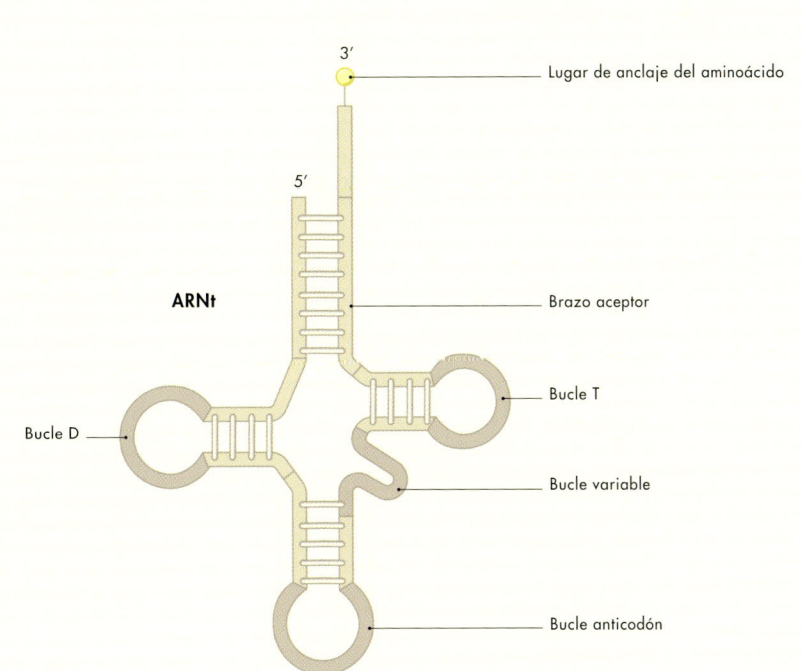

VPg

Gly Ala Tyr Thr Gly Leu Pro Asn Lys Lys Pro Asn Val Pro Thr Ileu Arg Thr Ala Lys Val Gln

ARNt

3′

Lugar de anclaje del aminoácido

5′

Brazo aceptor

Bucle T

Bucle D

Bucle variable

Bucle anticodón

segmento separado del genoma: el virus de la gripe (*véase* página 252) es un ejemplo de virus que utiliza esta estrategia. Otra estrategia consiste en sintetizar una gran poliproteína a partir de una única molécula de ARN. Seguidamente, el virus la corta en trozos del tamaño adecuado para sintetizar proteínas individuales. Los enterovirus como la polio (*véase* página 210) y los rinovirus (*véase* página 128) usan estas estrategias, al igual que muchos virus de plantas. Una tercera estrategia consiste en sintetizar moléculas de ARN más pequeñas a partir del genoma, conocidas como ARN subgenómico, que actúan como ARNm. El virus del mosaico del tabaco (*véase* página 96) usa esta estrategia. Otros virus, como el virus del mosaico del pepino (*véase* página 214), combinan distintas técnicas. Por último, algunos virus de ARN de cadena negativa fabrican sus ARNm directamente a partir del ARN genómico, e inician y finalizan el proceso de copia en diferentes puntos del genoma, de forma muy parecida a la de los moldes de ADN para fabricar ARNm. Los ARN genómicos tienen secuencias específicas de nucleótidos que actúan como señales para indicar a las enzimas dónde empezar y parar, del mismo modo que los ARNm tienen señales que indican dónde empieza y acaba la síntesis de proteínas (*véase* tabla, página 12).

Muchos virus de ARN se replican asociados a estructuras complejas. Inducen a la célula huésped a sintetizar estas estructuras, denominadas viroplasmas, a partir de membranas. Las estructuras proporcionan un lugar seguro para que el virus se replique sin ninguna interferencia de la célula, y también mantienen todas sus enzimas necesarias juntas en un solo lugar para que no floten libremente en el citoplasma de la célula.

↗ Los rinovirus causan el resfriado común. Hay muchos que infectan a los humanos, y la inmunidad dura solo unos pocos años; esto hace que las personas nunca lleguen a ser inmunes a los resfriados.

→ El poliovirus causa la poliomielitis, una grave enfermedad que ataca a los nervios y puede provocar parálisis. Algunas personas se recuperan por completo de esta enfermedad, pero otras quedan discapacitadas de por vida.

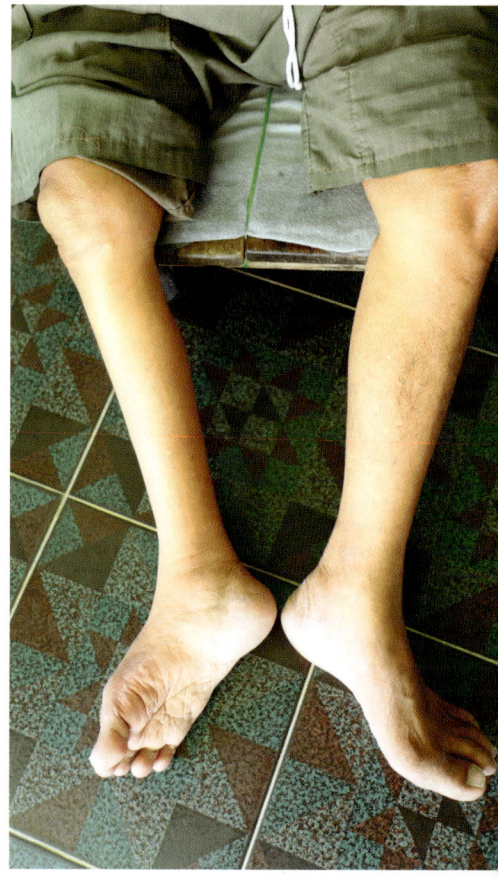

A

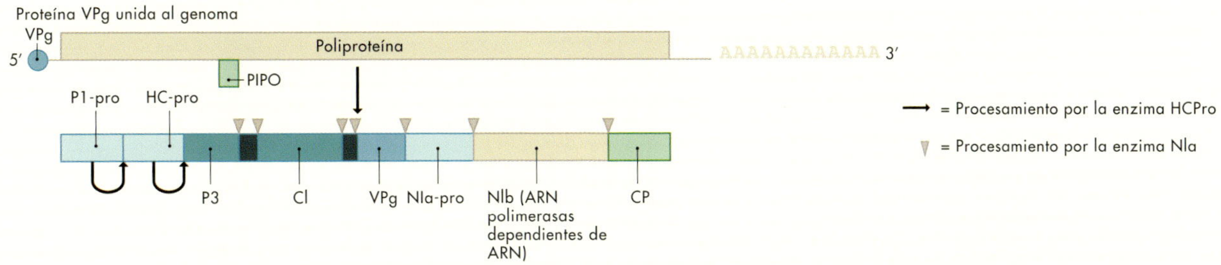

Proteína VPg unida al genoma

VPg

5′

Poliproteína

AAAAAAAAAAAA 3′

PIPO

= Procesamiento por la enzima HCPro

= Procesamiento por la enzima NIa

P1-pro　HC-pro

P3　　CI　　VPg　NIa-pro　NIb (ARN polimerasas dependientes de ARN)　CP

B

1　2　3　4　5　6　7　8

3′ ～ 5′ ... Segmentos de ARN (−)

Síntesis de ARNm

5′ C ～　... Cadenas de ARNm (+) AA(A) BAOH 3′

Traducción

| PB2 | PB1 | PA | HA | NP | NA | M1 | NS1 |

PB1-F2

Juntura

5′ C ～　5′ C ～

Traducción

M2　NEP

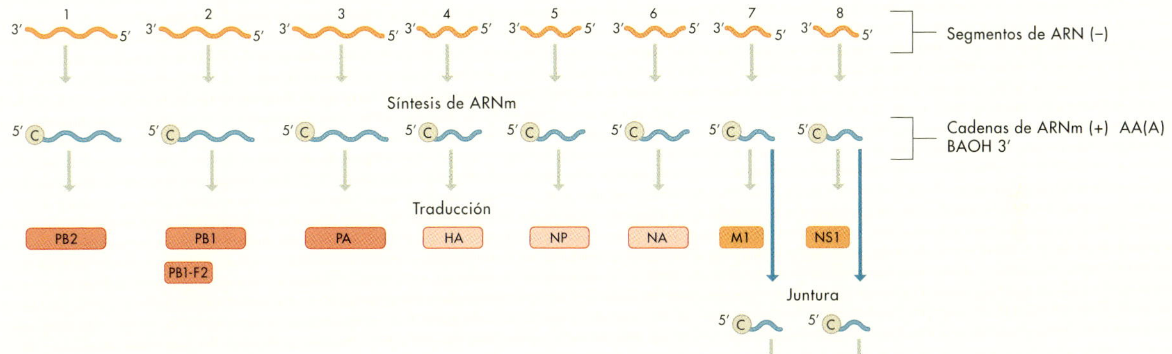

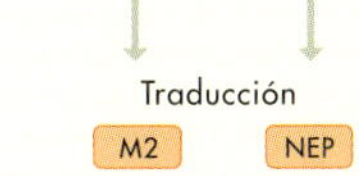

Estrategias de los virus de ARN para sintetizar proteínas

Los virus de ARN usan distintas estrategias para sintetizar sus proteínas.

(A) El virus de la Sharka, un virus de polaridad (+), produce una proteína grande, que se corta en proteínas funcionales (indicadas con abreviaturas) por enzimas que el virus sintetiza. Existe una proteína adicional, PIPO, que no forma parte de la poliproteína. Se produce cuando la polimerasa que produce el ARNm de la poliproteína se salta un nucleótido (deslizamiento de la polimerasa).

(B) El virus de la gripe es un virus de polaridad (−) que principalmente usa la estrategia de un ARN-una proteína. La mayoría de los ocho segmentos codifican una sola proteína, aunque los segmentos dos, siete y ocho forman dos.

(C) El virus del mosaico del tabaco usa la estrategia del ARN subgenómico. Las señales del ARN, denominadas promotores, indican a la polimerasa dónde debe empezar a producirlo. También utiliza la traducción «con fugas» o «con deslizamientos» para maximizar las proteínas que puede sintetizar. El codón de terminación, que señala el final de la traducción, se lee ocasionalmente como un código para un aminoácido, y la síntesis de proteínas continúa.

(D) Los rabdovirus, otros virus de polaridad (−), sintetizan los ARNm necesarios para cada proteína directamente a partir del genoma.

C

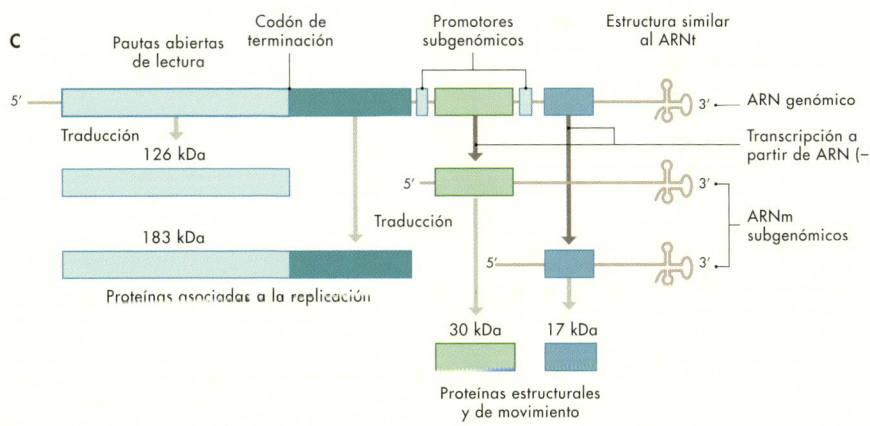

Pautas abiertas de lectura　Codón de terminación　Promotores subgenómicos　Estructura similar al ARNt

5′ ... 3′ ← ARN genómico

Traducción

126 kDa

Transcripción a partir de ARN (−)

Traducción

183 kDa

ARNm subgenómicos

Proteínas asociadas a la replicación

30 kDa　17 kDa

Proteínas estructurales y de movimiento

D

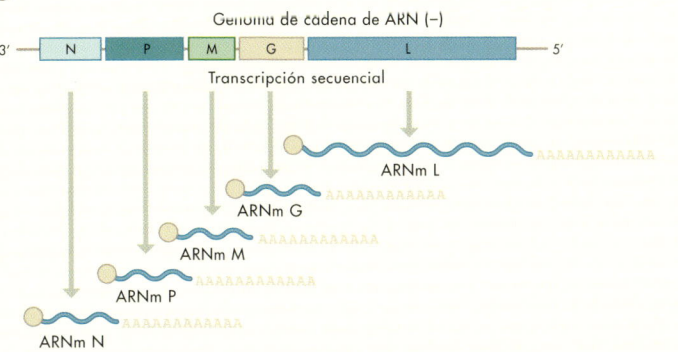

Genoma de cadena de ARN (−)

3′ | N | P | M | G | L | 5′

Transcripción secuencial

ARNm L　AAAAAAAAAAAA

ARNm G　AAAAAAAAAAAA

ARNm M　AAAAAAAAAAAA

ARNm P　AAAAAAAAAAAA

ARNm N　AAAAAAAAAAAA

VIRUS DE ARN BICATENARIO

Estos virus transportan su polimerasa en la partícula vírica. No se desencapsidan completamente y permanecen dentro del núcleo de la partícula vírica para sintetizar ARNm y hacer copias completas del genoma ARN, que son empujadas hacia el citoplasma de la célula. Es posible que este proceso haya evolucionado porque las células no sintetizan ARNbc de gran tamaño y, como resultado, estos desencadenan varias respuestas inmunitarias del huésped. El virus mantiene el genoma en el interior de la partícula para ocultarlo de la célula.

Replicación de virus de ARNbc

Cuando los virus de ARNbc se copian, es posible que el extremo 5' del ARN esté desnudo, unido a una estructura cap, o a una proteína VPg. El ARN genómico se copia primero para sintetizar los ARNm y el ARN pregenómico dentro de la cápside viral. La polimerasa se encuentra habitualmente en el punto de la cápside donde se unen las cinco proteínas de la cápside proteica. Una vez que la célula las sintetiza

a partir del ARNm, el pregenoma monocatenario se empaqueta en nuevas partículas víricas y, a continuación, se produce la segunda cadena para producir el genoma de ARN bicatenario. Como en la mayoría de virus ARN, su ciclo de vida se desarrolla en una estructura dentro de la célula denominada viroplasma, que está rodeada por una membrana derivada de la célula huésped.

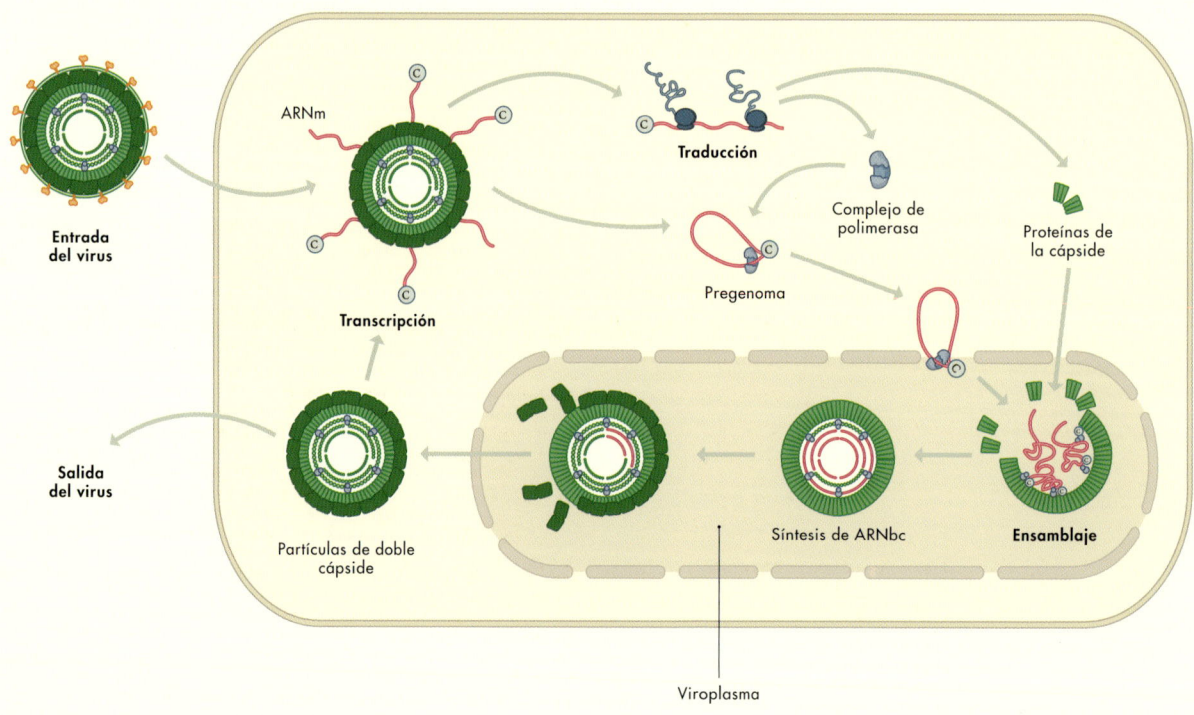

Entrada
del virus

ARNm

Traducción

Complejo de
polimerasa

Proteínas de
la cápside

Transcripción

Pregenoma

Salida
del virus

Partículas de doble
cápside

Síntesis de ARNbc

Ensamblaje

Viroplasma

Normalmente, los virus de ARNbc siguen la regla de un ARN-una proteína. Algunos de los virus ARNbc más comunes en humanos tienen 10 u 11 segmentos de ARN empaquetados en una sola partícula vírica. Para muchos virus de ARNbc de plantas y hongos que tienen genomas más sencillos (*véanse* páginas 238 y 246), cada segmento se empaqueta en su propia partícula. Los virus vegetales monocatenarios también usan esta estrategia. El hecho de disponer de partículas pequeñas facilita su síntesis y transporte de una célula a otra. Sin embargo, para empezar una infección, el virus tiene que introducir múltiples partículas víricas dentro de una misma célula.

Los ribosomas del huésped traducen los ARNm sintetizados por el virus a proteínas. Estas permiten al virus completar su ciclo de vida, replicándose y empaquetando nuevos genomas en nuevas partículas. Sin embargo, los virus lo hacen con el pregenoma, una versión monocatenaria del genoma. Una vez que el pregenoma está empaquetado de forma segura en una nueva partícula, copia su segunda cadena para sintetizar el genoma bicatenario.

↑   La mayoría de las plantas de frambuesa cultivadas en Norteamérica están infectadas por el virus latente de la frambuesa, un virus de ARN de doble cadena que no causa ningún síntoma.

VIRUS DE ARN MONOCATENARIO

Estos virus se dividen en dos clases: los positivos (+)
y los negativos (-). Los virus ARN(+) tienen genomas
que pueden actuar directamente como ARNm. No
necesitan transportar la polimerasa en su partícula,
porque la pueden sintetizar directamente a partir del
ARN genómico. Esto ha sido una ventaja para los
virólogos porque los ARN(+) son infecciosos y pueden
usarse directamente para iniciar una infección. Muchos
estudios que intentan comprender la genética de los
virus ARN(+) han utilizado clones de virus que pueden
modificarse en el laboratorio. Por ejemplo, al introducir
una deleción de un gen vírico y observar lo que ocurre

durante la infección, es posible estudiar y conocer
la función exacta de dicho gen durante el ciclo vírico
normal. Es lo que se denomina genética inversa.
Otro enfoque consiste en tomar un gen de un virus
e introducirlo en otro que se comporte de forma
diferente para ver si se logra añadir una nueva propiedad
(lo que se denomina genética de ganancia de función).
Estas herramientas son muy potentes y han ayudado a
comprender miles de virus y genes víricos. Sin embargo,
no están exentas de riesgos, sobre todo cuando se utilizan
con virus que causan enfermedades graves. Por ello, los
científicos toman estrictas precauciones para contener
los virus manipulados.

Replicación de virus ARN(+)

La replicación de virus ARN(+) normalmente tiene lugar en el
citoplasma de la célula huésped. El ARN infeccioso es capaz de
actuar como ARNm, por lo que las primeras proteínas se sintetizan
directamente del genoma (traducción). A continuación, se fabrica
la cadena antisentido utilizando enzimas víricas y factores del
huésped. Cuando se fabrica la cadena antisentido, es probable

que exista una forma temporal de doble cadena antes de que se
fabrique el nuevo ARN(+), ya sea para crear más ARNm o nuevos
genomas. Estos virus pueden alcanzar niveles muy altos de replicación
de genoma, ya que cada genoma infectante puede utilizarse para
fabricar muchas cadenas antisentido y, a continuación, cada cadena
antisentido puede fabricar muchas cadenas positivas.

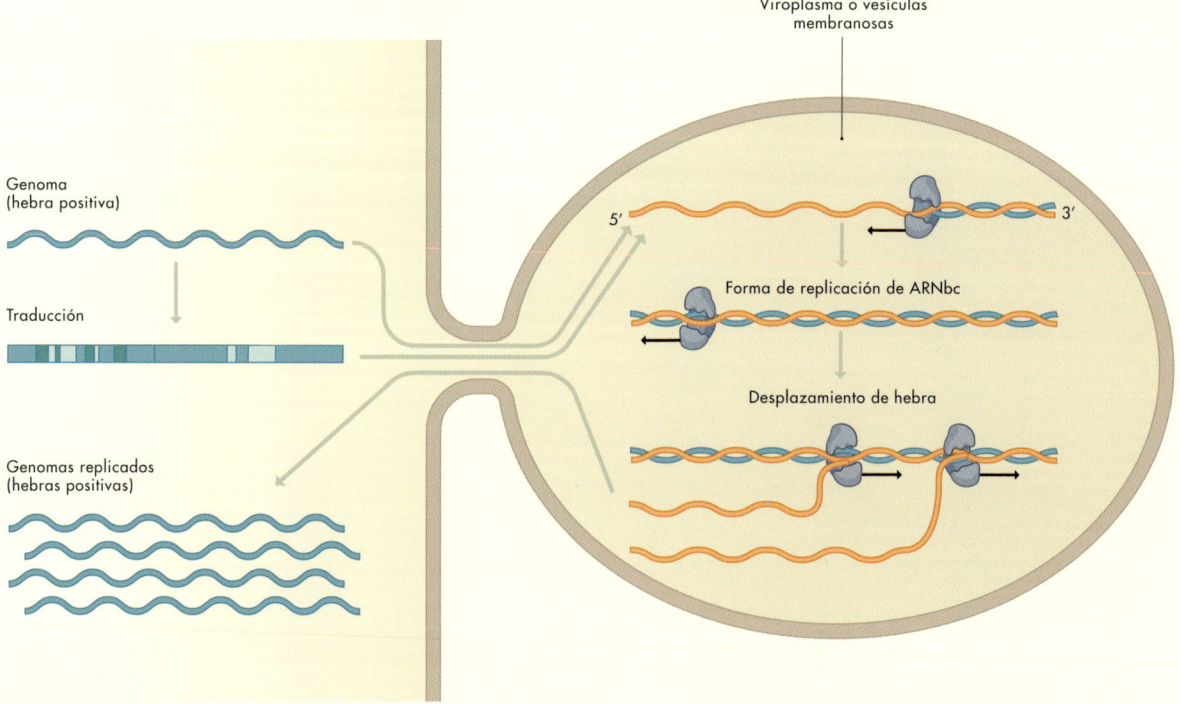

Viroplasma o vesículas
membranosas

Genoma
(hebra positiva)

5′　　　　　　　　　　　　　　　　　　　　　3′

Forma de replicación de ARNbc

Traducción

Desplazamiento de hebra

Genomas replicados
(hebras positivas)

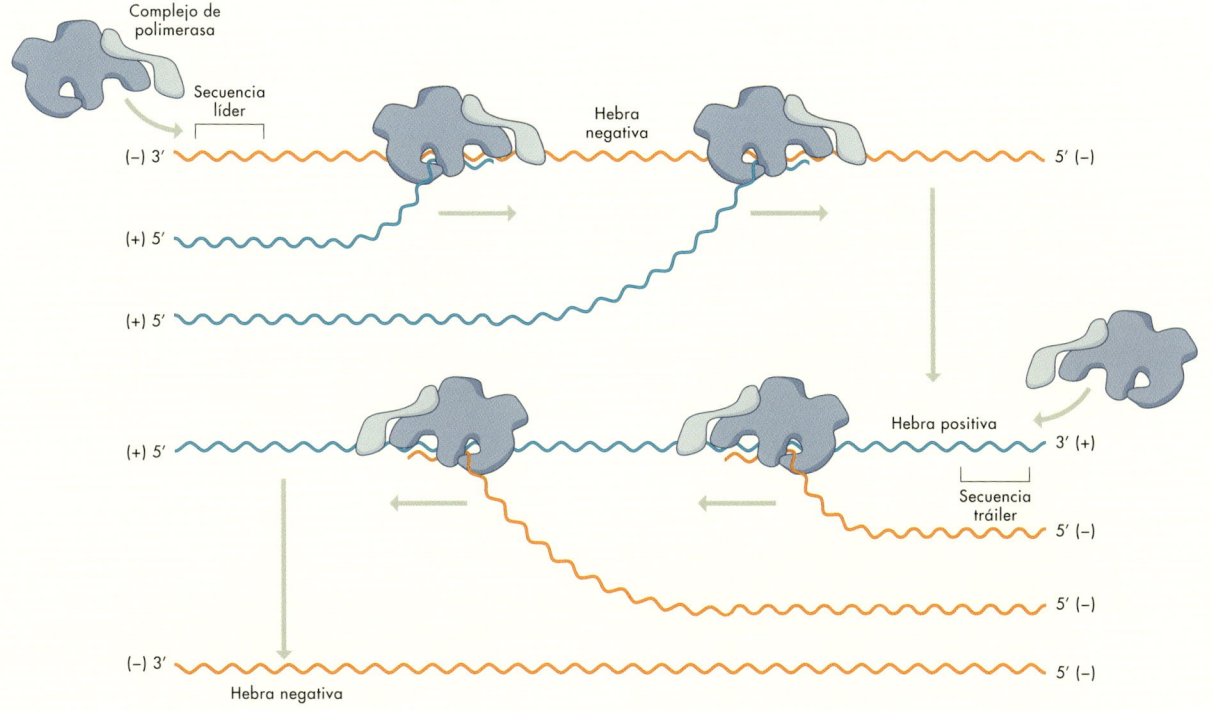

Los virus de ARNmc copian su genoma sintetizando primero una hebra y luego otra, lo que da lugar a un intermediario de carácter bicatenario. Este proceso tiene lugar dentro del viroplasma, que impide que la célula detecte el ARNbc. La estructura bicatenaria es temporal, ya que el objetivo del virus es hacer más copias de su genoma monocatenario.

Los virus de ARN(-) tienen un genoma que no funciona como ARNm, sino que debe copiarse primero en la cadena complementaria. Estos virus tienen que llevar consigo su polimerasa, al igual que los virus de ARNbc. También es posible clonar estos virus y realizar manipulaciones genéticas, pero es mucho más complicado que con los virus de ARN(+), ya que deben llevar su polimerasa por separado.

Replicación de virus ARN(-)

Durante la replicación de virus ARN(-), el genoma no puede traducirse directamente a proteínas. Primero el virus tiene que sintetizar la cadena positiva, por lo que, al igual que los virus de ARNbc, debe llevar consigo su polimerasa. La síntesis de la cadena positiva comienza en el extremo 5' para producir ARNm o nuevos genomas. A continuación, se sintetiza el genoma de sentido negativo a partir del ARN(+) y se empaquetan los nuevos genomas.

Los retrovirus y los pararetrovirus

Algunos virus convierten su genoma de ARN a ADN. Un ejemplo de ello son los retrovirus, que tienen un genoma ARN(+) monocatenario y transportan dos copias de este en su partícula vírica. Además, solo llevan una única polimerasa denominada transcriptasa inversa. Esta enzima puede copiar el ARN a ADN, un proceso que los primeros biólogos moleculares creían imposible hasta que se descubrió en la década de 1970.

RETROVIRUS

Los retrovirus tienen membranas y entran en la célula a través de la fusión con la membrana plasmática. Una vez dentro, la partícula interna se desplaza al núcleo y copia su genoma de ARN a ADNbc. Este se inserta en el genoma de la célula huésped, donde permanece durante el resto de su vida y se transmite a su descendencia. Si esto sucede en una célula de la línea germinal (por ejemplo, un espermatozoide o un óvulo), el virus se convierte en una parte permanente del genoma del huésped. Este es el motivo por el cual se descubren tantas secuencias de retrovirus en los genomas (el 8 por ciento del genoma humano es retroviral). La mayoría de las veces estos virus no infectan células de la línea germinal, por lo que el virus integrado no se transmite a la descendencia del huésped.

Una vez que se integra el ADN del retrovirus en la célula huésped, actúa como cualquier otro gen. Las enzimas sintetizan ARNm del virus integrado, que luego maduran por *splicing*. El *splicing* o empalme de ARN es un proceso muy habitual en el ARNm. El ARNm celular está formado por partes que se eliminan, llamadas intrones, y partes que se mantienen, llamadas exones. Los intrones son cortados por enzimas celulares para formar el ARN mensajero maduro. Este empalme permite que el ARN único se convierta en varios ARNm diferentes, de modo que pueda fabricar todas las proteínas necesarias para el virus. Algunas de estas proteínas son poliproteínas, que son cortadas en las partes funcionales necesarias por las enzimas digestivas del virus, llamadas proteasas. Los retrovirus contienen proteasas exclusivas que se han utilizado como dianas para fármacos antirretrovirales. El genoma del virus también se sintetiza a partir del ADN integrado y se empaqueta en unas nuevas partículas víricas, con dos genomas por partícula. Las partículas del núcleo del virus brotan a través de la membrana plasmática del huésped y adquieren su nueva envoltura al salir.

Los investigadores han usado los retrovirus como vectores para estudiar genes de interés. Un gen puede clonarse en un retrovirus en el laboratorio para luego ponerlo en células y estudiarlo. El virus más común para este fin es un retrovirus de ratón, el virus de la leucemia murina de Moloney. También se ha propuesto el uso de retrovirus como terapia génica, para proporcionar una buena copia de un gen defectuoso a personas con enfermedades genéticas. *Véase* más información acerca de los usos beneficiosos de los virus, página 234.

Los retrovirus son comunes en muchos tipos diferentes de vida animal. A pesar de que actualmente no se conozcan retrovirus activos en hongos, protistas y plantas, se han identificado fragmentos de estos retrovirus en genomas de estos organismos, lo cual indica su presencia en el pasado.

Replicación de los retrovirus

Los retrovirus entran en la célula huésped fusionando sus membranas y liberando la nucleocápside interna, que contiene dos copias del genoma. La enzima viral transcriptasa inversa convierte el ARNmc en ADNbc. A continuación, la nucleocápside del virus se desplaza al núcleo de la célula y el ADNbc (rosa) se integra en el genoma del huésped (azul). A partir de ahí, los ARNm y los nuevos genomas se forman igual que los ARNm celulares. Las proteínas víricas se sintetizan en el citoplasma y se utilizan para ensamblar nuevas partículas del virus.

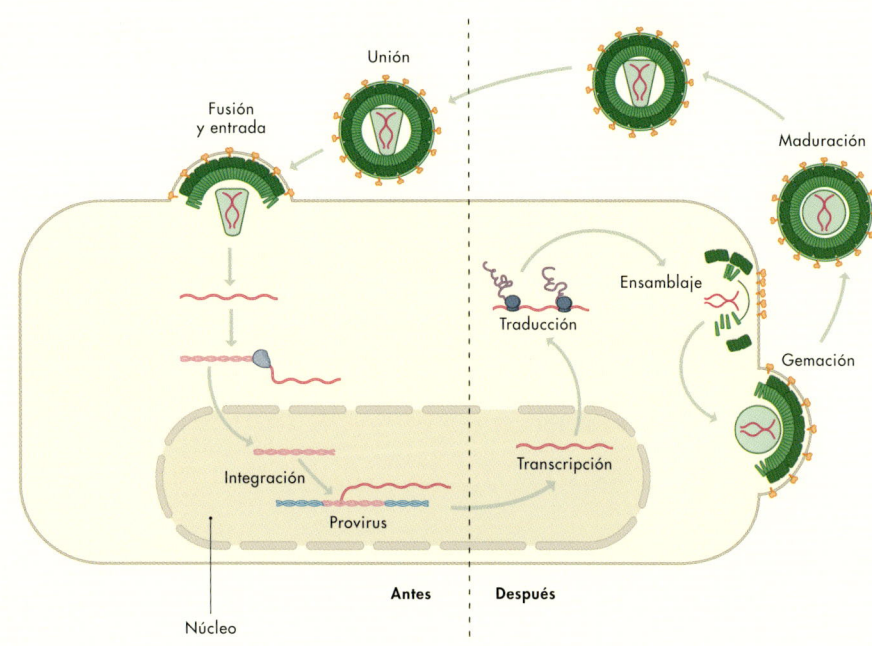

Empalme del ARN o *splicing*

Cuando el ADN se traduce a ARN, contiene partes que se usan para la traducción en proteínas (exones) y partes que no (intrones). Estos últimos contienen otra información relacionada con el cómo y el cuándo se utiliza el gen. Tienen que ser eliminados del ARN antes de que pueda usarse como una cadena madura de ARNm, un proceso llevado a cabo por ribonucleoproteínas que son en parte ARN y en parte proteína. La mayoría de los genes eucariotas tienen intrones, y algunos virus también usan esta estrategia.

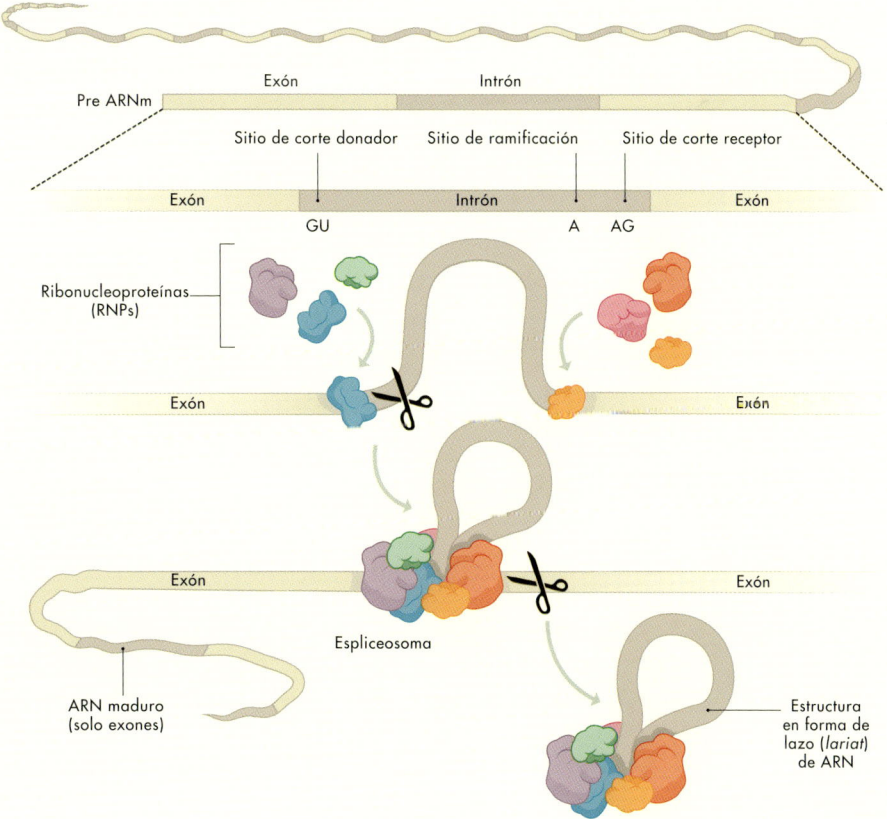

PARARETROVIRUS

Aunque comparten algunas características con los
retrovirus, los pararetrovirus se diferencian en que
empaquetan sus genomas como ADN o bien, como
un híbrido de ADN-ARN. Suelen hallarse en
plantas y, unos pocos, como los hepadnavirus,
en humanos y otros animales.

Aunque algunos pararetrovirus se encuentran
integrados en el genoma del huésped, esto no suele
ser un requisito imprescindible para su replicación.
En su lugar, entran en el núcleo del hospedador como
ADNbc que luego se convierte en un «minicromosoma».
Los virus utilizan proteínas celulares llamadas histonas
(que normalmente están unidas a los cromosomas)

Replicación de un pararetrovirus

Los caulimovirus son pararetrovirus (tipo VII) que infectan a las
plantas. Una vez que el virus entra en la célula, se libera el genoma
de ADN (1). El genoma vírico entra en el núcleo celular y se
convierte en ADNbc (2). El genoma forma un complejo con
las proteínas histonas del huésped (3). Las enzimas del huésped
producen dos ARNm (4), uno de los cuales produce la proteína P6
(5), mientras que el otro produce todas las demás proteínas virales
(6). La transcriptasa inversa (TI) produce el pregenoma de ARN (7),
y la segunda cadena (ADN) se sintetiza (8) y se empaqueta (9).

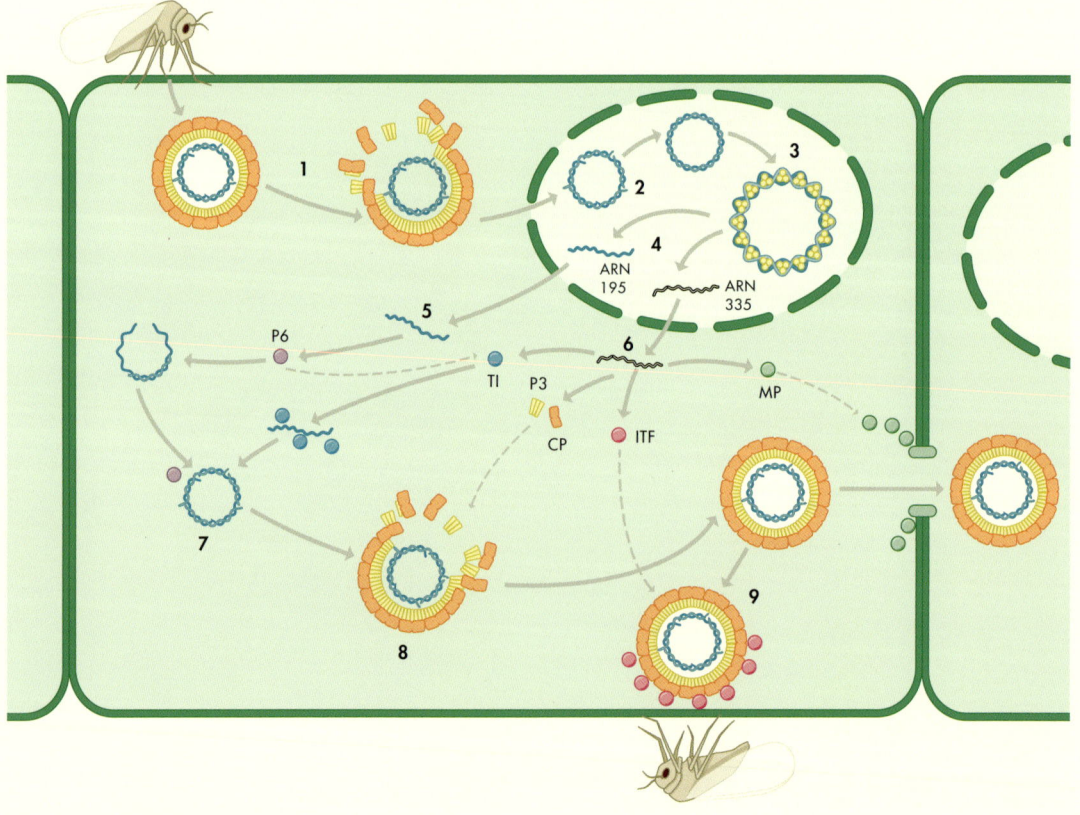

como un molde, a partir de la cual se sintetizan los ARNm, con un proceso similar al de los retrovirus. Se sintetiza un ARN completo como pregenoma, que el virus convierte en su genoma de ADN. En algunos pararetrovirus, el pregenoma se convierte por completo en ADNbc, pero en otros solo lo hace parcialmente, por lo que el genoma empaquetado es una molécula híbrida entre ADN y ARN.

La integración de los retrovirus y los pararetrovirus puede tener consecuencias graves para el huésped. En algunos casos, el virus puede bloquear un gen importante, mientras que en otros puede activar un gen al integrarse en sus proximidades y provocar cáncer. Además, muchos retrovirus pueden llevar oncogenes o genes cancerígenos incorporados en su genoma, e inducir la aparición del cáncer, ya sea al proporcionar un oncogén en el virus integrado o bien al activar un gen cancerígeno en el genoma huésped.

← El virus del mosaico de la coliflor es un pararetrovirus que infecta varias plantas de cultivo. Los síntomas de distorsión en estas hojas de col son causados por este virus.

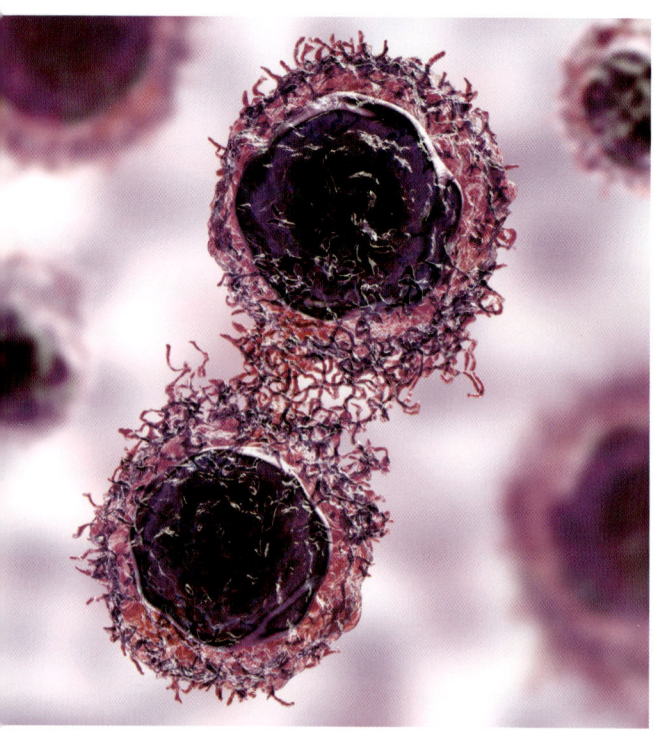

Para todos los virus, el proceso crítico de replicación solo puede tener lugar dentro de una célula viva. Los virus necesitan conseguir de su huésped todos los componentes básicos para realizar este proceso, lo que incluye nucleótidos, aminoácidos, maquinaria para sintetizar proteínas y, a menudo, enzimas. Algunos virus se replican a niveles tan altos que abruman a la célula huésped; por ejemplo, se calcula que una única célula infectada por un virus de planta de forma aguda puede producir millones de virus. Otros virus producen muchas menos copias de sí mismos y pueden pasar desapercibidos para el huésped; por ejemplo, los virus persistentes de las plantas (*véase* página 238) hacen menos de 500 copias por célula.

↑   Células cancerígenas de un linfoma de Burkitt, un cáncer provocado por el virus Epstein-Barr.

→   Estructura tridimensional de BARF1, un gen cancerígeno del virus de Epstein-Barr. Este herpesvirus causa mononucleosis en humanos y está implicado en varios tipos de cáncer humano, como el linfoma de Burkitt y los cánceres de garganta y estómago, pero el papel del oncogén solo se ha demostrado claramente en células cultivadas.

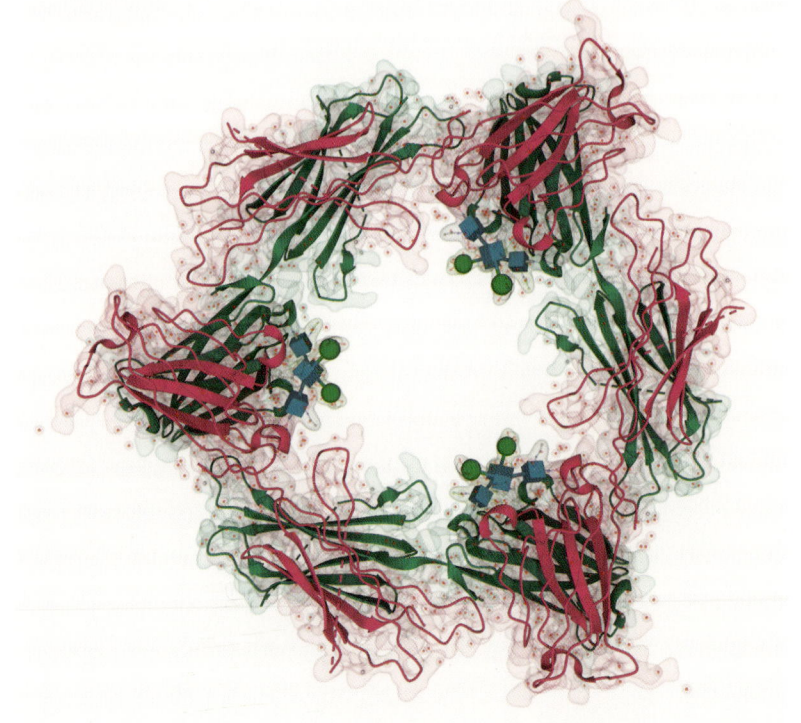

REPLICACIÓN DE VIROIDES Y ENTIDADES SUBVIRALES

Los viroides son pequeñas moléculas de ARN infecciosas que se encuentran con mayor frecuencia en las plantas, como el viroide fusiforme de la patata (*véase* página 60). Se dividen en dos grandes familias: Pospiviroidae y Avsunviroidae. Los viroides se replican utilizando una enzima del huésped, llamada ARN Pol II, que normalmente la célula emplea para sintetizar ARNm a partir del ADN, o bien mediante una ARN polimerasa del cloroplasto. Las dos familias utilizan un método de replicación en círculo rodante, pero emplean estrategias diferentes para procesar los largos concámeros de sus genomas. Los viroides de la familia Pospiviroidae usan una enzima huésped

llamada ribonucleasa III, mientras que los viroides de la familia Avsunviroidae contienen una secuencia de ARN estructurada dentro de su genoma, llamada ribozima. Las ribozimas son moléculas de ARN que se comportan como una enzima (las enzimas son siempre proteínas). Por convención, la cadena genómica de un viroide se denomina cadena positiva, pero los viroides no codifican ninguna proteína.

Otros ARN o ADN pequeños, denominados entidades subvirales porque se encuentran asociadas a virus, replican de forma similar a los viroides. Un ejemplo es el virus de la hepatitis delta (*véase* página 58).

Replicación de los viroides

La replicación de los viroides sucede a través de distintos mecanismos, en función de la familia a la que pertenecen. La familia Pospiviroidae replica en el núcleo de la célula huésped, usando su ARN polimerasa II (ARN pol II) mientras que la familia Avsunviroidae se replica en el cloroplasto (una estructura de las células vegetales responsable de la fotosíntesis), usando la ARN polimerasa del cloroplasto (NEP, por sus siglas en inglés). En ambos casos, el genoma circular se copia por el método de círculo rodante. En la vía asimétrica, los concatémeros

de ARN antisentido se copian en concatémeros de ARN(+), que luego son cortados a la longitud del genoma por la enzima ribonucleasa III del huésped. Los genomas son circularizados por la ARN ligasa del huésped. En la vía simétrica, la ribozima codificada por el viroide, una estructura de ARN que puede cortarse a sí misma, corta las hebras antisentido en la longitud del genoma. Este se circulariza y se copia en concatémeros de cadena positiva, que también son cortados por la ribozima del viroide.

Vía asimétrica (por ejemplo, la familia Pospiviroidae)

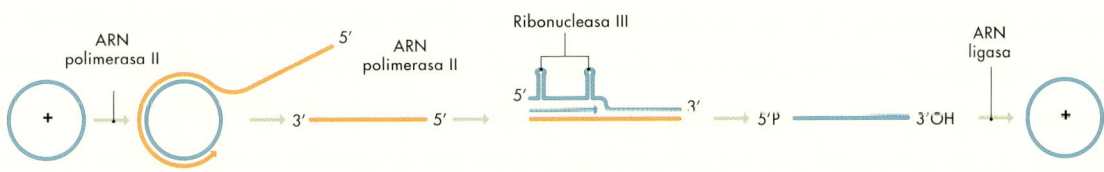

Vía simétrica (por ejemplo, la familia Avsunviroidae)

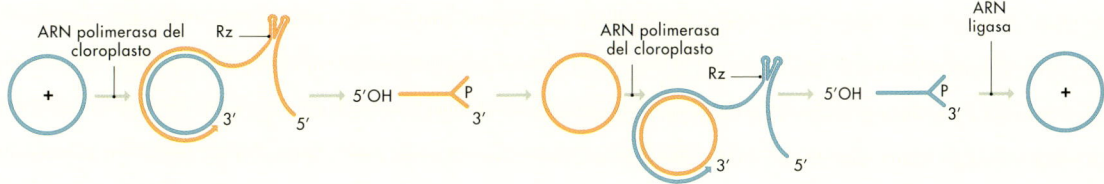

Virus de la viruela aviar

Un patógeno grave de las aves domésticas, fácil de controlar mediante vacunación

GRUPO	I
FAMILIA	Poxviridae
GÉNERO	Avipoxvirus
GENOMA	ADN circular, bicatenario, no segmentado, con aproximadamente 290 000 nucleótidos (290 kilobases) que codifican 260 proteínas
PARTÍCULA VÍRICA	Envuelta, en forma de ladrillo, de unos 360 nm por 250 nm
HUÉSPEDES	Pollos, pavos
ENFERMEDADES ASOCIADAS	Viruela aviar
TRANSMISIÓN	Mosquitos, inhalación
VACUNA	Virus vivo atenuado relacionado con la viruela aviar

La viruela aviar está relacionada con los virus que causan la viruela y la viruela del mono en los humanos, y con varios poxvirus similares de las aves. La enfermedad adopta dos formas, dependiendo de cómo se transmita. Las aves que contraen el virus de un mosquito tienen una forma leve y suelen recuperarse totalmente, mientras que las que inhalan el virus de otras aves infectadas suelen morir.

Como todos los poxvirus, la viruela aviar se replica en el citoplasma de las células infectadas usando su propia ADN polimerasa dependiente de ADN. La mayoría de los otros grandes virus de ADN utilizan las enzimas del huésped para replicarse, y los que infectan a los eucariotas se replican en el núcleo de la célula infectada. Los genes del virus de la viruela aviar se dividen en «tempranos», «intermedios» y «tardíos», según el momento del ciclo replicativo en el cual realizan su función. Los síntomas de los genes tempranos empiezan a aparecer unos 30 minutos después de la infección de la célula, mientras que los genes tardíos pueden no estar activos hasta dos días después de la infección. El virus no se desencapsida completamente hasta que se activan los genes intermedios. Los genes tardíos codifican proteínas que forman la propia partícula del virus, denominadas proteínas estructurales.

Algunas cepas del virus de la viruela aviar contienen un retrovirus completo en su genoma. Se trata de un ejemplo único de un retrovirus que se endogeniza en otro virus, en vez de hacerlo en el genoma del huésped. No se sabe cómo ocurre. Las cepas de la viruela aviar que contienen este genoma retroviral tienen más probabilidades de estar relacionadas con un linfoma, una forma de cáncer, en las aves infectadas.

La mayoría de las aves criadas comercialmente están vacunadas contra la viruela aviar, pero el virus puede aparecer en aves criadas a nivel doméstico. Cuando una bandada está infectada, no hay tratamiento, aunque puede contenerse la propagación exterminando a los mosquitos que transmiten el virus.

→ Diagrama tridimensional de dos proteínas implicadas en la replicación del virus de la viruela aviar, compuestas por el ADN viral, que puede reconocerse en el centro como una doble hélice.

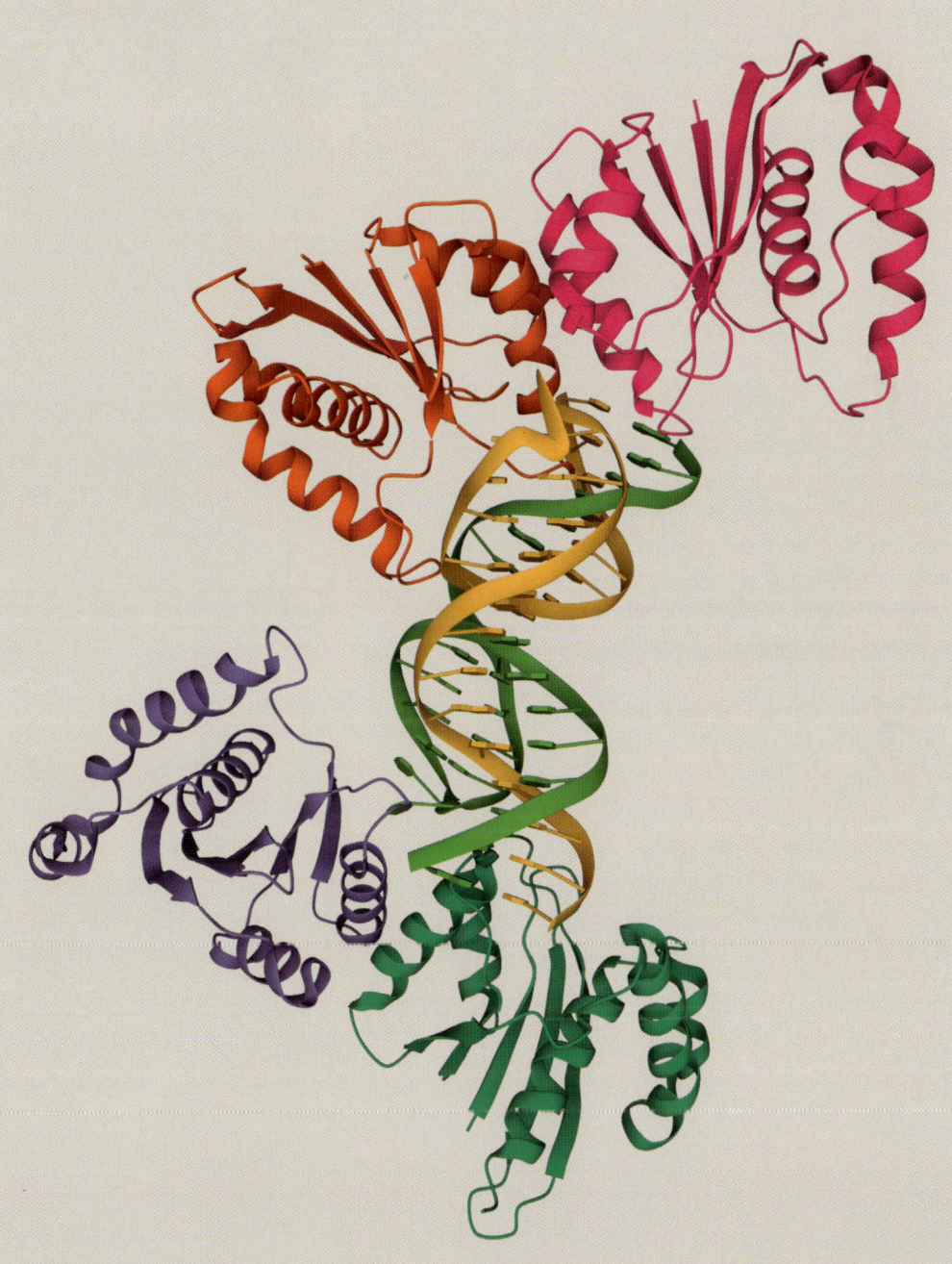

TTV1

Torque teno virus 1

Componente importante del viroma humano

GRUPO	II
FAMILIA	Anelloviridae
GÉNERO	Alphatorquevirus
GENOMA	ADN circular, monocatenario, no segmentado, con aproximadamente 3900 nucleótidos que codifican cuatro proteínas
PARTÍCULA VÍRICA	Icosaédrica, de aproximadamente 30 nm
HUÉSPEDES	Humanos, pero en muchos mamíferos se encuentran virus relacionados
ENFERMEDADES ASOCIADAS	Ninguna
TRANSMISIÓN	Desconocida

El Torque teno virus 1 (TTV1) se describió por primera vez al final de la década de 1990, en un paciente que se había sometido a un trasplante de hígado. A veces se lo denomina virus transmitido por transfusión, pero en realidad es ubicuo en el ser humano y no está asociado a ninguna enfermedad. Sin embargo, su nivel puede variar significativamente y constituir alrededor del 10 por ciento del viroma en un individuo sano, o hasta el 65 por ciento en personas que han recibido terapia de inmunosupresión como preparación para un trasplante de órganos.

El genoma del TTV1 es bastante variable, lo que ha llevado a estudiar el virus en distintas poblaciones humanas. Se encuentra tanto en zonas rurales como urbanas, y es más similar entre las personas de una misma comunidad, lo que implica que se propaga dentro de una población local. Algunas personas tienen múltiples variantes del virus, y muchas otras poseen anticuerpos contra la versión porcina del TTV. Se desconoce cómo se propaga el virus, que puede utilizar múltiples vías de transmisión.

El TTV1 también puede encontrarse en el medio ambiente, en suministros de agua, instalaciones de tratamiento de aguas residuales y hospitales. Esto indica que es muy estable y puede resistir diferentes adversidades ambientales.

Dado el alto grado de variación de los niveles de TTV1 entre huéspedes individuales, los científicos han propuesto su uso en medicina forense, como una especie de huella dactilar para estudiar los patrones de migración humana. Además, se ha planteado su uso como indicador de contaminación fecal humana en aguas subterráneas.

→ Imagen generada por ordenador del Torque teno virus.

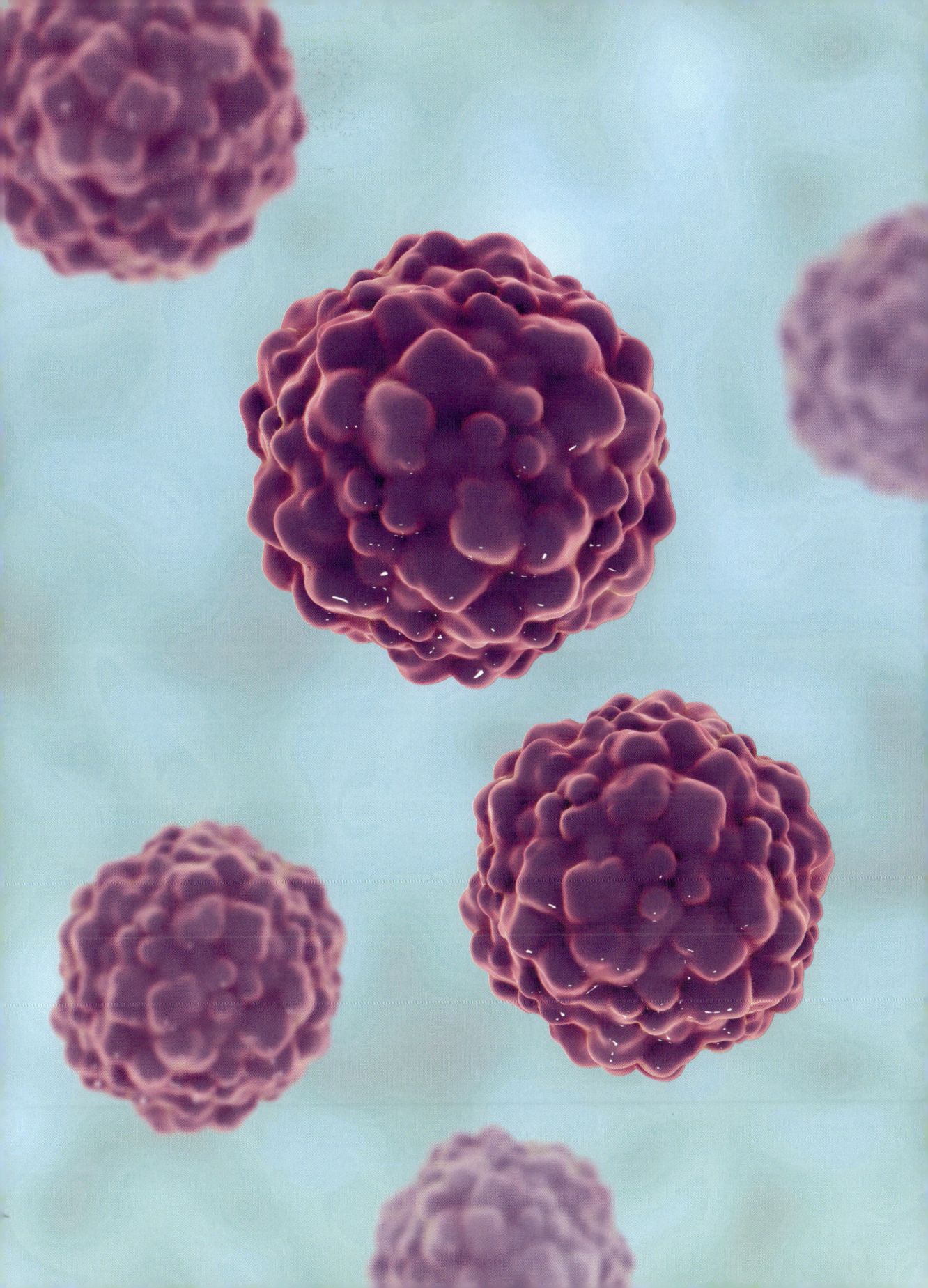

RRSV

Virus del enanismo irregular del arroz

Un virus vegetal que infecta a su insecto vector

GRUPO	III
FAMILIA	Spinareoviridae
GÉNERO	Oryzavirus
GENOMA	ARN lineal, bicatenario, en 10 segmentos, con aproximadamente 26 000 nucleótidos que codifican 13 proteínas
PARTÍCULA VÍRICA	No envuelta, doble icosaedro con espículas, de unos 70 nm de diámetro
HUÉSPEDES	Arroz, otras gramíneas, cigarras
ENFERMEDADES ASOCIADAS	Atrofia irregular
TRANSMISIÓN	Chicharras

El virus del enanismo irregular del arroz (RRSV, por sus siglas en inglés) podría considerarse un virus de insecto que utiliza a las plantas como vector. Infecta tanto al arroz como a la chicharrita, pero solo causa enfermedades graves en las plantas.

Para infectar a huéspedes de dos reinos muy diferentes —plantas e insectos—, el RRSV tiene que disponer de las herramientas necesarias para introducirse en ellos. En los insectos, el virus también se transmite a la descendencia, por lo que debe superar otra barrera para entrar en el óvulo.

Las plantas de arroz infectadas por el RRSV se atrofian y sus hojas se torsionan y presentan un crecimiento irregular. El virus no mata a la planta, pero la cosecha se reduce considerablemente. El control de la enfermedad es difícil, porque los plaguicidas que matan a las chicharras suelen ser más perjudiciales que beneficiosos. No solo son tóxicos para el hombre y la fauna, sino que también matan a los depredadores de las chicharras.

Como todos los virus de ARNbc, el RRSV no se desencapsida una vez que entra en una célula huésped.

En su lugar, transporta las enzimas que necesita para sintetizar ARN dentro de la partícula y, una vez sintetizados, expulsa a los ARN hacia el citoplasma de la célula huésped. Estos ARN se usan para la síntesis de proteínas (ARNm) y pregenomas, que luego se empaquetan en partículas víricas recién fabricadas. Una vez dentro de la nueva partícula, se fabrica la segunda cadena de ARN para completar el genoma bicatenario.

Los reovirus infectan a mamíferos, insectos, plantas y hongos. El prefijo «reo-» significa «respiratorio entérico huérfano» (por sus siglas en inglés), y deriva de los reovirus de los mamíferos, que suelen ser asintomáticos. No se les asocia ninguna enfermedad, por lo que se los denominaba huérfanos, es decir, virus sin enfermedad. Actualmente sabemos que la mayoría de los virus no tienen una enfermedad asociada.

→ El virus del enanismo irregular del arroz causa una enfermedad grave en las plantas de arroz, aunque no suele matarlas. Como la mayoría de los virus de las plantas, no se puede curar, y la mejor estrategia suele ser eliminar las plantas infectadas.

Virus del mosaico del tabaco

El virus que dio comienzo a la virología

El virus del mosaico del tabaco (TMV, por sus siglas en inglés) fue el primer virus descubierto. Se encontró en la savia de las plantas de tabaco, en cuyas hojas presenta un mosaico de zonas verdes claras y oscuras. Los investigadores descubrieron que podía transmitirse a otras plantas a través de la savia de ejemplares infectados, pero sabían que no se trataba de una bacteria, porque era lo bastante pequeña como para atravesar un filtro de 0,2 μm.

GRUPO	IV
FAMILIA	Virgaviridae
GÉNERO	Tobamovirus
GENOMA	ARN lineal, monocatenario, no segmentado. de aproximadamente 6400 nucleótidos que codifican cuatro proteínas
PARTÍCULA VÍRICA	Desnuda, en forma de bastón y rígida, de aproximadamente 300 nm de longitud y 18 nm de diámetro
HUÉSPEDES	Tabaco (varias especies de *Nicotiana*) y muchas plantas relacionadas
ENFERMEDADES ASOCIADAS	Enfermedad del mosaico, necrosis
TRANSMISIÓN	Inoculación mecánica

El TMV es un típico virus ARN(+), en el sentido de que el genoma puede actuar directamente como ARNm. El extremo 5' del genoma vírico tiene una estructura de caperuza, y el extremo 3' tiene una estructura de ARNt (*véase* diagrama, página 77). El ARN genómico se traduce en dos proteínas distintas porque tiene una secuencia especial que, en ocasiones, se lee como un aminoácido en lugar de indicar al ribosoma que detenga la traducción. El TMV produce dos ARN más pequeños (ARN subgenómicos) que actúan como ARNm para la proteína de la cápside y para la proteína de transporte que ayuda al virus a moverse entre las células de la planta.

Muchos avances importantes en el estudio de la virología y la biología molecular derivan de estudios del TMV. Fue el primer virus en cristalizarse, lo que permitió comprender su estructura de forma más detallada. También fue el primero en verse con un microscopio electrónico. Fue importante para comprender el código genético o la manera en que el ARN codifica los aminoácidos para sintetizar proteínas, y formó parte de la primera demostración de que el ARN es un material genético. Fue el primer virus en tener un gen propio transferido a una planta. La proteína de la cápside del TMV se transfirió a la planta de tabaco mediante ingeniería genética y resultó que estas plantas fueron resistentes a la infección del virus.

Muchas plantas del tabaco son resistentes al TMV porque tienen un gen que causa la muerte de las células infectadas por el virus. Esto provoca pequeñas manchas de necrosis en las hojas, denominadas lesiones locales. El virus no se propaga fuera de estas manchas. Sin embargo, el efecto es sensible a las temperaturas: si la planta infectada se mantiene a temperaturas elevadas (superiores a 28 °C), el gen no es eficaz y el virus se propaga, pero si la planta se expone a temperaturas más bajas, se necrosa y colapsa en su totalidad.

→ Imagen generada por ordenador de la estructura del virus del mosaico del tabaco, que muestra la cápside proteica en azul y el ARN en naranja.

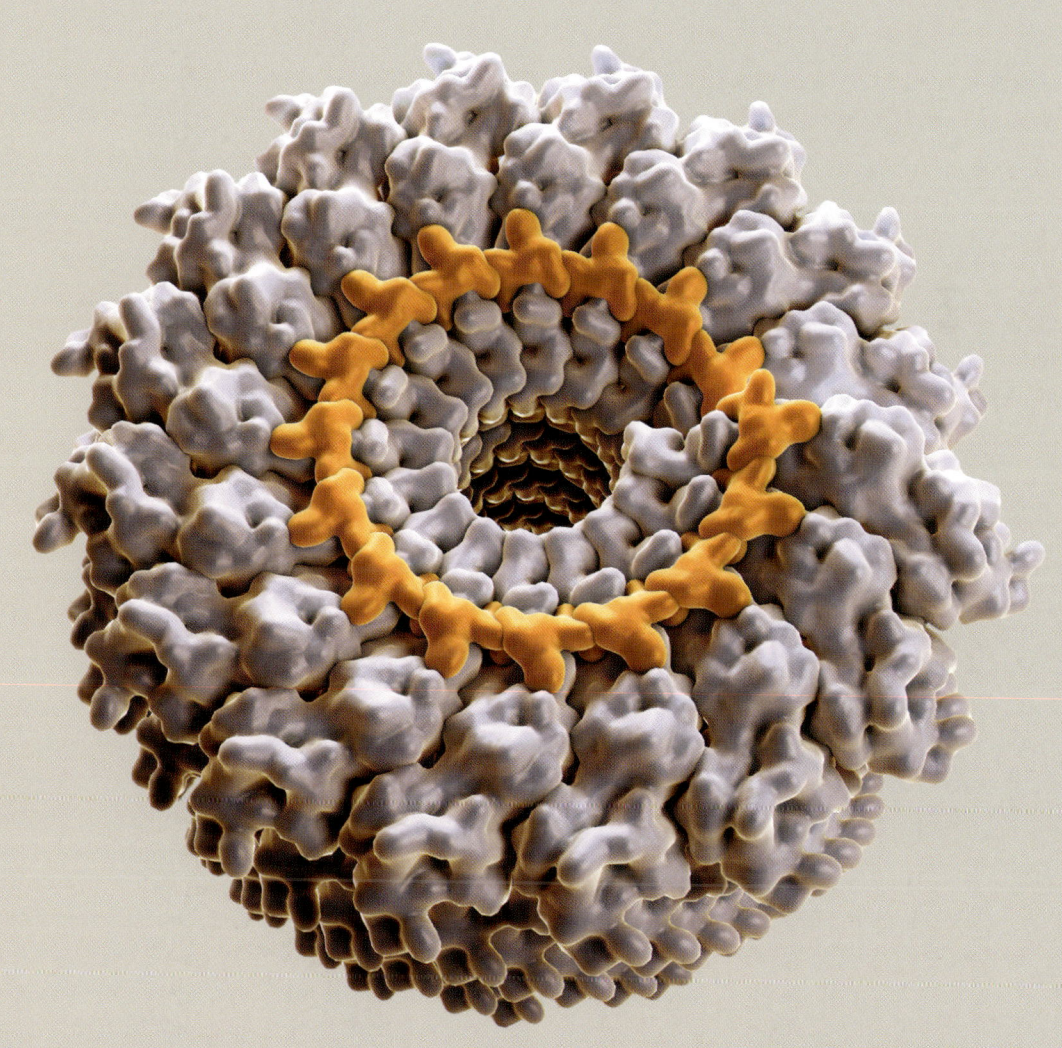

Virus de la rabia

Uno de los virus más temidos en el mundo

La rabia por lyssavirus, también conocida como virus de la rabia, es poco común en humanos en Norteamérica y Europa, pero se encuentra con más frecuencia en partes del mundo donde las mascotas no están vacunadas. El virus se transmite por mordeduras y la enfermedad ataca al sistema nervioso central y causa la muerte.

GRUPO	V
FAMILIA	Rabdoviridae
GÉNERO	Lyssavirus
GENOMA	ARN lineal, monocatenario, de aproximadamente 11 000 nucleótidos que codifican cinco proteínas que posteriormente se escinden en unidades funcionales
PARTÍCULA VÍRICA	Partícula envuelta, en forma de bala, de unos 180 nm de largo y 75 nm de ancho
HUÉSPEDES	Mamíferos, experimentalmente en aves y reptiles
ENFERMEDADES ASOCIADAS	Rabia
TRANSMISIÓN	Heridas por mordedura
VACUNA	Virus inactivo de la rabia

En los seres humanos, la infección vírica inicial se produce meses antes de que aparezca cualquier signo de enfermedad, por lo que resulta muy difícil determinar el origen. La fiebre y el dolor de cabeza suelen ser los primeros síntomas, pero progresan hacia una inflamación del cerebro. La enfermedad es casi siempre mortal. Existe un caso documentado de una niña de Wisconsin (Estados Unidos) que en 2003 sobrevivió a la rabia tras un tratamiento exhaustivo, que incluía la inducción al coma, conocido actualmente como Protocolo de Milwaukee. Sin embargo, aunque ha habido algunos informes de otros casos de supervivencia humana con este protocolo, estos no están bien documentados, y en general se ha abandonado debido a su ineficacia.

Las vacunas contra la rabia son muy eficaces, y en muchas partes del mundo la mayoría de los animales de compañía están vacunados. También pueden vacunarse las personas cuyo trabajo pueda ponerlas en contacto con animales rabiosos, como veterinarios e investigadores de la fauna salvaje. La progresión inicial de la enfermedad es tan lenta que las personas pueden ser vacunadas eficazmente tras una exposición conocida. El uso de sueros inmunes —fabricados en animales, incluidos caballos y ovejas— fue en su día el único tratamiento tras la exposición, e implicaba una serie de dolorosas inyecciones. A veces, se sigue utilizando este tratamiento junto con la vacuna.

La principal fuente de rabia son los animales salvajes, incluidos los murciélagos, los mapaches (*Procyon lotor*), las mofetas y los caninos salvajes. Las aves también pueden infectarse, pero no presentan síntomas. La infección humana suele provenir de los murciélagos, cuyas mordeduras son raras, pero a menudo pasan desapercibidas. A diferencia de muchos otros virus humanos que pueden adquirirse de ellos, la rabia causa enfermedad en los murciélagos, aunque no suele ser mortal.

→ Imagen coloreada de un microscopio electrónico de transmisión de una sección de tejido infectado con el virus de la rabia (en rojo) que presenta inclusiones celulares (en azul

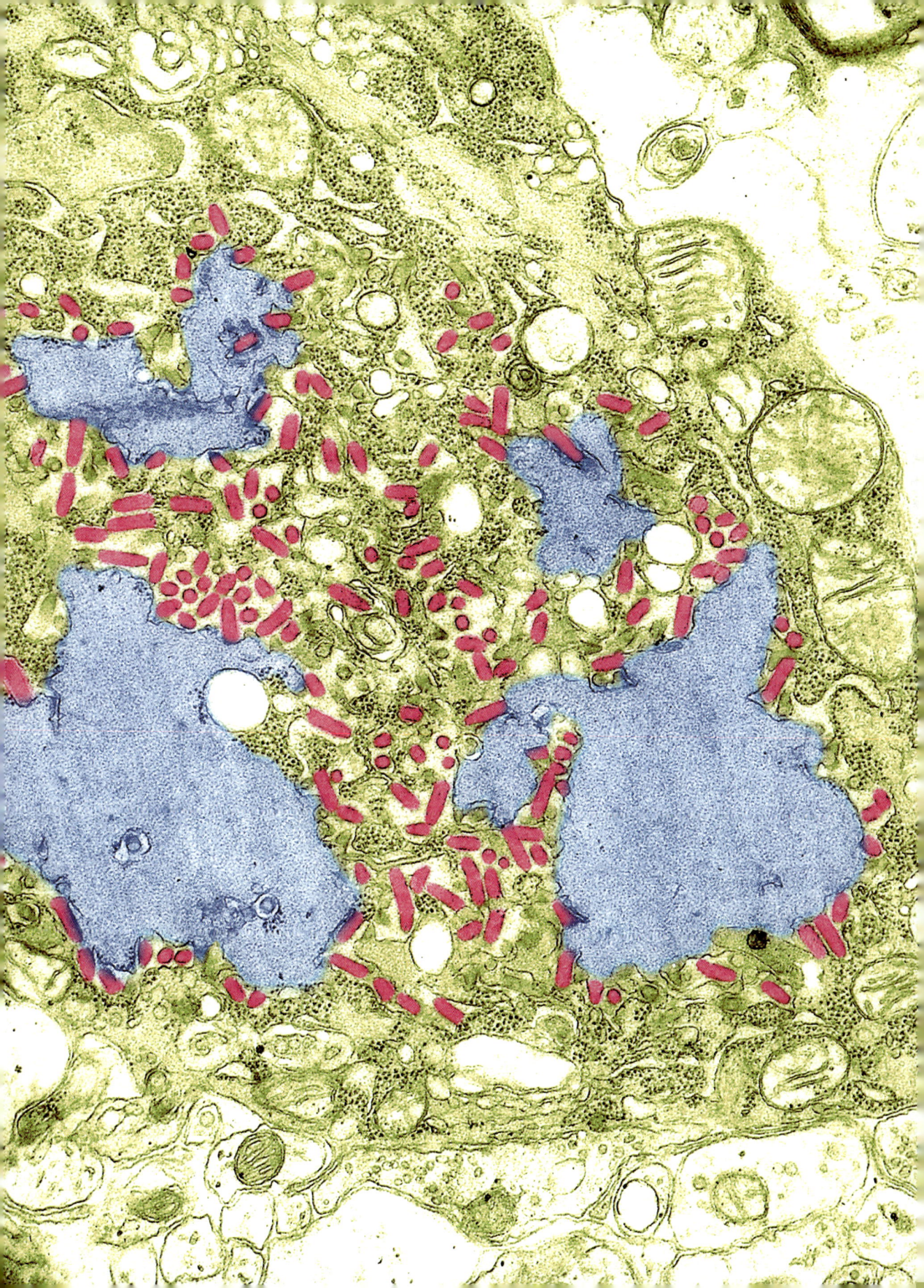

RSV

Virus del sarcoma de Rous

Primer retrovirus oncogénico conocido

GRUPO	VI
FAMILIA	Retroviridae
GÉNERO	Alpharetrovirus
GENOMA	ARN lineal, monocatenario, de aproximadamente 7.200 nucleótidos que codifican cuatro proteínas
PARTÍCULA VÍRICA	Envuelta, con una nucleocápside esférica de unos 90 nm
HUÉSPEDES	Aves
ENFERMEDADES ASOCIADAS	Tumores
TRANSMISIÓN	Experimental
VACUNA	Ninguna

El virus del sarcoma de Rous (RSV, por sus siglas en inglés) fue descubierto hace más de 100 años por el patólogo estadounidense Francis Peyton Rous (1879-1970). Descubrió que un cáncer en los pollos podía transmitirse a otros pollos inyectándoles un extracto infectado. Como Rous pasó el extracto por un filtro que excluía microbios de mayor tamaño, llegó a la conclusión de que el responsable de los tumores era un virus. En 1966, muchos años después de su descubrimiento, Rous recibió el Premio Nobel por su trabajo.

El RSV es un retrovirus típico, con un pequeño genoma de ARN empaquetado por duplicado. El ARN tiene una proteína viral unida al genoma en el extremo 5' y una cola de poli-A en el extremo 3'. Tras la conversión a ADN y la integración en el genoma de la célula huésped, se sintetiza el ARNm para producir la primera poliproteína, y la proteína Pol que es la transcriptasa inversa. El ARNm de la segunda poliproteína se obtiene empalmando el mismo ARNm para eliminar las regiones codificantes de la primera proteína.

El estudio del RSV también llevó al descubrimiento de los oncogenes. Estos genes se encuentran en algunos retrovirus y en las células, y están implicados en la aparición del cáncer. Indican a la célula que produzca otras proteínas, incluidas aquellas relacionadas con factores de crecimiento (el cáncer es esencialmente el crecimiento no regulado de una célula). Tras el descubrimiento del RSV, los científicos hallaron otros retrovirus —incluidos virus causantes de tumores— en muchos animales. Sin embargo, no fue hasta 1977 que se descubrió

el primer retrovirus en seres humanos. No se conocen retrovirus cancerígenos en seres humanos, pero hay otros tipos de virus humanos que sí causan cáncer, como los herpesvirus (*véase* página 154) y los virus del papiloma (*véase* página 124).

A pesar de que el RSV ha sido esencial en nuestra comprensión de los retrovirus, y del vínculo entre virus y cáncer, su historia natural está poco estudiada. En la mayoría de las bandadas de pollos se detectan anticuerpos contra el virus, pero las aves no desarrollan tumores a menos que se expongan a pollos inyectados experimentalmente con extracto de un tumor.

→ La estructura de los virus icosaédricos se compone de disposiciones de las proteínas de la cápside en conjuntos de cinco (pentámeros) o seis (heptámeros). Aquí se muestra la estructura de un pentámero del RSV obtenida por criomicroscopía electrónica.

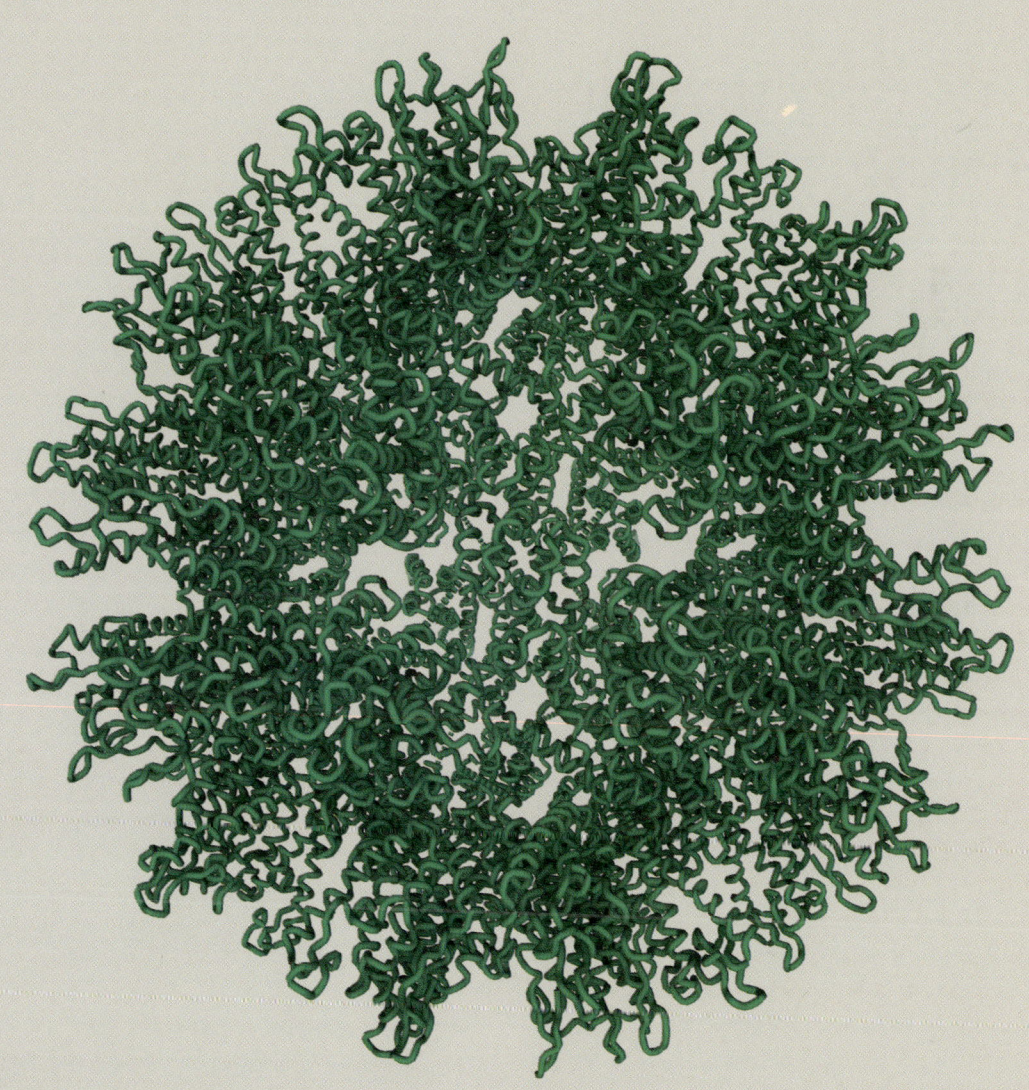

RTBV

Virus baciliforme del tungro del arroz

Un virus que necesita ayuda para su transmisión

GRUPO	VII
FAMILIA	Caulimoviridae
GÉNERO	Tungrovirus
GENOMA	ADN circular, monocatenario, no segmentado, de aproximadamente 8000 nucleótidos que codifican cuatro proteínas
PARTÍCULA VÍRICA	No envuelta, baciliforme, de unos 130 nm de longitud y 30 nm de diámetro
HUÉSPEDES	Arroz y gramíneas afines
ENFERMEDADES ASOCIADAS	Retraso del crecimiento, decoloración de las hojas, pérdida de macollos (propagación vegetativa)
TRANSMISIÓN	Chicharras

El virus baciliforme del tungro del arroz (RTBV, por sus siglas en inglés) es un pararetrovirus típico, que transforma su genoma de ADN en ARN en el núcleo de la célula infectada, y luego transcribe inversamente el ARN en ADN, que se empaqueta como nuevas partículas víricas. Este virus se transmite por las chicharras, pero para ello se requiere la presencia de otro virus, el llamado virus esférico del tungro del arroz. El RTBV puede infectar al arroz por sí solo, pero causa una enfermedad leve y se transmite poco.

«Tungro» significa «crecimiento degenerado» en un dialecto filipino. La enfermedad del tungro del arroz se describió por primera vez en Filipinas en la década de 1950, y en un principio se pensó que era un problema de nutrición de la planta. Su naturaleza viral fue descubierta una década más tarde. Se considera una de las enfermedades más graves del arroz en el sudeste asiático, donde es un alimento básico muy importante. En el arrozal, es difícil distinguir las plantas infectadas de aquellas sometidas a otras afectaciones provocadas por insectos, otras enfermedades, sequía o estrés térmico. Actualmente se suele utilizar una prueba de reacción en cadena de la polimerasa (PCR) para analizar muestras de hojas, similar a las pruebas utilizadas para detectar muchos otros virus, incluidos virus humanos como el SARS-CoV-2.

El control de la enfermedad del tungro se lleva a cabo principalmente a través del uso de insecticidas que matan a las chicharras. Sin embargo, esto es costoso y perjudicial para el medio ambiente y, a menudo, los insectos desarrollan resistencia a los productos químicos. El Instituto Internacional de Investigación sobre el Arroz, situado en Filipinas, conserva unas 80 000 variedades de arroz, muchas de las cuales son resistentes a las chicharras. Sin embargo, al igual que ocurre con los tratamientos químicos contra los insectos, estas variedades no suelen sobrevivir bajo la presión de las grandes cargas de insectos y la evolución. Se ha tenido poco éxito en la búsqueda de variedades de cultivos resistentes al virus, aunque la ingeniería genética ha conseguido buenos resultados en la obtención de arroces resistentes.

→ Plantas de arroz infectadas por el virus baciliforme del tungro del arroz, con el típico retraso del crecimiento y coloración amarillenta.

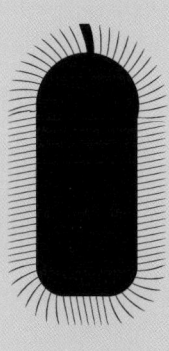

CÓMO SE DESPLAZAN
Y TRANSMITEN
LOS VIRUS

Introducción

Los virus tienen muchas formas diferentes de entrar, salir y moverse entre las células de sus huéspedes. Estos métodos dependen de la estructura y el tamaño del virus y del tipo de huésped, así como de la capacidad del huésped para desplazarse.

Durante las primeras fases de la pandemia de la COVID-19, se habló mucho acerca de cómo podía pasar el virus de un huésped a otro. Algunos informes sostenían que el virus podía permanecer en las superficies hasta 24 horas y que era necesario desinfectar todo lo que pudiera haber estado en contacto con otra persona. Desde aquellos primeros días se han aprendido muchas cosas, entre ellas que el hecho de que el ARN viral pueda recuperarse a través de métodos muy sensibles no significa que haya un virus infeccioso. Una de las características de los virus con envoltura, como el SARS-CoV-2, es que son muy inestables en el medio ambiente. Conocer las formas en que los virus se transmiten es importante para comprender las medidas necesarias para protegerse de la infección.

DESAFÍOS A LOS QUE SE ENFRENTAN LOS VIRUS AL ENTRAR Y SALIR DE SUS HUÉSPEDES

Los distintos tipos de huéspedes tienen diferentes barreras que los virus deben superar para infectarlos. En esta tabla, el «sí» significa que el huésped tiene esta característica, y el «no», que no la tiene. En algunas categorías hay variaciones. Por ejemplo, muchos animales son móviles, pero no todos; algunos protistas tienen paredes celulares y otros no.

	Animal	Planta	Hongo	Protista	Arquea	Bacteria
Pared celular	no	sí	sí	sí/no	sí	sí
Movilidad	sí/no	no	no	sí/no	sí/no	sí/no
Transmitido por el aire	sí	no	no	no	no	no
Transmitido por agua/alimentos	sí	no	no	sí	sí	sí
Transmitido por vectores	sí	sí	no	no	no	no
Transmisión vertical	sí	sí	sí	sí	sí	sí
Integrado	sí	sí	sí	sí	sí	sí

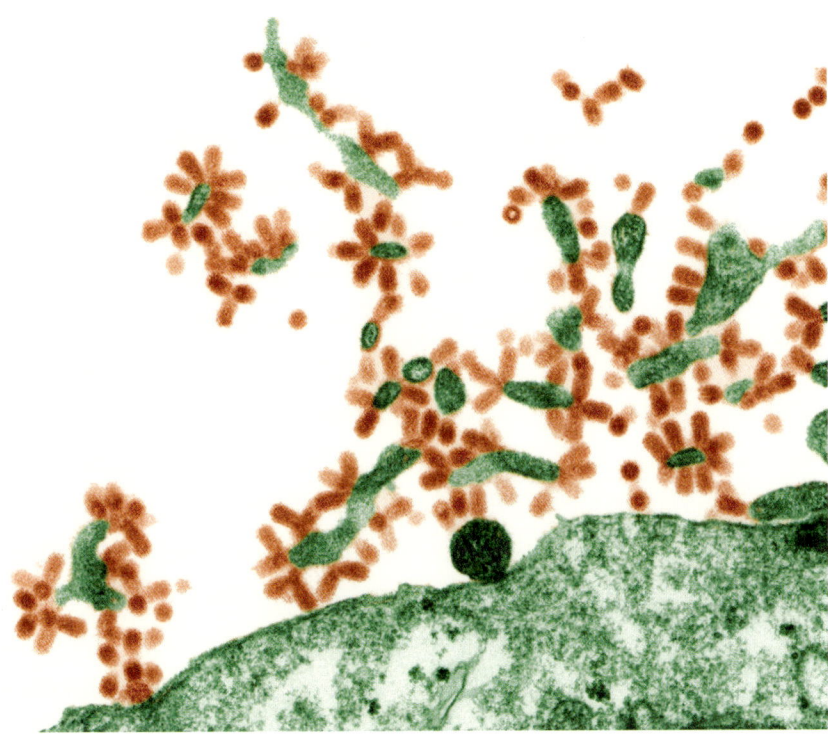

↖ Microscopía electrónica coloreada del virus de influenza (naranja) saliendo de una célula infectada (verde).

↙ Una colonia de pulgones del guisante (*Acyrthosiphon pisum*) en una planta. Los pulgones del guisante son vectores transmisores de muchos virus vegetales.

Paredes y membranas celulares

Todas las células están rodeadas por una membrana, denominada membrana plasmática, compuesta principalmente por grasas y proteínas que son fáciles de atravesar. En el reino animal, las células solo tienen membrana plasmática y no paredes. En cambio, las células de los organismos de otros reinos (incluidas las de las plantas, los hongos, las bacterias y algunos protistas) tienen paredes en el exterior de sus membranas, que son rígidas y están formadas por diferentes compuestos estables que son difíciles de penetrar (*véanse* imágenes, páginas 10 y 11). Las células arqueas tienen una superficie exterior diferente, compuesta en su mayor parte por proteínas.

Los virus también pueden estar rodeados de una membrana, que en su caso se denomina envoltura vírica. Esta envoltura es útil cuando un virus infecta a una célula animal, porque contiene proteínas que reconocen las proteínas del exterior de la célula huésped, actuando como una llave que permite su entrada. La envoltura y la membrana de la célula huésped se fusionan, lo que permite que el virus entre en la célula. Cuando los virus con envoltura salen de la célula, geman a través de la membrana de la célula huésped, llevándosela consigo como su nueva envoltura, pero con sus propias proteínas insertadas en ella. Algunos virus geman a través de diferentes membranas celulares, como la que rodea el núcleo. Los virus que no tienen envoltura siguen uniéndose a la superficie de la célula animal mediante el reconocimiento de sus proteínas, pero se introducen en la célula por otros métodos, como la endocitosis (del griego «dentro» de la «célula»). Al salir, muchos de estos virus provocan la ruptura de la célula que infectan, la matan y liberan el virus.

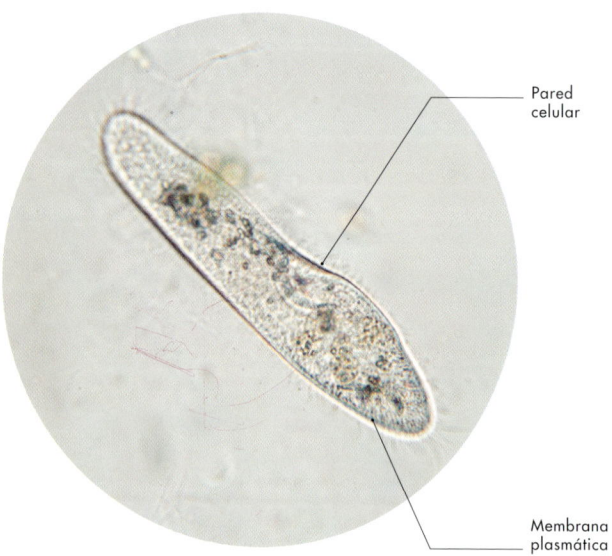

Pared celular

Membrana plasmática

← Las especies de *Paramecium* son eucariotas unicelulares, con una pared celular y una membrana plasmática que rodea la célula.

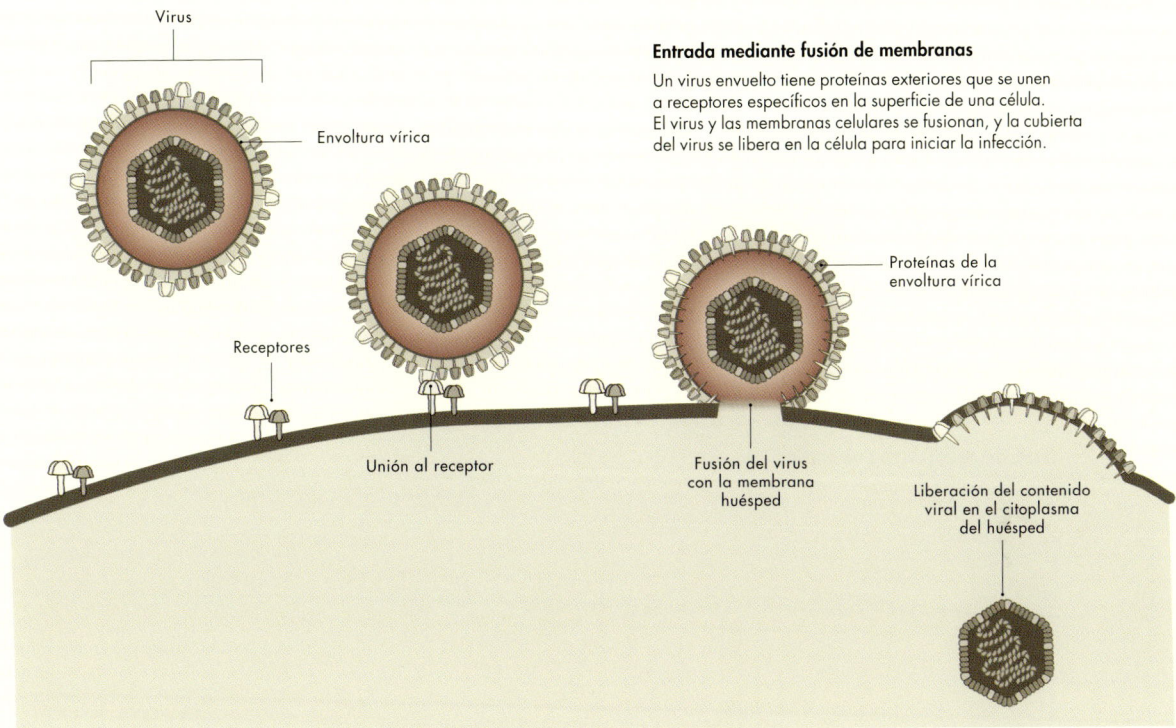

Entrada mediante fusión de membranas

Un virus envuelto tiene proteínas exteriores que se unen
a receptores específicos en la superficie de una célula.
El virus y las membranas celulares se fusionan, y la cubierta
del virus se libera en la célula para iniciar la infección.

Virus

Envoltura vírica

Proteínas de la
envoltura vírica

Receptores

Unión al receptor

Fusión del virus
con la membrana
huésped

Liberación del contenido
viral en el citoplasma
del huésped

Entrada de un virus no envuelto en una célula

Las proteínas exteriores del virus se adhieren a los receptores
de la membrana celular, y la célula engulle el virus. La membrana
celular forma una estructura alrededor del virus, denominada
vesícula. Una vez dentro de la célula, la vesícula y la cápside
del virus se rompen y se libera el genoma vírico.

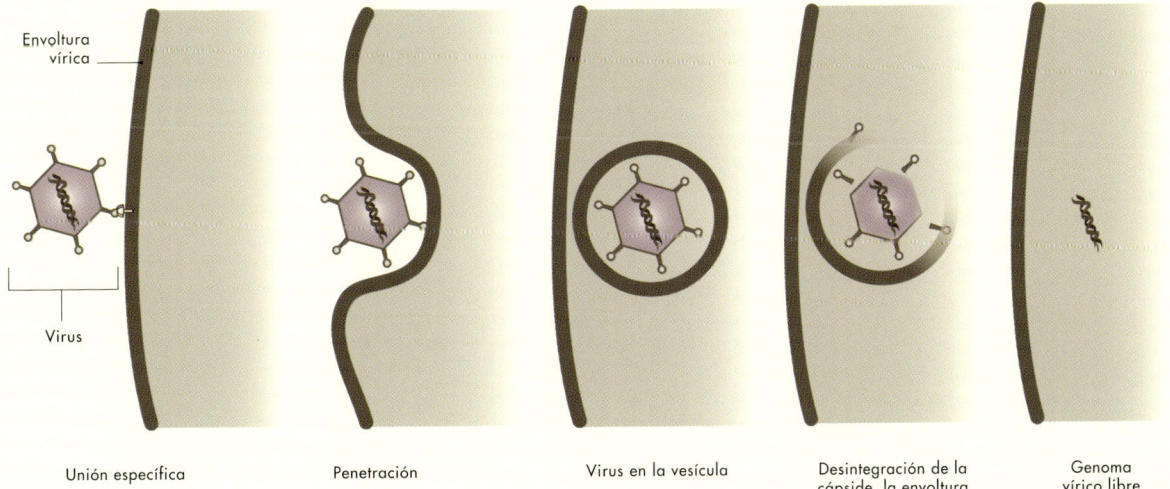

Envoltura
vírica

Virus

Unión específica

Penetración

Virus en la vesícula

Desintegración de la
cápside, la envoltura
vírica y la vesícula

Genoma
vírico libre

Atravesar la pared de la célula

Los virus utilizan diferentes métodos para atravesar las paredes celulares. En el caso de los virus vegetales, muchos son transmitidos por insectos que se alimentan de plantas. Mientras se alimentan, los insectos hacen un agujero en la pared celular y depositan el virus, que sale de la planta de forma similar cuando es absorbido por un insecto que se alimenta de ella.

Estructuras de la pared celular en las plantas

Los virus vegetales se desplazan entre las células de las plantas mediante unas estructuras de la pared celular denominadas plasmodesmos. Los virus sintetizan proteínas que se unen al exterior del virus para ayudarle a desplazarse a través de estas estructuras, o bien se unen a los plasmodesmos para aumentar su tamaño.

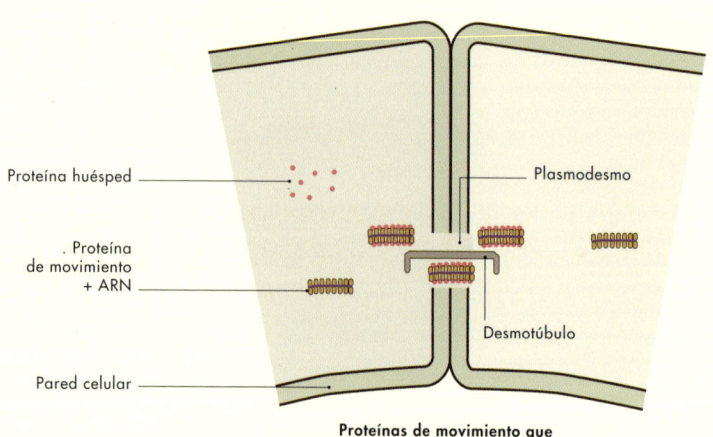

Proteína huésped

Plasmodesmo

. Proteína de movimiento + ARN

Desmotúbulo

Pared celular

Proteínas de movimiento que interactúan con el ARN vírico o con las partículas víricas

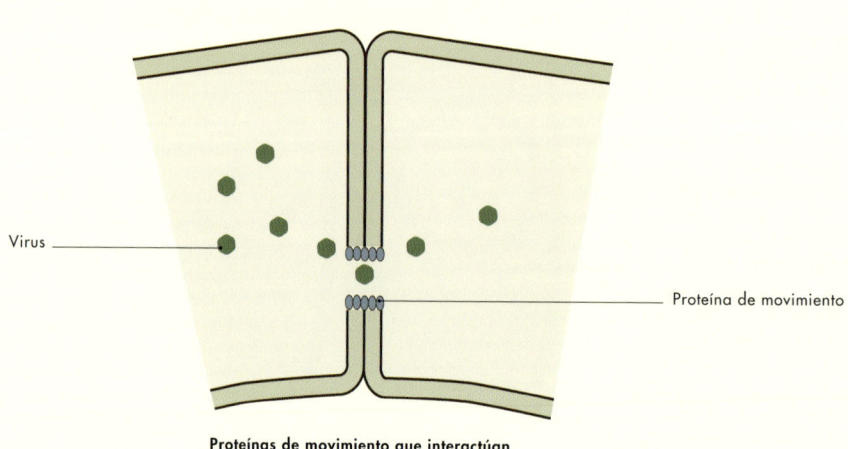

Virus

Proteína de movimiento

Proteínas de movimiento que interactúan con el plasmodesmo

→ Los bacteriófagos como el T4 disponen de un mecanismo que les permite adherirse a la célula. Luego, inyectan su genoma de ADN en la célula bacteriana.

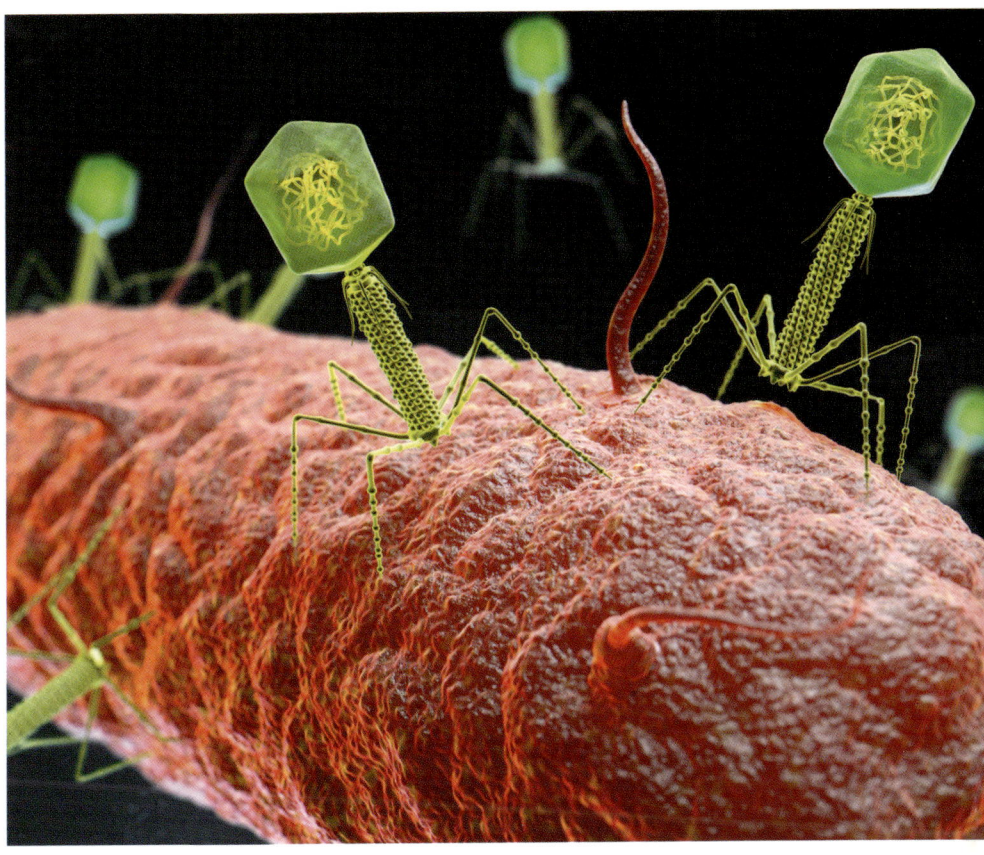

Los virus vegetales se desplazan entre las células de una planta utilizando las conexiones existentes entre ellas, denominadas plasmodesmos. Estas estructuras altamente reguladas forman canales que la mayoría de los virus atraviesan gracias a la síntesis de unas proteínas que los ayudan. Los virus vegetales también se desplazan a través del floema y el xilema, los tejidos de las plantas utilizados para transportar agua y nutrientes.

Los virus fúngicos se transmiten por conexiones que se producen entre distintos hongos individuales, mediante un proceso denominado anastomosis. Esto solo puede ocurrir entre aquellos hongos estrechamente emparentados, pero dado que suelen encontrarse virus muy similares en hongos diferentes, parece probable que estos tengan otras formas de desplazarse que los científicos aún desconocen. Los hongos tienen poros en sus paredes internas similares a los plasmodesmos de las plantas, pero no tan estrechamente regulados, y los virus también los utilizan para desplazarse entre las células.

Los bacteriófagos a menudo aterrizan sobre las células huésped y les inyectan su ADN con un aparato similar a una jeringuilla. Algunos virus arqueas también emplean este mecanismo. Otros utilizan estructuras complejas que les permiten adherirse a las células huésped e introducir sus genomas de ADN al interior. La mayoría de los bacteriófagos y algunos arqueos provocan la ruptura de la célula huésped una vez que está llena de virus, liberándolos para que infecten a otras células. Sin embargo, a veces se integran en el genoma de la célula huésped. Cuando esto ocurre, el virus protege al huésped de la infección por virus similares, y todas las células generadas por división celular posterior llevan el virus original.

TRANSMISIÓN VERTICAL *VERSUS* HORIZONTAL

El proceso por el que un virus pasa directamente de un progenitor a su descendencia se denomina transmisión vertical. En el caso de los seres humanos y otros animales, esto suele significar que el virus se transmite a la descendencia antes del nacimiento o durante el parto. Aunque se encuentran virus en el semen humano, no se sabe si pueden transmitirse al óvulo durante la fecundación.

En las plantas, la transmisión vertical puede tener lugar a través del óvulo (hembra) o del polen (macho). Muchos virus vegetales solo se transmiten verticalmente durante muchas generaciones, e incluso durante miles de años. Dado que el embrión de la planta está infectado, ya sea por el óvulo o por el polen, todas las células de la planta acabarán teniendo el virus. Muchos virus fúngicos parecen tener una transmisión similar, principalmente vertical, y los virus bacterianos o arqueas pueden transmitirse de la misma forma. En estos casos, el virus se transmite durante la división celular.

La transmisión horizontal se produce cuando un virus pasa de un individuo a otro. Esto puede ocurrir de muchas maneras, pero todas requieren algún tipo de contacto, ya sea directo o indirecto.

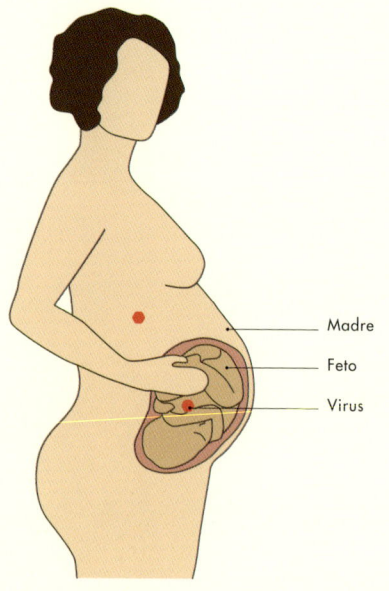

Madre
Feto
Virus

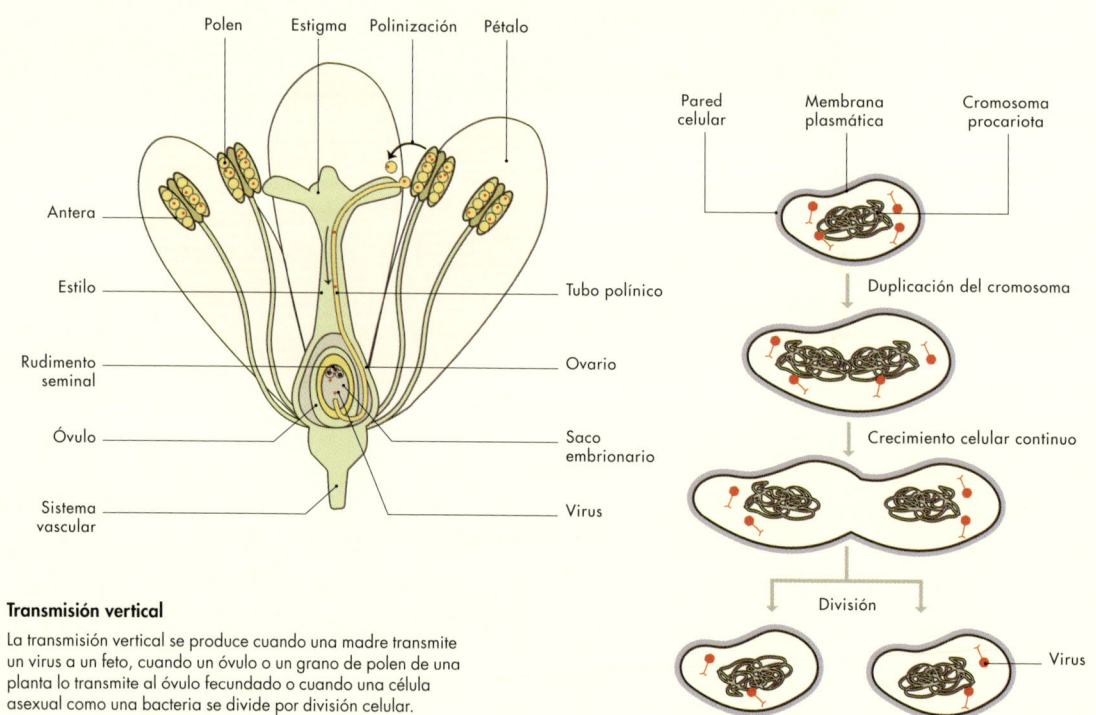

Transmisión vertical

La transmisión vertical se produce cuando una madre transmite un virus a un feto, cuando un óvulo o un grano de polen de una planta lo transmite al óvulo fecundado o cuando una célula asexual como una bacteria se divide por división celular.

CONTACTO ENTRE HUÉSPEDES

La mayoría de los animales se desplazan y entran en contacto con otros animales, lo que da a los virus la oportunidad de infectar a un nuevo huésped. Algunos animales marinos son sésiles, es decir, no se mueven, sino que permanecen adheridos a algo durante toda su vida adulta, pero los animales terrestres suelen moverse. Las plantas y los hongos no se desplazan, salvo en sus fases de semilla o espora, pero incluso entonces no son realmente activos. Por lo tanto, los virus de estos huéspedes tienen que encontrar la forma de pasar de un organismo a otro. Las bacterias, las arqueas, algunos hongos, los protistas y los animales sésiles son organismos que viven en entornos acuáticos o que contienen agua u otro líquido que actúa como medio para que los virus se desplacen.

La estabilidad de un virus influye mucho en cómo se desplaza. Por ejemplo, los virus con envoltura son muy susceptibles a la desecación y no pueden sobrevivir mucho fuera de su huésped. Estos virus requieren contacto directo para desplazarse de un huésped a otro, o necesitan utilizar un vector para transmitirse (*véase* página 117). Los virus que son muy estables pueden sobrevivir durante largos periodos de tiempo —a veces muchos años— fuera de un huésped. Por ejemplo, el virus del mosaico del tabaco es estable en muchos entornos, como el agua, los intestinos de los seres humanos y de otros animales. No infecta a los animales,

→ Un estornudo libera miles de gotas que se propagan por el aire dependiendo de la temperatura y la humedad. Si la persona que estornuda es portadora de un virus respiratorio, estas gotitas pueden ser infecciosas para cualquiera que las respire.

sino que simplemente los atraviesa. La mayoría de los virus entéricos (fecales-orales) que se transmiten a través de los alimentos o el agua son muy estables. Un ejemplo es el parvovirus canino, que sobrevive en el suelo durante muchos años. Los perros no vacunados corren un alto riesgo de infectarse con este virus porque es difícil eliminarlo del medio ambiente.

Si un virus infecta solo a un tipo de huésped, la manera en que se mueve entre los huéspedes será diferente a la de aquellos que infectan a más de uno, donde los distintos huéspedes tienen que entrar en contacto entre sí. Por ejemplo, los murciélagos son portadores de muchos virus, algunos de los cuales pueden infectar a los seres humanos, pero como no entran en contacto con ellos muy a menudo, la transmisión es poco frecuente. En Norteamérica, el virus de la rabia en humanos procede de los murciélagos, por lo que la rabia humana es extremadamente rara. Sin embargo, en las partes del mundo donde los perros no se vacunan contra este virus, se vuelve mucho más frecuente en humanos porque su transmisión a partir del perro es más habitual. Algunos virus han evolucionado para infectar a grupos de organismos muy diferentes; por ejemplo, hay virus que infectan tanto a plantas como a insectos, y a insectos y animales vertebrados.

Los animales que se desplazan pueden transmitir sus virus por contacto directo con otros animales, mediante tocamientos o contactos más íntimos. Estos últimos incluyen el intercambio de fluidos corporales que puede producirse durante procedimientos médicos, la inyección de drogas, el contacto sexual y las mordeduras de animales; la inhalación de virus a través del aire tras ser liberados por otro huésped; o la ingestión de alimentos o agua contaminados por virus. Para evitar su propagación, se requieren diferentes protocolos en función del método de transmisión.

↓ La transmisión de los virus fecales-orales como la hepatitis A puede producirse a través de los alimentos. A veces se contaminan en el campo o durante la cosecha, pero también pueden contaminarse durante su preparación. Es importante que los trabajadores del sector alimentario tomen precauciones para evitarlo, tales como lavar los productos frescos para eliminar la contaminación existente, lavarse las manos y usar guantes para evitar una mayor contaminación.

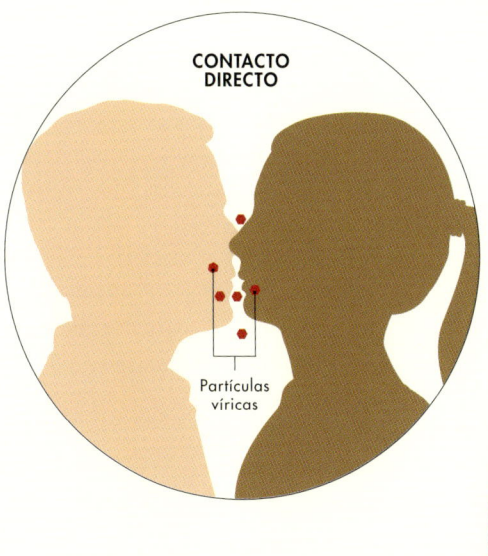

CONTACTO DIRECTO

Partículas víricas

Transmisión de virus animales

Mecanismos de transmisión horizontal en virus humanos y otros virus animales. Los virus pueden pasar de un huésped a otro tanto por contacto directo como indirecto.

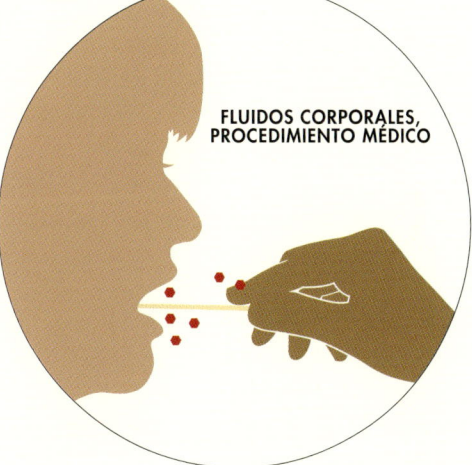

FLUIDOS CORPORALES, PROCEDIMIENTO MÉDICO

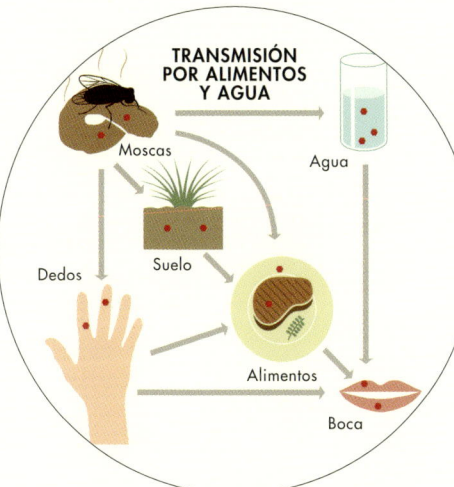

TRANSMISIÓN POR ALIMENTOS Y AGUA

Moscas

Agua

Dedos

Suelo

Alimentos

Boca

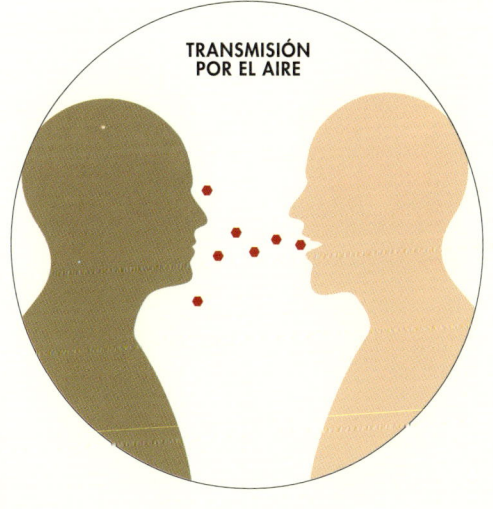

TRANSMISIÓN POR EL AIRE

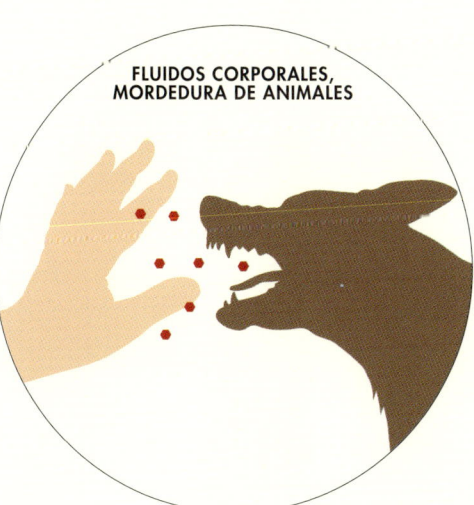

FLUIDOS CORPORALES, MORDEDURA DE ANIMALES

En muchas culturas es una tradición estrechar las manos como un gesto de confianza, una costumbre que se remonta al menos al siglo IX a. C. en Babilonia. Sin embargo, el apretón de manos puede ser una excelente forma de transmitir virus respiratorios (en el aire) o entéricos de una persona a otra. Durante la pandemia de la COVID-19, la gente lo empezó a evitar y sustituyó esta tradición por otras formas de saludo como el choque de codos. Las buenas prácticas de lavado de manos también pueden reducir este tipo de transmisión.

Los virus transmitidos por el aire, como los de la gripe y el SARS-CoV-2, se encuentran en gotitas muy pequeñas liberadas por el huésped infectado, a menudo al estornudar o toser, aunque incluso pueden liberarlas al hablar o cantar. Las gotas pueden ser inhaladas directamente del aire si dos huéspedes se encuentran en el mismo espacio aéreo. Las gotas que contienen virus recorrerán distancias diferentes a través del aire, en función de su temperatura, de la humedad ambiental, de si el aire está en movimiento o estancado, y del tamaño de las gotitas. Llevar una mascarilla puede ayudar a disminuir este tipo de transmisión, tanto reduciendo las partículas que la persona infectada libera como su inhalación por una persona que no está infectada. El uso de mascarillas es muy importante en espacios cerrados, donde el aire no se renueva lo bastante bien. Muchas personas que han utilizado mascarillas para prevenir la propagación del SARS-CoV-2 han comprobado que evitaban contraer gripe o resfriados comunes.

Las gotitas que contienen el virus también caen sobre muchas superficies, por lo que tocarlas y luego tocarse la cara puede permitir la inhalación del virus. La mejor manera de evitar este tipo de transmisión es lavarse o desinfectarse las manos y evitar tocarse la cara, por lo que el uso de mascarilla ayuda indirectamente.

Los virus transmitidos por los alimentos y el agua generalmente infectan el intestino. Pasan del sistema digestivo de un ser humano o animal para contaminar los alimentos o el agua, y luego son ingeridos por el siguiente huésped al comer o beber. Los virus que se transmiten de esta forma son comunes en algunas situaciones de aglomeración, como se ha visto en las epidemias del virus Norwalk en los cruceros.

← Mucha gente llevó mascarillas durante la pandemia de gripe de 1918 para evitar la propagación del virus por el aire, que se transmite por la inhalación de gotitas diminutas liberadas por individuos infectados.

Vectores

Muchos virus se mueven entre los huéspedes gracias a otro agente, denominado vector, que en su mayoría son insectos u otros artrópodos. Los vectores más comunes de los virus humanos y otros animales son los mosquitos, aunque las garrapatas, los ácaros y los quironómidos también pueden ser portadores de virus animales.

Los mosquitos transmiten algunos patógenos humanos muy contagiosos, como el virus del dengue, el de la fiebre amarilla, el del Nilo Occidental, el Chikungunya (*véase* página 130) y el Zika. La mayoría de los virus animales transmitidos por mosquitos también infectan a los propios insectos. Algunos manipulan los patrones de alimentación de los mosquitos, haciendo que exploren con más frecuencia y potenciando así la transmisión del virus.

Transmisión de virus vegetales *versus* animales

Los pulgones absorben y transmiten los virus de las plantas a través de sus aparatos bucales. En cambio, los mosquitos pueden liberarlos desde su intestino, donde entran en el torrente sanguíneo del huésped a través de la herida causada por la picadura del mosquito.

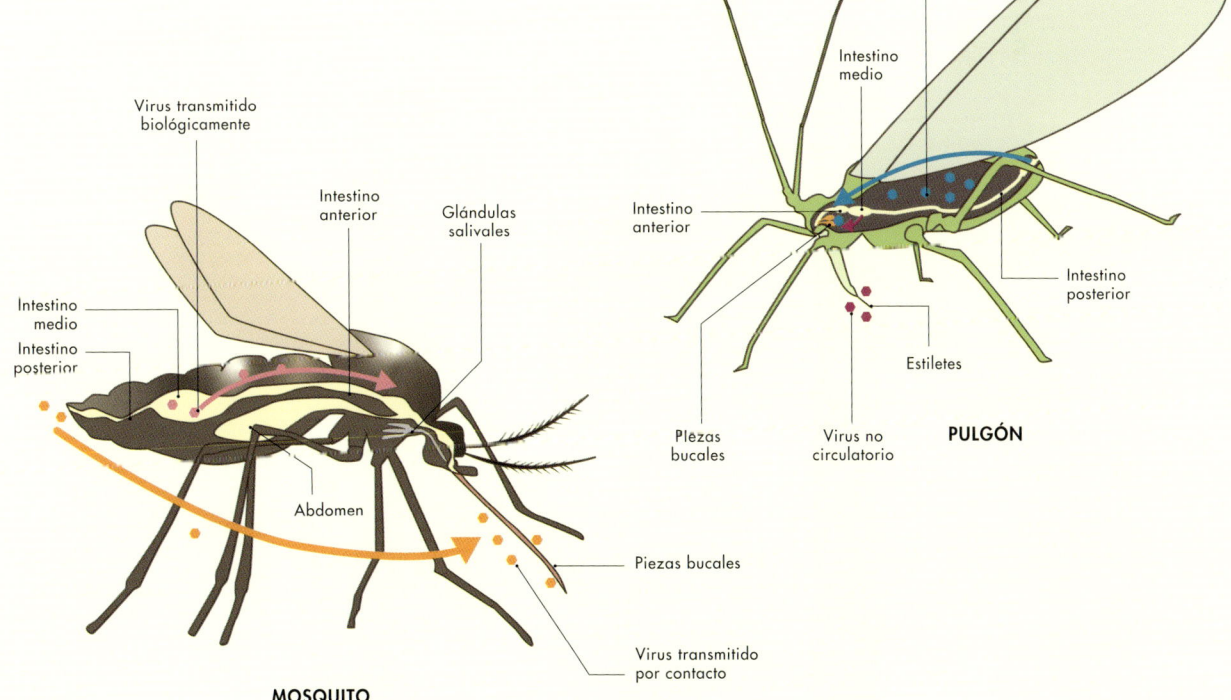

Virus circulatorio

Intestino medio

Intestino anterior

Intestino posterior

Estiletes

Piezas bucales

Virus no circulatorio

PULGÓN

Virus transmitido biológicamente

Intestino anterior

Glándulas salivales

Intestino medio

Intestino posterior

Abdomen

Piezas bucales

Virus transmitido por contacto

MOSQUITO

Los virus de las plantas utilizan métodos sofisticados para asegurar su transmisión mediante insectos. Muchos manipulan las plantas huésped para que produzcan compuestos volátiles que los insectos puedan oler y así sentirse atraídos. Una vez que el insecto es atraído, se posa en ellas y comienza a alimentarse; el virus puede manipular aún más la planta para que produzca sustancias químicas que no le gusten al insecto. Esto hace que se traslade a otra planta, y lleve consigo el virus. Otra técnica consiste en cambiar el color del huésped: los pulgones, en particular, se sienten atraídos por el color amarillo, y las plantas infectadas por virus suelen tener un aspecto amarillento. Algunos virus también pueden aumentar el número de crías producidas por insectos que se alimentan de plantas infectadas.

La mayoría de los virus de plantas transmitidos por insectos tienen relaciones específicas con sus vectores, y esto puede variar mucho entre los distintos virus. Por ejemplo, el virus del mosaico del pepino (*véase* página 214) puede ser transmitido por casi 400 especies distintas de pulgones, mientras que el virus del enanismo amarillo de la cebada suele limitarse a una sola especie de pulgón. Los pequeños gusanos del suelo llamados nematodos también pueden actuar como vectores, al igual que los hongos que viven en el suelo. Los virus

transmitidos de esta forma se denominan a veces virus del suelo, aunque no suelen entrar en el huésped directamente desde allí.

Algunos virus vegetales son transmitidos por los herbívoros durante el pastoreo, ya que rompen las células de las plantas al masticarlas. En algunos insectos que las mastican, como los escarabajos, los virus se transmiten de forma similar. La maquinaria agrícola y de jardinería también puede propagarlos, aunque en este caso el virus debe ser relativamente estable. Un giro interesante de los vectores es que una planta puede ser vector de algunos virus de insectos. El insecto deposita el virus en la planta de la que se alimenta, inyectando al insecto que se alimente posteriormente de la misma planta.

Toda la variación en la forma en que se desplazan los virus de un huésped a otro indica que las relaciones entre virus y huéspedes han existido durante mucho tiempo, y han evolucionado de formas muy diversas para superar desafíos similares: cómo entrar en un huésped, cómo propagarse en su interior y cómo salir de él.

← La enfermedad del pasto de San Agustín es una afección del césped que se propaga con los cortacéspedes. Está causada por el panicovirus y suele darse en el sur de Estados Unidos, donde se utiliza esta especie (*Stenotaphrum secundatum*) tolerante al calor, a modo de cubierta vegetal.

→ Muchos de los vectores implicados en la transmisión de virus animales y vegetales son insectos (por ejemplo, mosquitos y pulgones) u otros artrópodos (por ejemplo, garrapatas y ácaros), pero los microbios también pueden ser vectores, al igual que los animales de pastoreo y la maquinaria agrícola en el caso de los virus vegetales. A: garrapata; B: mosquito; C: pulga, D: jején; E: pulgón; F: arañuela; G: ganado bovino; H: cuscuta; I: nematodo; J: periquito; K: saltamontes; L: cochinilla de cola larga.

VECTORES DE VIRUS ANIMALES

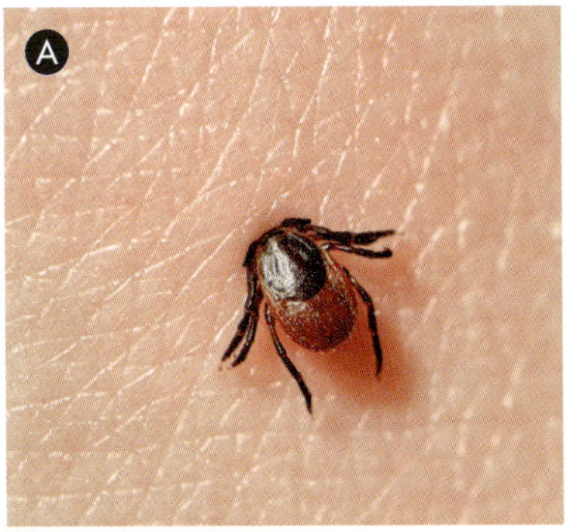

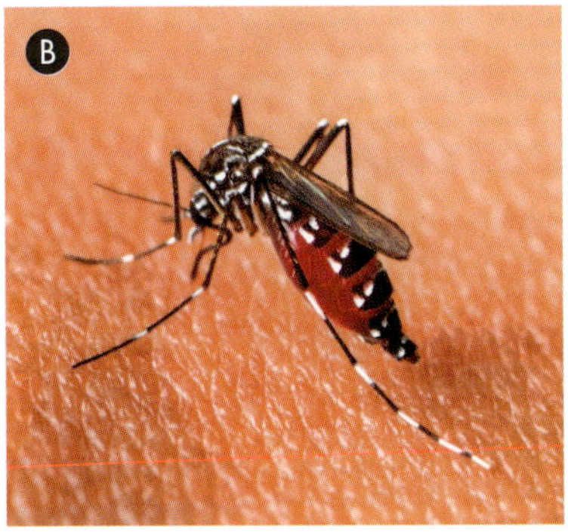

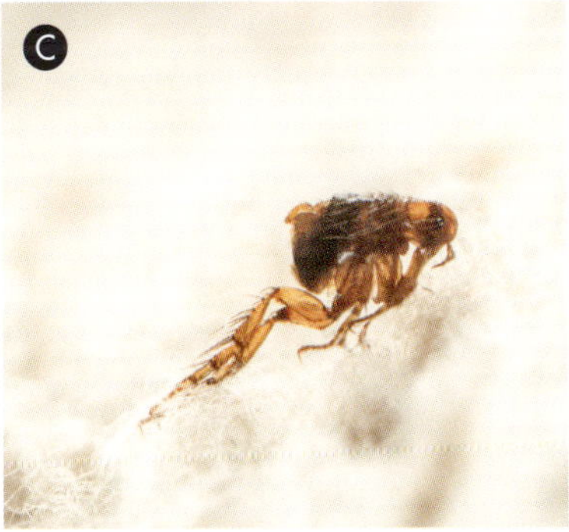

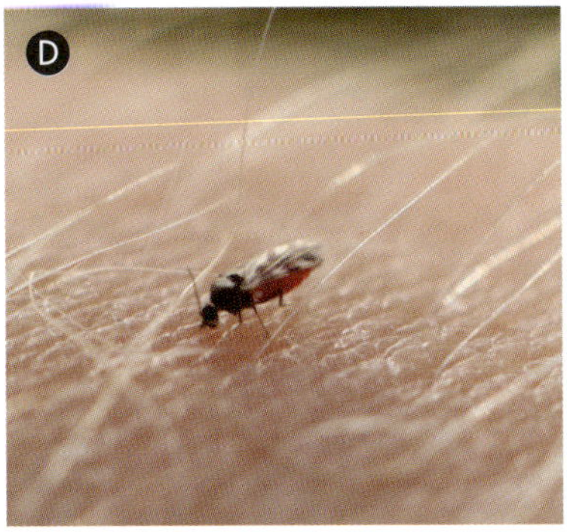

VECTORES DE VIRUS VEGETALES

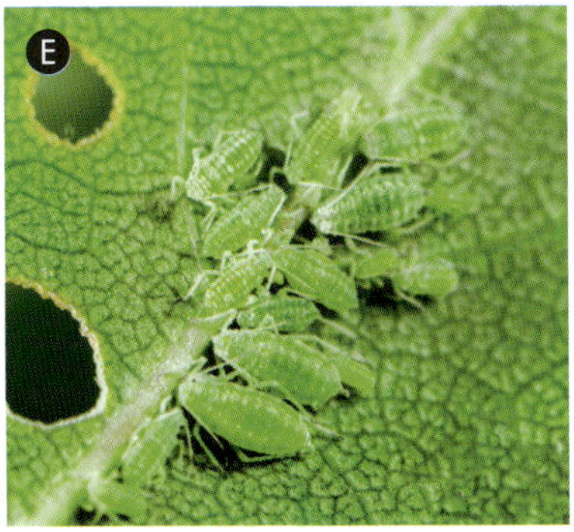

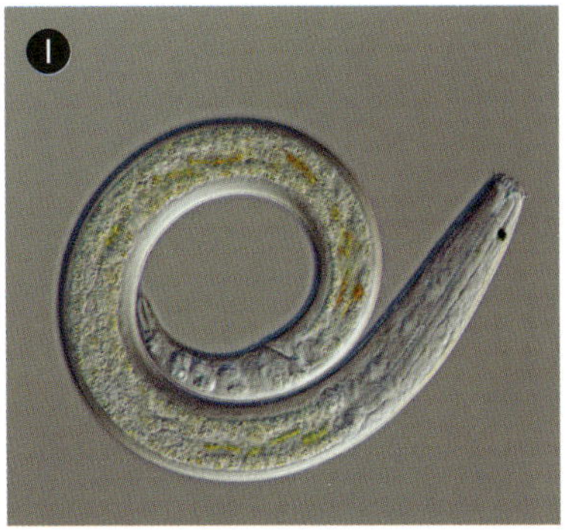

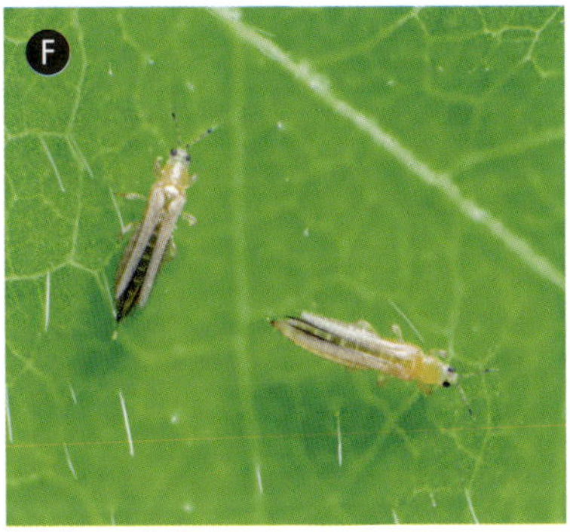

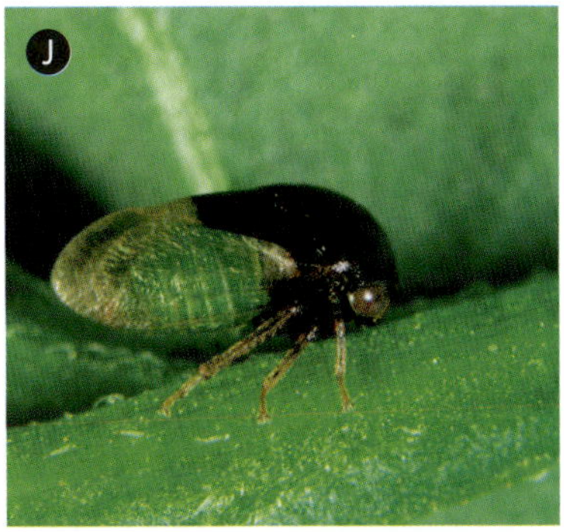

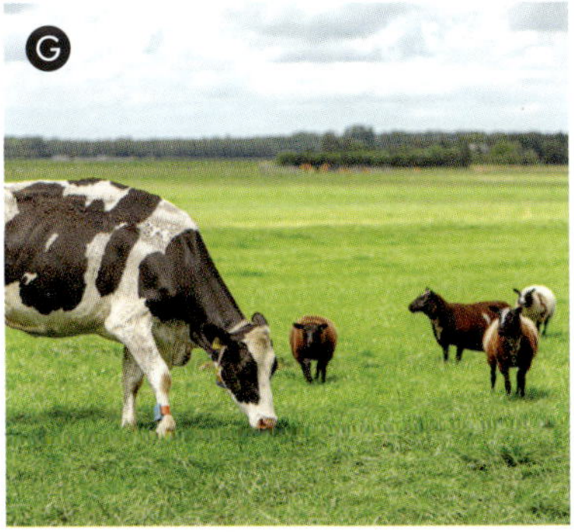

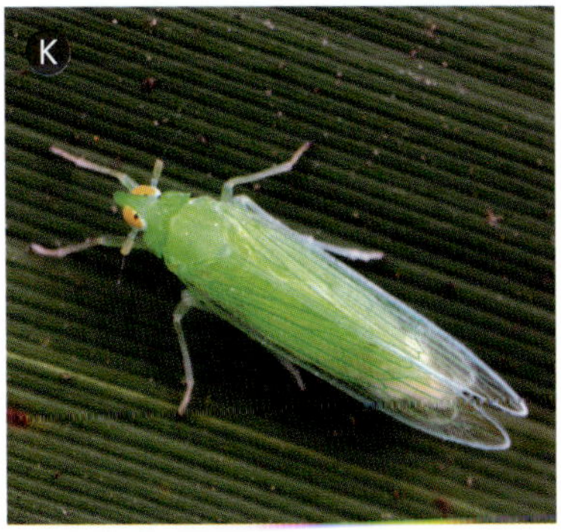

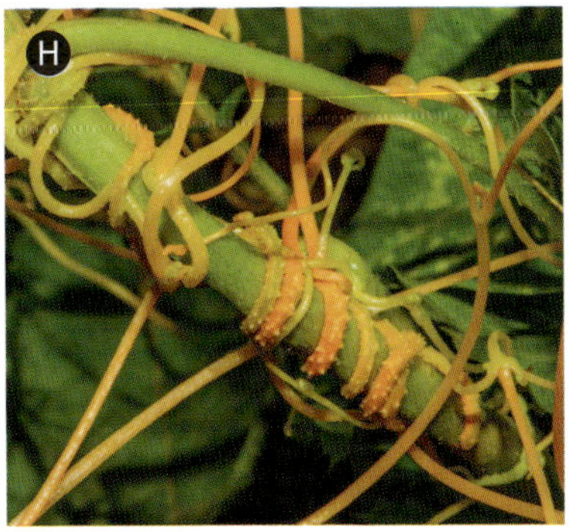

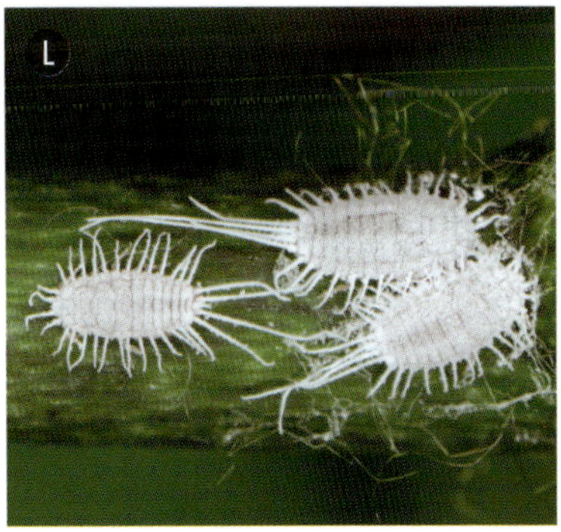

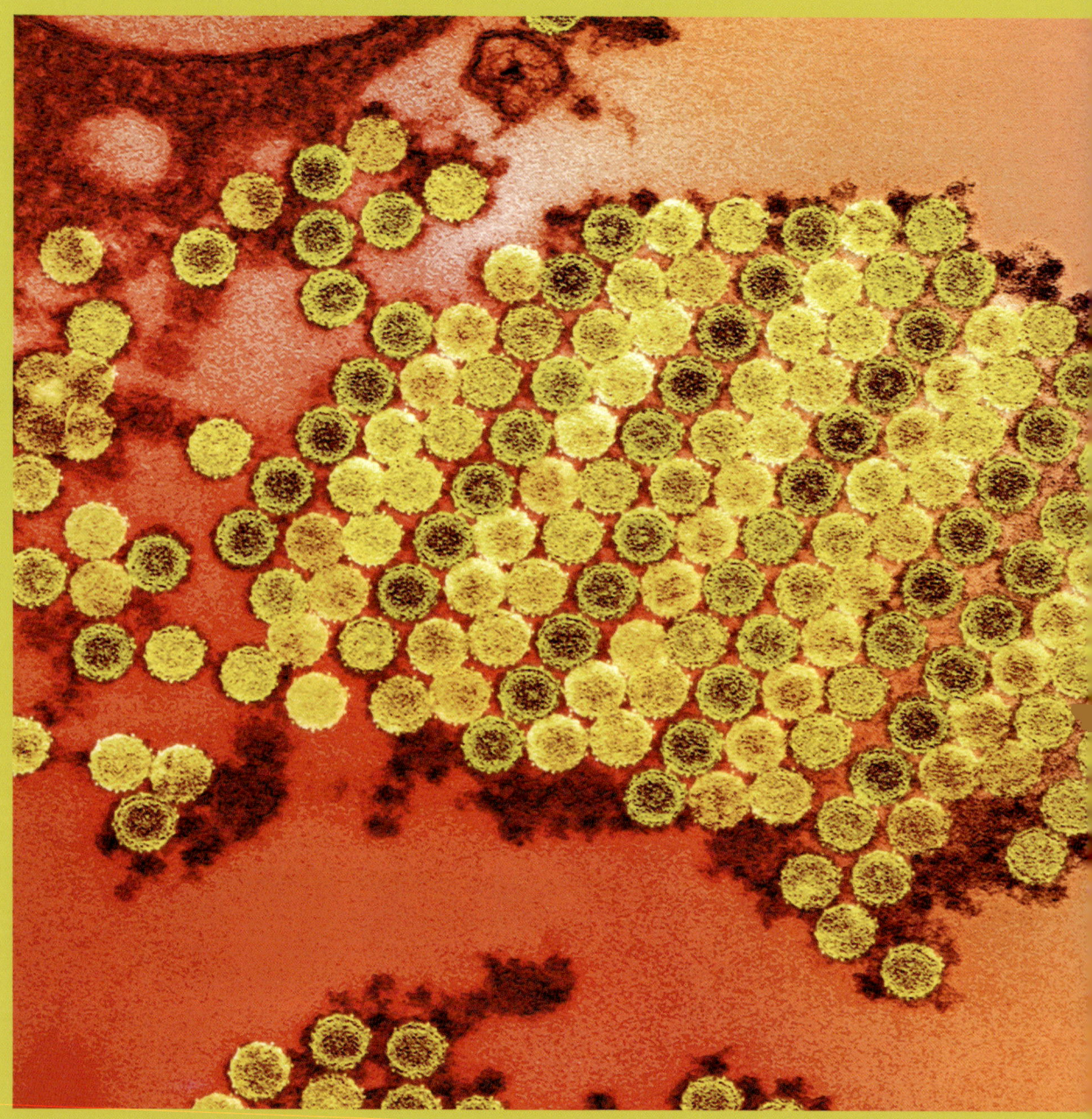

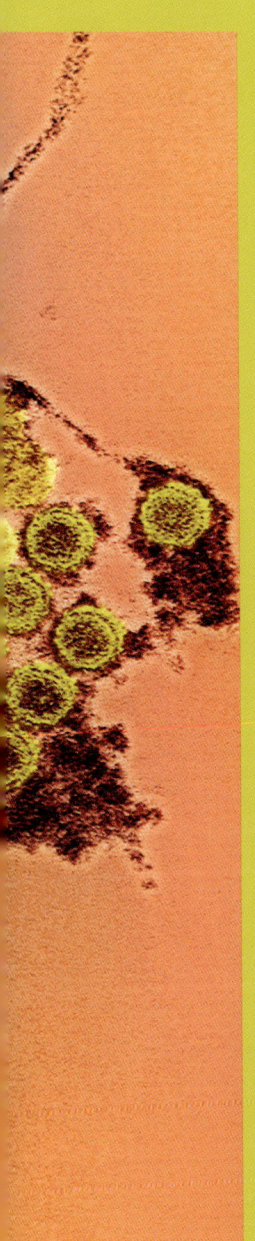

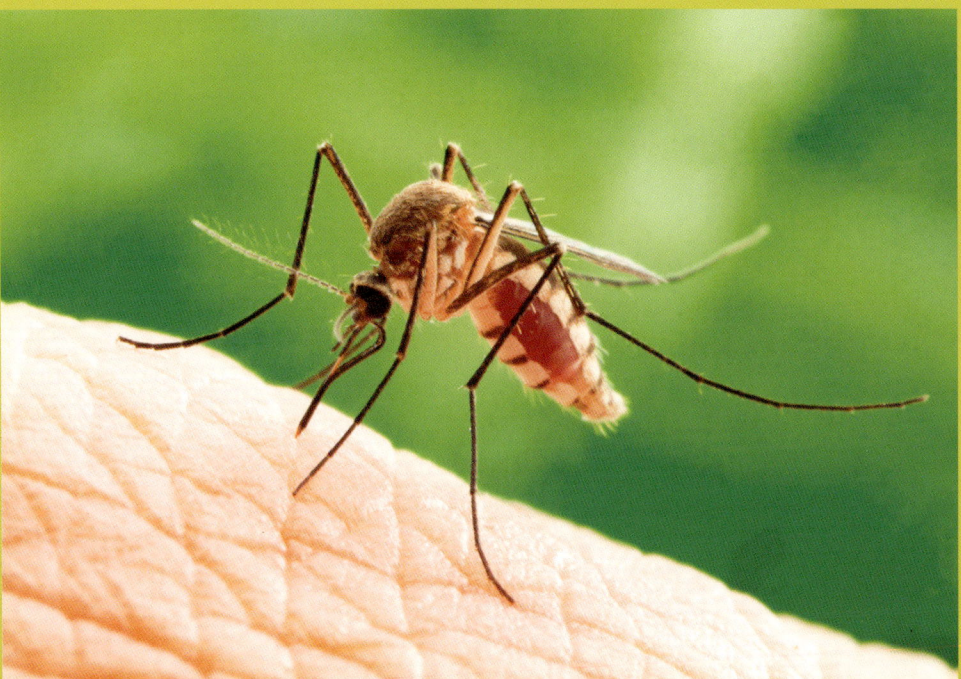

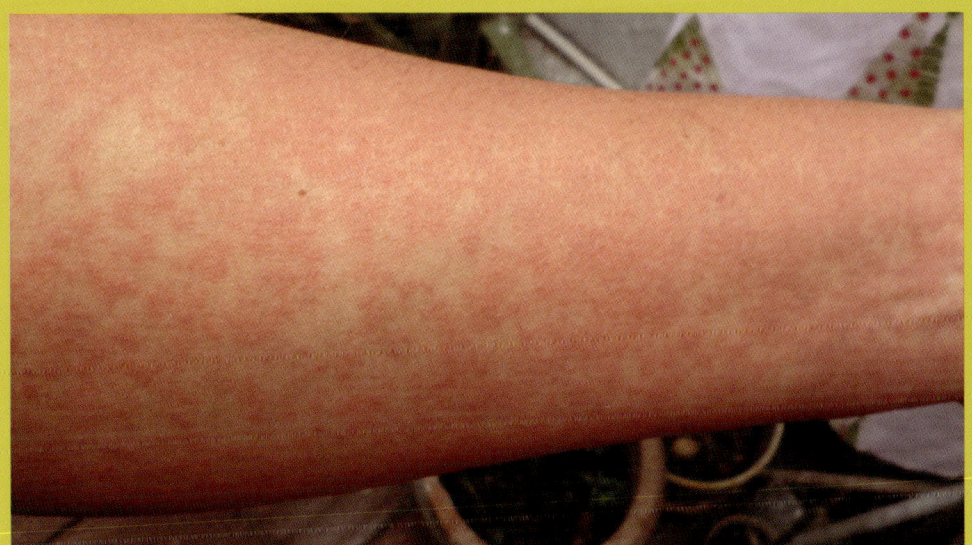

↑ Imagen coloreada del virus Chikungunya obtenida mediante un microscopio electrónico de transmisión.

↑↑ Un mosquito se alimenta de sangre humana.

↑ El virus Chikungunya puede causar una erupción, pero los síntomas más graves incluyen artritis, que puede causar dolor durante años.

VHA

Virus de la hepatitis A

Un virus transmitido por alimentos y agua
que causa graves brotes de hepatitis

GRUPO	IV
FAMILIA	Picornaviridae
GÉNERO	Hepatovirus
GENOMA	ARN lineal, monocatenario, no segmentado, de aproximadamente 7500 nucleótidos que codifican 11 proteínas mediante una poliproteína
PARTÍCULA VÍRICA	No envuelta, icosaédrica
HUÉSPEDES	Humanos, primates salvajes, roedores en condiciones experimentales
ENFERMEDADES ASOCIADAS	Hepatitis A
TRANSMISIÓN	A través del agua y alimentos
VACUNA	Inyección de antígeno único o doble

La hepatitis es una infección del hígado causada por varios hepatovirus diferentes. El virus de la hepatitis A (VHA) es frecuente en algunas partes del mundo y se transmite por alimentos y agua contaminados.

El marisco cultivado o recogido en aguas contaminadas es una fuente común de infección por el VHA. Los brotes de hepatitis A en Estados Unidos, Europa y Australia se han relacionado a menudo con espinacas u otras verduras contaminadas, y otros brotes más pequeños con trabajadores infectados del sector alimentario. Las buenas prácticas de lavado de manos son fundamentales para prevenir la propagación de esta enfermedad.

Los niños pequeños que contraen el virus rara vez presentan síntomas, pero pueden ser una fuente de infección por VHA para otros miembros de la familia. Los adolescentes y adultos pueden presentar síntomas graves como fiebre, dolor de cabeza, náuseas, ictericia, diarrea y fatiga. A diferencia de los virus de la hepatitis B o C, que establecen infecciones crónicas en el ser humano, la mayoría de las personas se recuperan totalmente de la infección por VHA, sin efectos a largo plazo. También existen pruebas de que la infección por VHA previene la infección por hepatitis C.

La prevención del VHA para los viajeros solía implicar inyecciones de gammaglobulina, derivada de sangre humana inmune, pero era un proceso doloroso que también suponía graves riesgos al recibir un tratamiento con sangre humana. Las inyecciones de inmunoglobulina que se usan hoy en día son mucho más seguras y se someten a controles muy exhaustivos. Sin embargo, pocas veces son necesarias desde mediados de la década de 1990, ya que se dispone de una vacuna muy eficaz contra el VHA. La inmunidad, ya sea por vacunación o por infección, es muy duradera.

→ Imagen obtenida mediante criomicroscopía electrónica de la estructura compuesta del virus de la hepatitis A y de un anticuerpo.

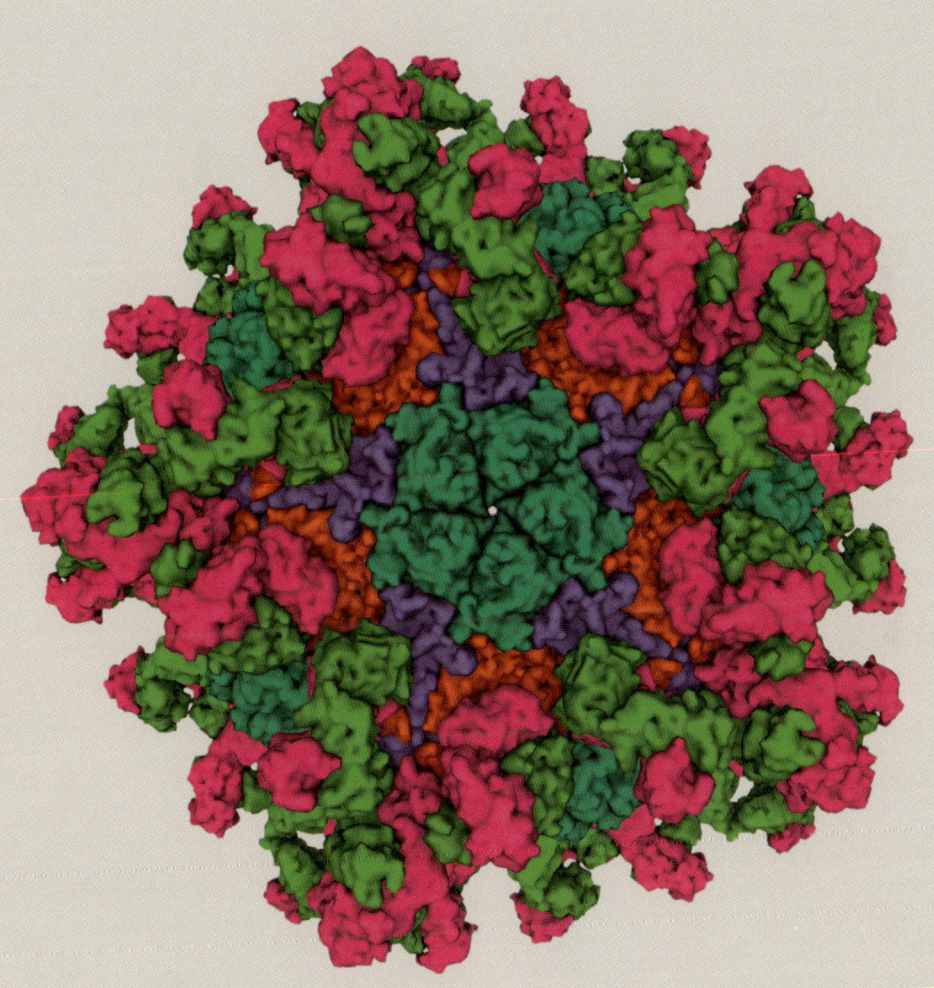

Virus del papiloma humano

Un virus de transmisión sexual
que puede causar cáncer

GRUPO	I
FAMILIA	Papillomaviridae
GÉNERO	Alphapapillomavirus
GENOMA	ADN circular, bicatenario, no segmentado, de aproximadamente 8000 nucleótidos que codifican ocho proteínas.
PARTÍCULA VÍRICA	Icosaedro no envuelto, de 55 nm
HUÉSPEDES	Humanos, monos
ENFERMEDADES ASOCIADAS	Verrugas genitales; cáncer de cuello uterino, pene, ano y amígdalas
TRANSMISIÓN	Sexual
VACUNA	Antígenos de varias cepas

El virus del papiloma humano (VPH) es un conjunto de muchos virus diferentes, estrechamente relacionados, que provocan verrugas. Algunos de ellos causan verrugas cutáneas, verrugas plantares o verrugas planas, todas comunes en los seres humanos y que no suelen ser más que una molestia. Sin embargo, algunas cepas se transmiten por contacto sexual.

De hecho, el VPH es la infección de transmisión sexual más frecuente en Estados Unidos, con aproximadamente 40 millones de casos por año, y puede provocar verrugas genitales y cáncer mucho después de la infección inicial. Existen numerosos tipos del virus: los relacionados con el mayor riesgo de verrugas genitales son los tipos 6, 11, 42 y 44, mientras que los relacionados con el mayor riesgo de cáncer son los tipos 16, 18, 31 y 45.

En 2006 se probó por primera vez una vacuna contra el virus del papiloma humano. La vacuna actual, recomendada para jóvenes de entre 11 y 26 años, protege contra los tipos 6, 11, 16 y 18, que abarcan las cepas más importantes para las verrugas genitales, y alrededor del 70 por ciento de la incidencia del cáncer de cuello uterino. Esta vacuna fue la primera en lanzarse contra el cáncer. En algunas partes del mundo se usan otras dos que protegen contra otras cepas.

→ Estructura del virus del papiloma humano, extraída de imágenes de criomicroscopía electrónica para crear una estructura de alta resolución.

PMV

Virus del mosaico del *Panicum*

Virus transmitido por las máquinas cortadoras de césped

GRUPO	IV
FAMILIA	Tombusviridae
GÉNERO	Panicovirus
GENOMA	ARN lineal, monocatenario, no segmentado, de aproximadamente 4300 nucleótidos que codifican seis proteínas
PARTÍCULA VÍRICA	Icosaédrica no envuelta
HUÉSPEDES	Césped, pasto varilla (*Panicum virgatum*), mijo
ENFERMEDADES ASOCIADAS	Tizón de la hoja de San Agustín
TRANSMISIÓN	Maquinaria agrícola y de jardinería

La enfermedad del pasto de San Agustín, provocada por el PMV, es un problema común en los céspedes del sur de Estados Unidos, especialmente cuando sus cuidados son realizados por servicios de jardinería. El virus se puede transmitir a través de la savia de la planta infectada durante el proceso de siega, y luego propagarse a otros céspedes segados con el mismo equipo.

El PMV puede permanecer vivo en los restos vegetales durante años, por lo que es difícil deshacerse de él una vez que se ha establecido en un sistema. El virus puede propagarse desde los restos a nuevas plantas por la lluvia o el viento, y puede permanecer en plantas no infectadas hasta que estas sufren una herida, momento en el cual el virus tiene la oportunidad de penetrar en una célula vegetal.

El PMV puede albergar un virus satélite que sintetiza su propia cápside proteica, pero no puede replicarse sin el virus auxiliar. En el mijo y el pasto varilla (*Panicum virgatum*),

el virus satélite puede agravar los síntomas de coloración amarillenta y causar retrasos del crecimiento, que suelen ser leves.

Algunos científicos han sugerido que ciertas cepas de PMV que causan síntomas muy leves podrían utilizarse como una especie de vacuna en el pasto varilla contra virus relacionados que causan enfermedades más graves. En los virus de las plantas, esto se denomina protección cruzada y es un método que se ha estudiado y utilizado durante décadas en la agricultura de todo el mundo.

→ Estructura del PMV obtenida a partir de datos de cristalografía de rayos X.

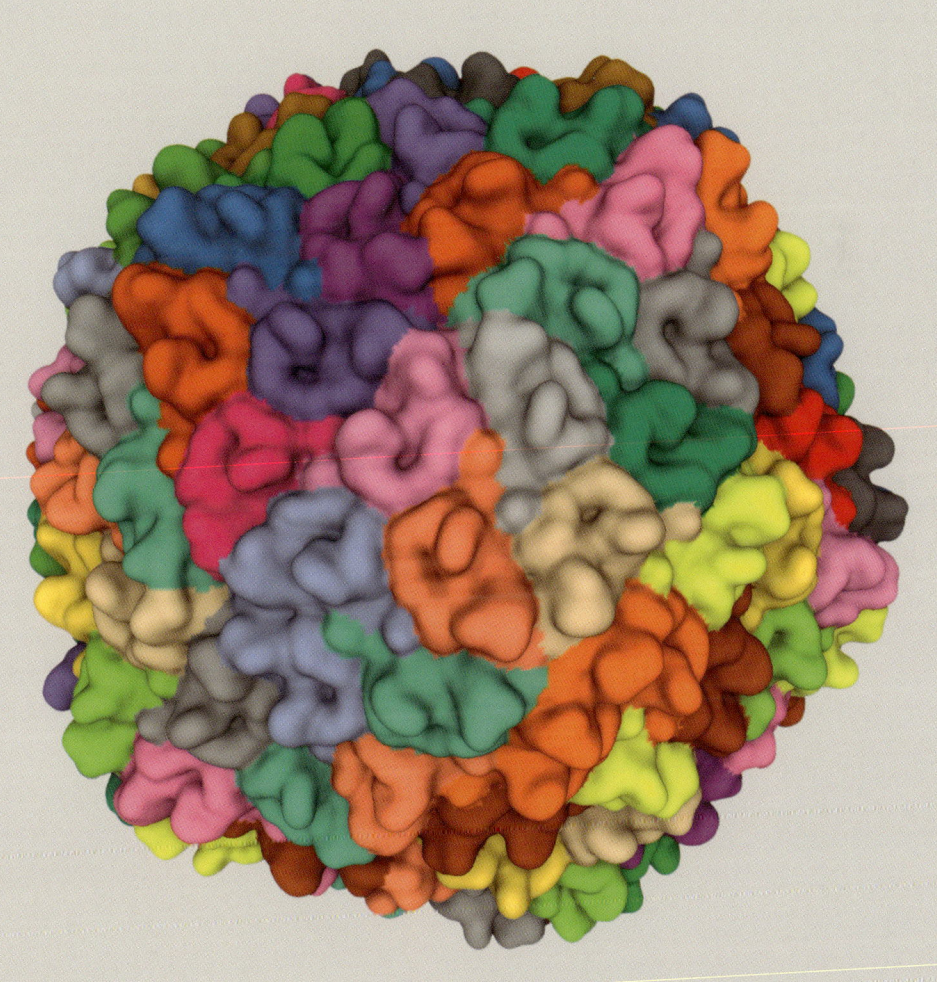

Rinovirus C

Una incorporación reciente
a los virus del resfriado común

GRUPO	IV
FAMILIA	Picornaviridae
GÉNERO	Enterovirus
GENOMA	ARN monocatenario, no segmentado, de aproximadamente 7400 nucleótidos que codifican 11 proteínas mediante una poliproteína
PARTÍCULA VÍRICA	Icosaédrica no envuelta
HUÉSPEDES	Humanos, otros primates
ENFERMEDADES ASOCIADAS	Resfriado común, asma
TRANSMISIÓN	A través del aire
VACUNA	No disponible

Aunque sea posible prevenirlo, todavía no existe una cura o vacuna para el resfriado común. Durante la pandemia de la COVID-19, muchas personas notaron que no se resfriaban debido a que llevaban mascarillas en público, una de las medidas eficaces para prevenir la infección por un virus transmitido por el aire.

Existen varias especies de rinovirus y muchas cepas de cada una de ellas. Solo el rinovirus C tiene unas 60 diferentes, y no hay mucha reactividad cruzada por parte del sistema inmunitario. Esto significa que, si se contrae el virus, tendrá una respuesta inmunitaria, pero probablemente no le protegerá de otras cepas. Además, la inmunidad a los rinovirus no es muy duradera, por lo que es muy difícil desarrollar una vacuna para prevenir la infección.

El rinovirus C se descubrió a mediados de la década de 2000, durante la detección rutinaria de virus respiratorios tras la primera epidemia de SARS-CoV. El virus era casi imposible de cultivar en tejidos, lo que dificultaba su estudio, pero está relacionado con las infecciones por rinovirus más graves, especialmente con aquellas que causan asma. Resulta que el gen humano que codifica el receptor del rinovirus C tiene dos versiones: la versión A se encuentra en todos los primates no humanos, e incluso en otros animales con pulmones, pero es rara en los humanos, que en su mayoría tienen la versión G. Esta última es protectora frente a infecciones por rinovirus C, pero los pocos individuos que tienen ambos alelos como variante A son muy propensos a contraer infecciones graves y asma asociado al virus. También está relacionado con el desarrollo de la enfermedad pulmonar obstructiva crónica en adultos mayores. Los chimpancés (*Pan troglodytes*), que tienen el genotipo AA, suelen morir a causa de la infección por rinovirus C.

→ Modelo de relleno espacial del rinovirus C obtenido a partir de datos de cristalografía de rayos X.

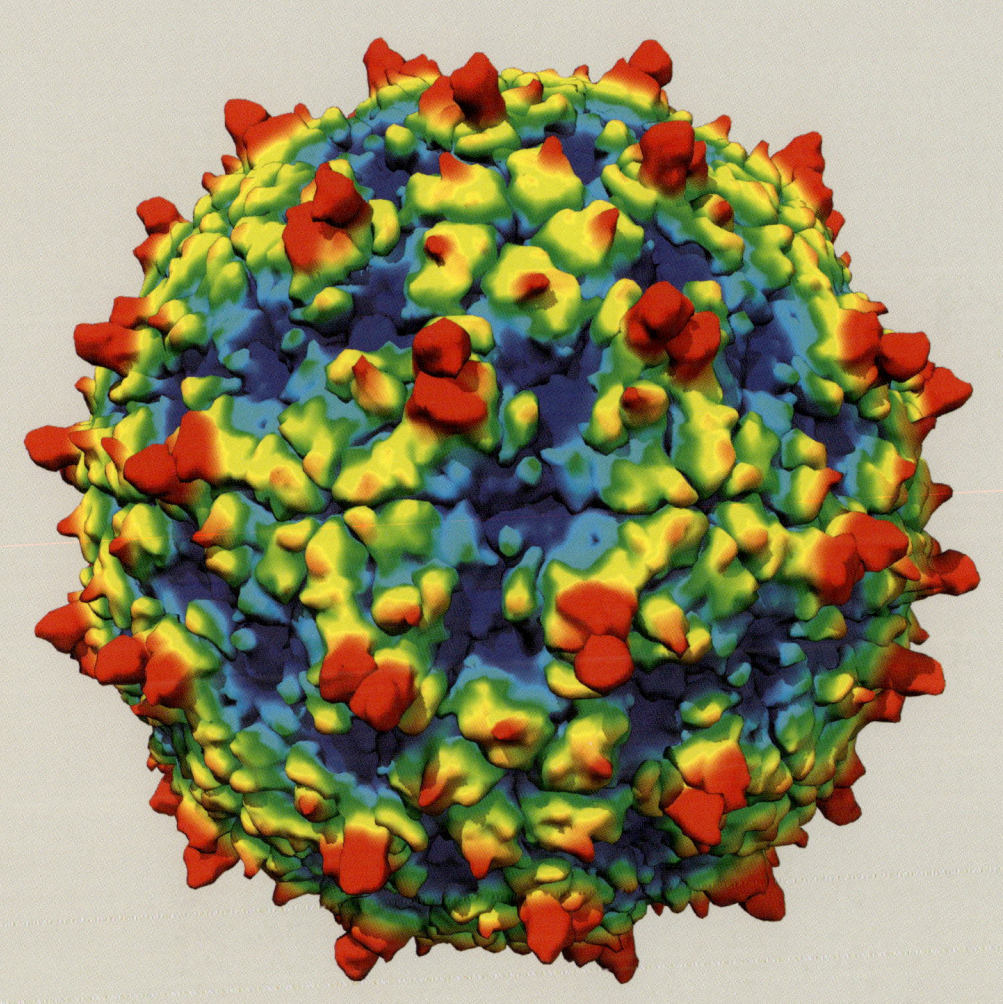

CHIKV

Virus Chikungunya

Un virus con una transmisión creciente

GRUPO	IV
FAMILIA	Togaviridae
GÉNERO	Alphavirus
GENOMA	ARN lineal, monocatenario, no segmentado, de aproximadamente 12 000 nucleótidos que codifican nueve proteínas mediante una poliproteína
PARTÍCULA VÍRICA	Núcleo icosaédrico con envoltura
HUÉSPEDES	Humanos, otros primates, roedores, aves, mosquitos
ENFERMEDADES ASOCIADAS	Chikungunya
TRANSMISIÓN	Mosquitos del género *Aedes*
VACUNA	En desarrollo

La chikungunya es una enfermedad grave que puede causar síntomas de larga duración parecidos a los de la artritis. Se observó por primera vez en la década de 1950 en África, donde el mosquito de la fiebre amarilla (*Aedes aegypti*) la transmitía a los humanos desde los primates salvajes.

El área de distribución del mosquito de la fiebre amarilla se limita a los climas tropicales y subtropicales. Durante la primera década del siglo XXI, el Chikungunya empezó a aparecer en Asia, y una década más tarde llegó a América. Luego, de forma bastante repentina, se encontró en regiones de clima templado de Europa y Norteamérica.

El virus Chikungunya (CHIKV, por sus siglas en inglés) infecta tanto a mosquitos como a sus huéspedes primates. Debe replicarse en el intestino del mosquito para poder transmitirse. Las investigaciones han demostrado que el virus ha mutado y ahora lo transmite eficazmente el mosquito tigre asiático (*Aedes albopictus*). Este tiene un área de distribución mucho más amplia, y recientemente se ha encontrado en varias regiones de Europa y Norteamérica. Esto significa que el virus podría convertirse fácilmente en un grave problema en estas partes del mundo.

Ambos mosquitos vectores del CHIKV están muy bien adaptados a los entornos urbanos, ya que depositan sus huevos en los microambientes húmedos situados sobre el agua estancada. Estos entornos son habituales en pueblos y ciudades, donde la lluvia se acumula en macetas y neumáticos viejos, y la propagación del mosquito tigre asiático se ha relacionado con el comercio mundial de neumáticos usados.

→ Imagen de una partícula del virus Chikungunya obtenida a partir de datos de criomicroscopía electrónica.

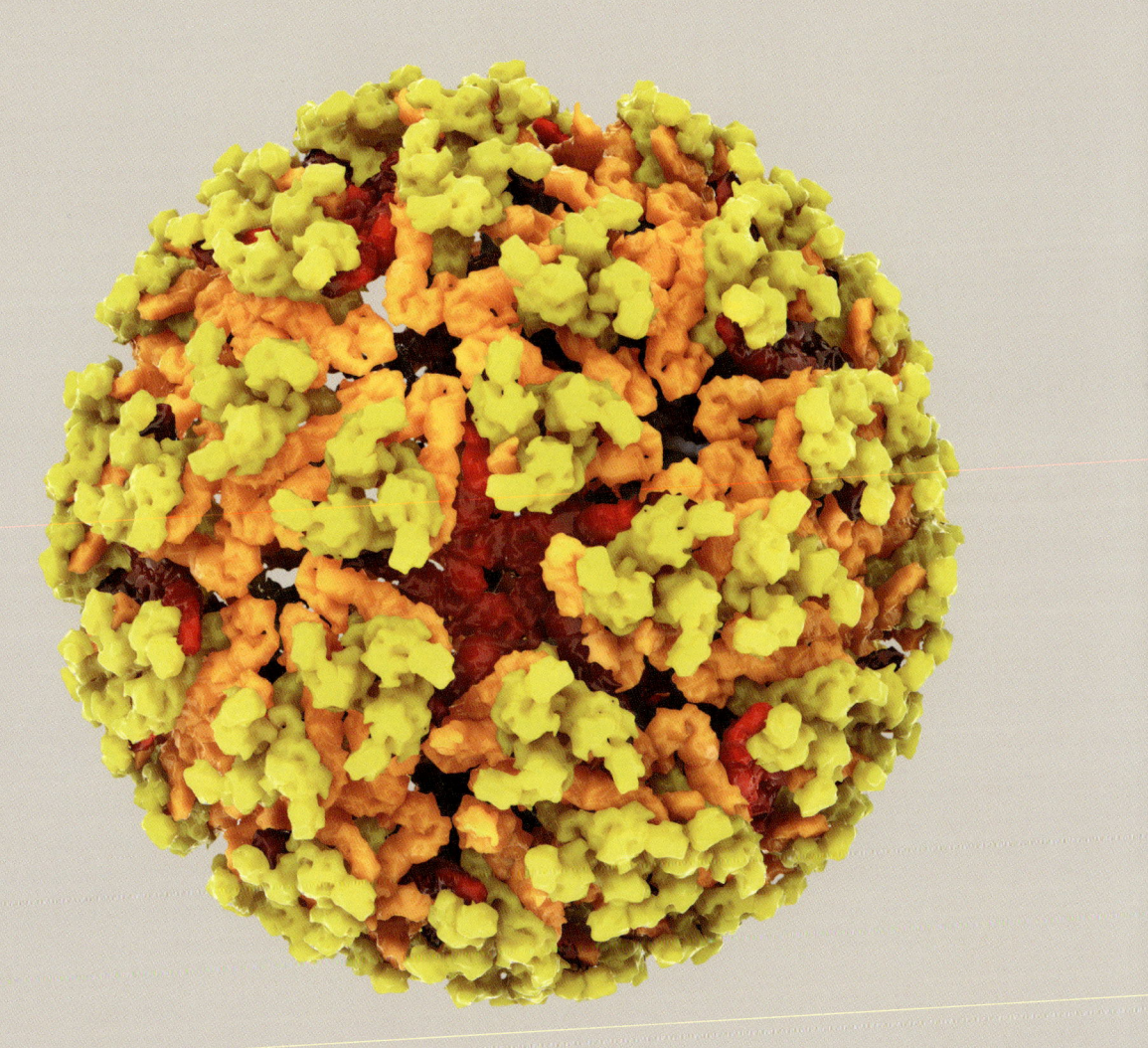

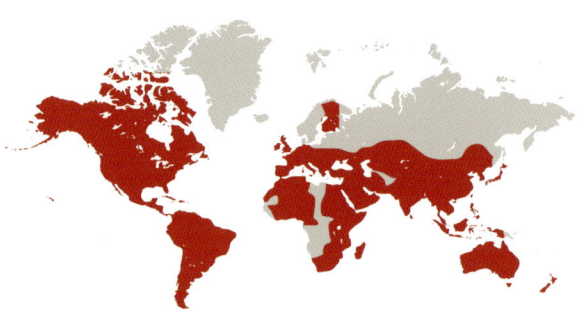

BPEV

Alphaendornavirus del pimiento

Un virus desnudo con transmisión vertical estricta

GRUPO	IV
FAMILIA	Endornaviridae
GÉNERO	Alphaendornavirus
GENOMA	ARN lineal, monocatenario, no segmentado, de aproximadamente 15 000 nucleótidos que codifican una gran poliproteína
PARTÍCULA VÍRICA	Ninguna, ARN desnudo
HUÉSPEDES	Pimiento morrón (*Capsicum anuum*) y algunas especies relacionadas
ENFERMEDADES ASOCIADAS	Ninguna
TRANSMISIÓN	Estrictamente vertical

El *Alphaendornavirus* del pimiento (BPEV por sus siglas en inglés) es un virus poco común. Como todos los endornavirus, no tiene cápside y se compone simplemente de su genoma de ARN desnudo. El ARNmc no es muy estable, por lo que la mayoría de los endornavirus se han descubierto en la forma intermediaria de la replicación, ARNbc, que es muy estable.

Los endornavirus de las plantas no se transmiten entre distintos huéspedes, salvo a través de las semillas. Esta transmisión vertical hace que perduren durante muchas generaciones.

La comparación de estos virus en plantas emparentadas puede decirnos mucho sobre la historia tanto del huésped como del virus. Por ejemplo, un endornavirus concreto afecta a todas las variedades de cultivo de arroz 'Japonica' (*Oryza sativa*), pero no a los cultivares 'Indica'. Estos dos tipos de cultivos se domesticaron hace unos 10 000 años a partir del arroz silvestre (*Oryza rufipogon*), que tiene un endornavirus relacionado, aproximadamente un 24 por ciento diferente del virus domesticado.

Los científicos han comparado el BPEV que afecta a diversas variedades de cultivo de pimiento morrón y otros relacionados en Norteamérica y Sudamérica, lo que ha permitido comprender mejor cómo se domesticaron los distintos tipos que existen. Al igual que el arroz, los pimientos se domesticaron hace unos 10 000 años, pero el ancestro silvestre del pimiento no tiene el BPEV, lo que indica que el virus se introdujo después de la domesticación.

Genoma del BPEV

El genoma del BPEV es un ARNmc, pero siempre se detecta en su forma intermediaria de replicación, como ARNbc. Aquí se muestra con una ARN polimerasa dependiente de ARN (RdRP, por sus siglas en inglés) unida, con una muesca en la cadena genómica del virus.

Muesca   RdRp

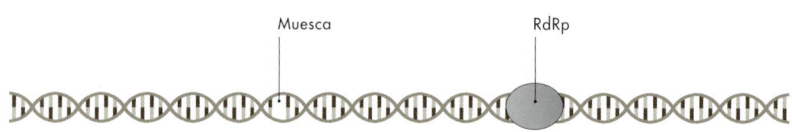

→ Todas las plantas de pimiento morrón (*Capsicum anuum*) están infectadas por el BPEV. El virus nunca causa síntomas en las plantas, sino que simplemente se transmite a la siguiente generación.

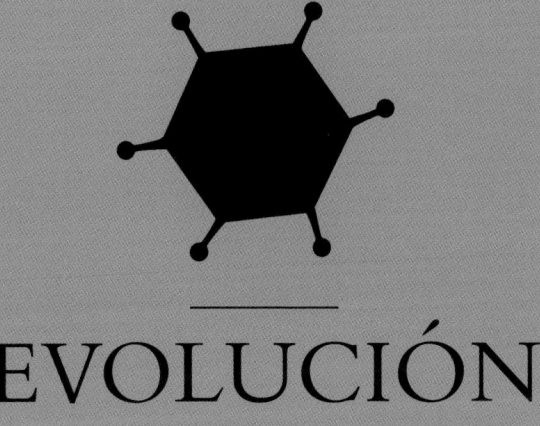

EVOLUCIÓN

Evolución y selección natural

La palabra «evolución» suele llevar a pensar en el naturalista inglés Charles Darwin y en su trascendental libro *El origen de las especies por medio de la selección natural* (1859). El minucioso y detallado trabajo de Darwin, basado en años de observaciones, proporcionó una visión crítica acerca de cómo el planeta llegó a poblarse con tal variedad de especies. Sin embargo, realizó todo su trabajo antes de que nadie hubiera oído hablar de los virus, por lo que no los mencionó. La obra de Darwin se completó casi un siglo antes del descubrimiento del ADN y el ARN como material de codificación genética de todos los organismos vivos.

En la era de la biología molecular, se habla de evolución como el lento cambio del genoma a lo largo del tiempo a causa de mutaciones. Una mutación es un cambio en el genoma del ADN o del ARN; estos cambios ocurren todo el tiempo, cuando una polimerasa comete un error al copiar el ADN o el ARN, o cuando un factor ambiental, como una sustancia química o la radiación, produce una lesión en el ADN o el ARN. Los cambios aleatorios pueden producirse casi en cualquier parte del genoma, aunque son más probables en las zonas activas de las células, donde tiene lugar la transcripción a ARN o la copia del ADN. La mayoría de estos errores son corregidos por enzimas celulares que los reconocen como tales y cortan el ADN defectuoso, sustituyéndolo por el correcto. Solo en raras ocasiones las mutaciones permanecen en el genoma. Para transmitirse a la siguiente generación, las mutaciones tienen que producirse en células de la línea germinal, como óvulos o espermatozoides.

Si las mutaciones se transmiten a la siguiente generación, pueden tener diversos efectos. En la mayoría de los casos son «neutras», es decir, no tienen ningún efecto detectable. En ocasiones, sin embargo, sí lo tienen, y que se transmitan o no depende de si el efecto es positivo o negativo. Si es negativo, el organismo con la mutación no será tan competitivo como sus hermanos que carecen de ella, y el linaje podría extinguirse. Si el efecto es positivo, el organismo será más competitivo y, con el tiempo, el linaje podría hacerse con el control de la población.

→ Charles Darwin (1809-1882) dio la vuelta al mundo como naturalista a bordo del HMS Beagle. En su viaje, especialmente por Sudamérica, sus observaciones le llevaron a desarrollar su hipótesis de la evolución.

Las mutaciones cobran importancia cuando se producen cambios en las fuentes alimentarias o en el entorno. Por ejemplo, supongamos que una persona tiene una mutación que le permite tolerar el calor mejor que la mayoría de la gente. Cuando el clima cambie y las temperaturas aumenten, su descendencia tendrá más probabilidades de sobrevivir y prosperar que quienes no toleren temperaturas altas. Sin embargo, si el clima se volviera más frío, su descendencia no tendría ninguna ventaja. Esta es la esencia de la selección natural, la teoría de la evolución descrita por Darwin.

Los virus también evolucionan a través de la selección natural, al igual que el resto de las entidades basadas en genes. Sin embargo, se enfrentan a algunas limitaciones diferentes. Los virus suelen tener genes superpuestos, por lo que una sola mutación nucleotídica puede afectar a más de una proteína. En los virus de ARN hay mucha actividad biológica asociada con la forma en que se pliega el ARN, y esto depende de su secuencia de nucleótidos. Esto significa que la selección natural puede ser importante más allá de las limitaciones de la codificación de proteínas.

Acumulación de mutaciones durante la replicación

De media, un virus ARN puede cometer un error, o mutación, aproximadamente una vez por cada copia que produce de su genoma. Un virus ARNmc puede hacer varias copias de la cadena complementaria, cada una con una mutación potencial, y cada una de ellas puede pasar a hacer muchas copias del genoma. Esto lleva a una acumulación muy rápida de mutaciones.

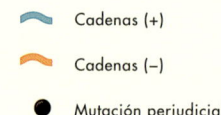

Cadenas (+)

Cadenas (−)

Mutación perjudicial

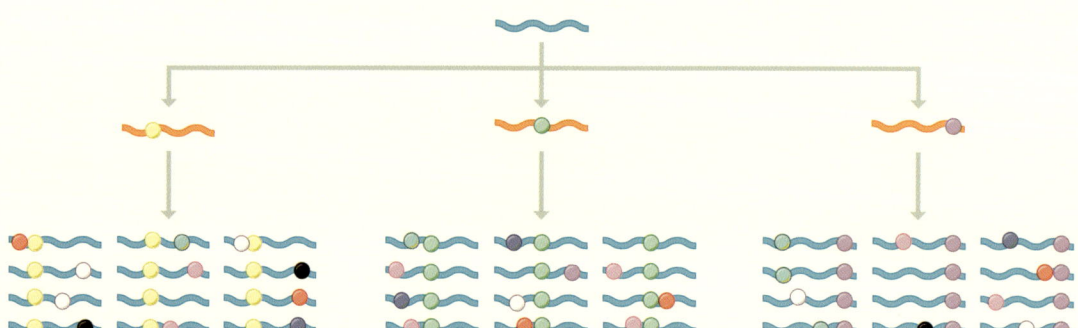

Otra gran diferencia entre la evolución de la vida celular y la de los virus es la velocidad con la que se produce. Esto se debe a varias razones. En primer lugar, los virus tienen un tiempo de generación muy corto, en algunos casos inferior a un minuto. Las bacterias tienen tiempos de generación de alrededor de 30 minutos, mientras que en los seres humanos una generación dura unos 20 años.

En segundo lugar, la mayoría de los genomas de los virus están muy «economizados» y la mayor parte del genoma codifica proteínas, por lo que muchas mutaciones pueden tener un efecto evidente. En los seres humanos, solo el 1–2 por ciento de los 3000 millones de nucleótidos del genoma es responsable de la codificación de proteínas, que es donde las mutaciones suelen ser más evidentes. Otras entidades tienen genomas aún mayores: el más grande conocido es el de la andrómeda japonesa, con 149 000 millones de nucleótidos.

En tercer lugar, los virus suelen cometer más errores al copiar sus genomas y no disponen de los mismos medios para corregirlos. La mayoría de los virus de ARN cometen aproximadamente un error cada 10 000 nucleótidos, mientras que la tasa de mutación en *Eukarya* es de aproximadamente una vez cada 1–10 millones de nucleótidos.

En cuarto y último lugar, los virus que saltan a nuevos huéspedes pueden mostrar un ritmo de evolución muy rápido a medida que se adaptan a un entorno diferente. Este tipo de cambio drástico es poco común en la vida celular.

↓ Representación gráfica de un coronavirus mutado (en azul) que emerge de una célula infectada.

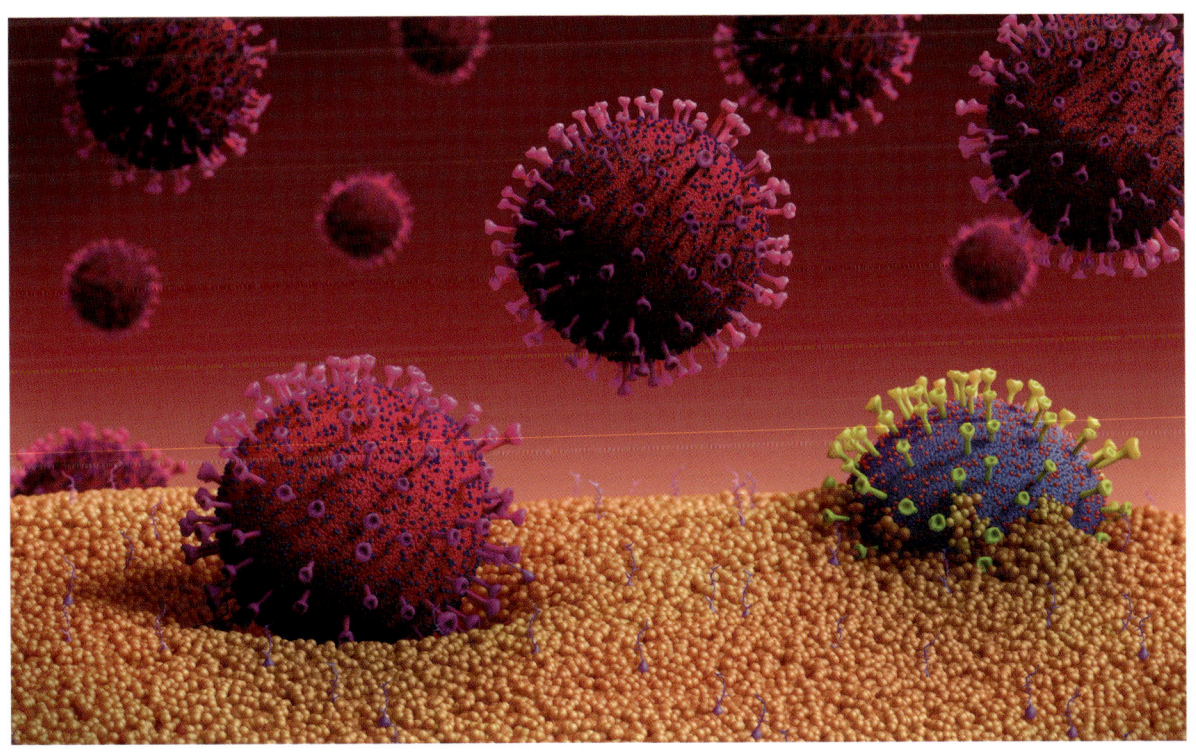

Aptitud biológica o *fitness*

El concepto de aptitud biológica o *fitness* es sencillo: un individuo más apto, sano y bien adaptado en su entorno producirá más descendencia, y esta tendrá más probabilidades de sobrevivir que un individuo menos apto. Sin embargo, medir el *fitness* no es tan sencillo, como tampoco lo es entender cómo evoluciona.

↙ El *fitness* suele representarse como un paisaje, como estas montañas. Cuanto más en forma está el virus, más alto es el pico que ha escalado. Un virus en la cima de un pico escarpado como el del centro de la imagen puede tener un problema si su entorno cambia, porque le resultará difícil desplazarse; primero tendrá que bajar su nivel de *fitness*. En cambio, un virus de uno de los picos al fondo puede desplazarse más fácilmente de un pico a otro sin perder demasiado *fitness*.

Evidentemente, si un virus muta y esa mutación lo hace capaz de replicarse más rápido o transmitirse mejor, tendrá un mejor *fitness*. Sin embargo, esto tiene sus límites. Si el virus causa una enfermedad grave al huésped que infecta, puede verse perjudicado en su *fitness* a largo plazo. Por ejemplo, si una persona contrae un virus de la gripe que se replica con rapidez, provocando un gran número de virus en el organismo, probablemente se sentirá muy mal y se quedará en casa, en la cama. Esto no es muy bueno para el virus, porque si el huésped no sale de casa, la propagación a otros huéspedes se verá impedida. Para el virus, es más efectivo causar una enfermedad más leve. Y aunque esto suponga que no puede replicarse a niveles tan altos, sí podrá evolucionar a un nivel intermedio en el que se replicará lo suficientemente bien como para hacer muchas copias de sí mismo, pero no tanto como para impedir que el huésped salga a la calle.

Muchos virus son más transmisibles al principio de la infección. Si esta fase se produce antes de que aparezcan los síntomas, esto constituye una ventaja, ya que el huésped se mezclará con muchos otros huéspedes susceptibles de contraer la infección. Es posible que los virus se vuelvan menos transmisibles en el transcurso de esta fase debido a la acumulación de mutaciones perjudiciales. En este caso, la población de virus no será lo suficientemente robusta como para soportar el cuello de botella que se produce durante la transmisión (*véase* página 145).

Si el virus es letal, tendrá un problema aún mayor: si mata a su huésped antes de tener la oportunidad de propagarse a muchos otros huéspedes, también morirá. Es probable que virus muy letales como el Ébola lleven mucho tiempo infectando esporádicamente a los humanos: pasa la mayor parte del tiempo en un reservorio animal, y solo en raras ocasiones salta a los humanos. Antes de que la gente viajara tanto como ahora, el virus se habría autolimitado. Podría haber infectado a toda una aldea y matado a mucha gente, pero luego se quedaría sin huéspedes y se extinguiría.

Evolución experimental

La rápida evolución de los virus hace que su proceso sea fácil de observar, lo que los convierte en sujetos ideales para estudiar cómo funciona la evolución. Muchos estudios se han centrado en virus bacterianos (también llamados bacteriófagos), y han demostrado un par de puntos importantes. En primer lugar, cuando se hacen evolucionar experimentalmente dos linajes de virus en el mismo entorno, acaban teniendo muchos de los mismos cambios. Esto demuestra el poder de la selección natural. Y, en segundo lugar, los virus pueden evolucionar para utilizar diferentes proteínas celulares como receptores para entrar en una célula. Esto tiene implicaciones importantes para su adaptación a nuevas especies.

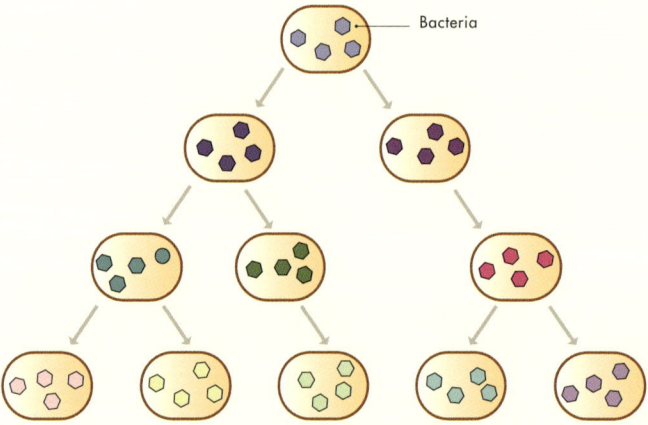

Evolución viral a través de generaciones de bacteriófagos.
Cada virus mutante se muestra con un color diferente

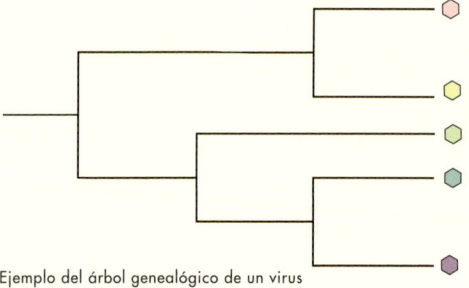

Ejemplo del árbol genealógico de un virus

Los estudios sobre la evolución en bacteriófagos también han sido muy importantes a la hora de desarrollar mejores herramientas para el análisis evolutivo que se conoce como filogenética. Este análisis compara las secuencias genéticas de entidades relacionadas y, mediante sofisticados algoritmos informáticos, calcula su parentesco.

Dicho análisis se puede utilizar para crear un árbol genealógico. Cuando hacemos un árbol genealógico de nuestros antepasados, sabemos cómo están emparentados entre sí y así tenemos una filogenia conocida. De forma similar, pero partiendo de un clon, los investigadores dejaron que los bacteriófagos evolucionaran con un parentesco conocido y luego determinaron sus secuencias genómicas. A continuación, las utilizaron para generar un árbol mediante diversos algoritmos informáticos, lo que les permitió encontrar un programa que recreara las relaciones conocidas.

Evolución experimental de un bacteriófago

Cuando los bacteriófagos evolucionan experimentalmente tras infectar bacterias con un clon y se propaga su progenie, tal como muestra el esquema (superior izquierda), sabemos qué aspecto tiene el árbol genealógico. Cuando comparamos virus para ver su parentesco, no conocemos esa historia y solo disponemos de las secuencias finales. Un árbol correcto (izquierda) recapitula el árbol genealógico real.

Los virus vegetales constituyen un excelente sistema para estudiar la evolución de los virus eucariotas. Los primeros experimentos se llevaron a cabo en plantas en la década de 1930, antes de que se comprendieran los genomas de ARN y las mutaciones. Los investigadores pasaron el virus del mosaico del tabaco y el virus del mosaico del pepino de una planta a otra y siguieron los cambios en los síntomas del virus, desde un patrón verde claro y oscuro hasta un patrón de mosaico amarillo. Las plantas huésped constituyen sistemas experimentales ideales porque son fáciles y baratas de cultivar. En algunos casos, los cambios en los síntomas pueden observarse en tan solo 10 días. Los estudios sobre virus vegetales también han demostrado que el tipo de huésped puede marcar una gran diferencia en la variación de una población de virus. Por ejemplo, una infección del virus del mosaico del pepino en pimientos tuvo altos niveles de variación, mientras que el mismo virus en calabazas tuvo niveles mucho más bajos. Esto implica que la adaptación del virus a nuevos huéspedes o entornos puede producirse con mayor facilidad en algunos individuos.

CAMBIOS EN LOS SÍNTOMAS EN LA EVOLUCIÓN EXPERIMENTAL

La cepa P6 del virus del mosaico del pepino fue una de las primeras cepas de un virus evolucionadas experimentalmente. La cepa original causaba un moteado verde claro y oscuro en las hojas del tabaco. El experimento consistía en inocular las plantas, esperar un par de semanas y, a continuación, tomar una muestra de tejido de las plantas infectadas para inocular otra planta. Después de hacer pases de la cepa original mediante esta maniobra, apareció otra de color amarillo brillante. La cepa causante de los síntomas en esta planta de tabaco desciende de P6 y muestra una coloración amarilla brillante. Sin embargo, los investigadores continuaron haciendo pases en invernaderos durante muchas décadas y, durante este proceso, el virus perdió su capacidad de ser transmitido por pulgones, que es su forma natural de propagación. Esto ocurrió porque no hubo selección para mantener la transmisión por pulgones.

RECOMBINACIÓN

La recombinación es otra característica de la evolución que se ha estudiado en los virus. Todos los genomas celulares pueden recombinarse. En las formas de vida sexual, los individuos reciben dos copias de cada cromosoma, una de cada progenitor. Estas pueden recombinarse durante la replicación del genoma y proporcionar una gran cantidad de variación en la descendencia. Esto sucede en los virus cuando múltiples genomas víricos se encuentran en una célula. Los estudios experimentales sobre la recombinación demuestran que es muy común en los virus y que puede dar lugar a la aparición de nuevas cepas. En los virus de ARN, gran parte de la recombinación se debe a la forma en que el ARNmc se pliega sobre sí mismo, y crea estructuras que ayudan a la polimerasa que copia el genoma a saltar a una cadena diferente.

Recombinación y reordenamiento

La recombinación de virus se produce cuando dos cepas de virus, representadas aquí como Virus A y Virus B, infectan la misma célula. Durante el proceso de replicación, la polimerasa puede saltar de un genoma al otro, dando lugar a virus recombinantes, representados como Virus BA y Virus AB.

Cuando los virus tienen múltiples segmentos en su genoma, estos también pueden mezclarse, un proceso denominado reordenamiento, que, por ejemplo, desempeña un papel fundamental en la evolución del virus de la gripe (*véase* «Los patógenos», página 248).

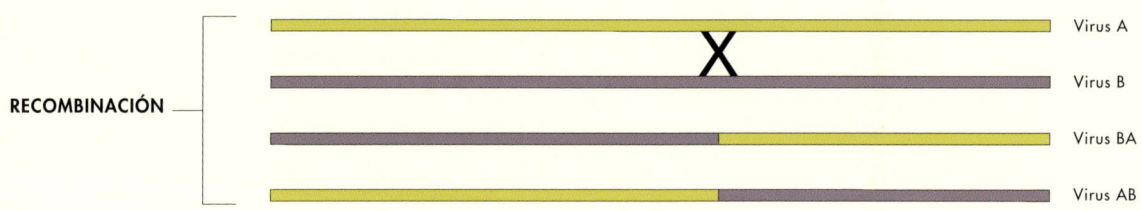

RECOMBINACIÓN

Virus A
Virus B
Virus BA
Virus AB

REPRESENTACIÓN DE GENES DISTINTOS

REORDENAMIENTO

CUELLOS DE BOTELLA

Los cuellos de botella se producen cuando una población pierde gran parte de su variación genética, normalmente debido a una crisis demográfica. Los estudios más famosos sobre cuellos de botella poblacionales se realizaron en guepardos (*Acinonyx jubatus*). Estos félidos salvajes africanos sufrieron un cuello de botella poblacional muy grave hace miles de años, lo que dio lugar a una diversidad genética muy escasa. Esta situación ha empeorado mucho para los guepardos en la actualidad, debido a la interferencia humana en sus hábitats y a su baja capacidad para tener descendencia, y ahora se considera que están al borde de la extinción.

Las poblaciones de virus también pasan por cuellos de botella, que probablemente se producen durante la mayoría de los eventos de transmisión cuando el virus se desplaza de su célula originalmente infectada al resto del huésped. Dado que los virus evolucionan con tanta rapidez, los efectos de los cuellos de botella pueden quedar enmascarados, ya que generan un alto nivel de variación tras un único ciclo de infección, incluso cuando se parte de un clon. Los cuellos de botella reducen la diversidad genética de una población de virus y es posible que tengan lugar durante la mayoría de los episodios de transmisión.

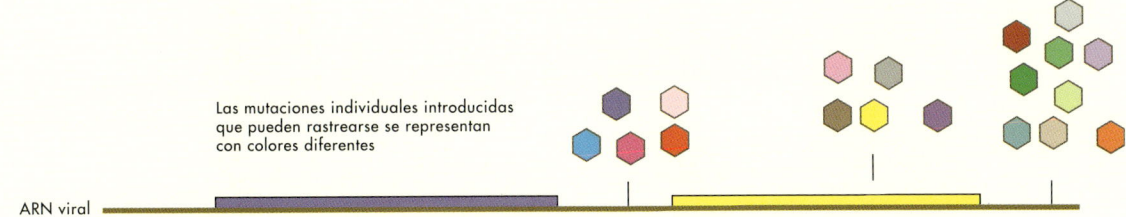

Las mutaciones individuales introducidas que pueden rastrearse se representan con colores diferentes

ARN viral

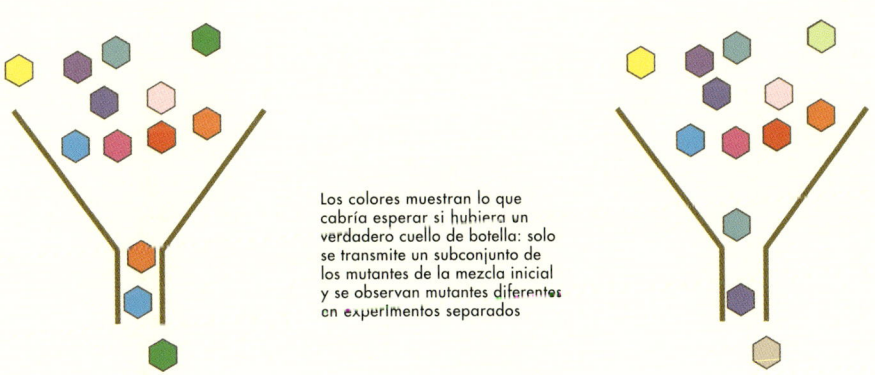

Los colores muestran lo que cabría esperar si hubiera un verdadero cuello de botella: solo se transmite un subconjunto de los mutantes de la mezcla inicial y se observan mutantes diferentes en experimentos separados

Cuellos de botella durante la transmisión o la infección sistémica

Representación de un estudio experimental sobre los cuellos de botella en las infecciones víricas. Se mezclaron todos los mutantes y se utilizaron para infectar a un huésped; a continuación, se controló el virus resultante que se había replicado y desplazado por el huésped. Al repetir el experimento se esperaría ver un número similar de mutantes cada vez, pero no serían los mismos mutantes, porque un cuello de botella es completamente aleatorio. De hecho, esto se observó cuando se realizó este experimento en plantas utilizando el virus del mosaico del pepino. Los cuellos de botella se produjeron durante la infección sistémica del virus y durante el desplazamiento del virus de una planta a otra con el pulgón, vector del virus.

Interacciones entre el virus y el hospedador a lo largo de la evolución

Los virus han desempeñado un papel fundamental en la evolución de sus hospedadores: alrededor del 30 por ciento de las adaptaciones de proteínas que nos hacen humanos han sido moldeadas por los virus que infectaron a nuestros antepasados. Algunas proteínas que intervienen en las interacciones con los virus provienen de porciones neandertales del genoma humano.

Los virus pueden influir en la evolución de sus huéspedes facilitando el movimiento de genes entre especies. Esto puede suceder cuando el virus se integra en el genoma del huésped de forma que, al abandonarlo, se lleva consigo un gen del huésped para introducirlo en otro durante la siguiente infección. Este proceso se denomina transferencia genética horizontal. Cuando se comparan los genomas de varias especies, hay muchas pruebas de que este proceso ha sido muy importante en la evolución del hospedador. También ha sido frecuente el intercambio de genes de virus a bacterias y de bacterias a virus.

← Las plantas agrícolas suelen cultivarse en monocultivo, por lo que son más susceptibles a las epidemias de virus. Aquí se observa una extensión de soja en el Medio Oeste de Estados Unidos junto a un resto de pradera silvestre donde la diversidad vegetal es muy alta.

A su vez, los hospedadores también afectan a la evolución de los virus de muchas maneras. En un entorno natural con una gran diversidad de especies hospedadoras, los virus deben aumentar su *fitness*. En las plantas, por ejemplo, algunos virus tienen una variedad muy amplia de huéspedes: más de 1000 especies en algunos casos. Para estos virus, tener una gran variación es una ventaja: por ejemplo, si el virus es transmitido por pulgones, la siguiente planta en la que se posa el pulgón puede no ser de la misma especie que aquella de la que adquirió el virus. En los monocultivos, esto no es importante, ya que es mucho más probable que la siguiente planta sea muy parecida a aquella de la que proviene el virus. Los monocultivos tanto de plantas como de animales, que son habituales en la agricultura o en entornos urbanos, pueden permitir que un virus evolucione rápidamente para adaptarse muy bien a una única especie hospedadora. Esta puede ser la razón por la que las epidemias de virus son bastante raras en la naturaleza salvaje, pero son mucho más comunes en la agricultura y en las poblaciones humanas.

Variantes y variantes de escape

La evolución de las variantes en poblaciones de virus es lo que da lugar a nuevas cepas que pueden tener una interacción distinta con el huésped, o ser capaces de infectar huéspedes de otras especies. Es probable que un virus que genere muchas variantes pueda infectar a otro huésped de una especie distinta, lo que suele denominarse salto de especie.

Después de que un virus cambia de especie, se puede detectar una gran cantidad de variaciones a medida que se adapta a su nuevo entorno. Esta adaptabilidad es muy diferente para los distintos virus y varía de un huésped a otro. Un efecto crítico de esta generación de variantes es que el virus puede evolucionar rápidamente para escapar de la respuesta inmunitaria del huésped, ya sea debido a una infección o a una vacunación. Esto se analiza con más detalle en el capítulo sobre patógenos (*véase* página 248).

La población de un virus puede considerarse a muchos niveles diferentes. Todas las cepas del virus existentes en el mundo constituyen su población global. Un subconjunto de estas cepas se encuentra en diferentes comunidades de todo el planeta. La infección de un huésped individual se producirá a través de la transmisión de una variante o unas pocas variantes dentro de la comunidad, lo que constituirá una nueva población dentro de ese huésped. En un huésped puede haber poblaciones separadas en diferentes partes del cuerpo o en diferentes órganos; dentro de estos órganos puede haber distintas zonas donde se ha iniciado la infección y donde se generarán de nuevo variantes. Incluso las células individuales infectadas pueden tener poblaciones separadas, o poblaciones en diferentes compartimentos de la célula. En los virus de plantas, se pueden encontrar distintas poblaciones del mismo virus en diferentes ramas de una planta.

← Ciclo de transmisión de un virus como el del síndrome respiratorio de Oriente Medio. Los portadores del virus son los murciélagos frugívoros, cuyos excrementos son ingeridos por los camellos en los abrevaderos. Luego se transmite el virus a los cuidadores humanos de los camellos.

Población vírica

Hay poblaciones de virus a muchos niveles. La población global incluye todas las cepas del mundo. La población de huéspedes individuales incluye todas las variantes del virus en un único huésped. Es posible que distintas poblaciones convivan en diferentes partes del cuerpo, así como puede haber distintos focos de infección dentro de un mismo órgano. Además, hay poblaciones separadas dentro de las células individuales e incluso poblaciones separadas dentro de los diferentes compartimentos de una célula.

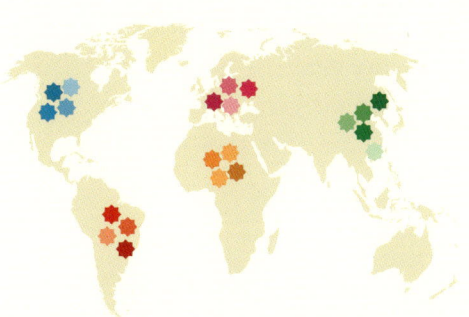

POBLACIONES DE HUÉSPEDES

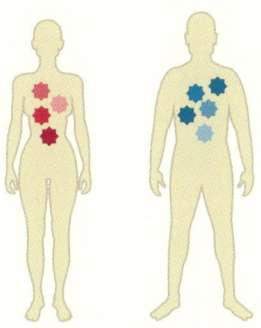

HUÉSPEDES INDIVIDUALES

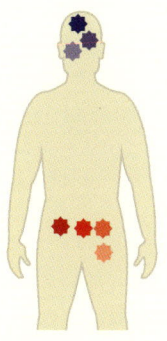

PARTES DEL CUERPO

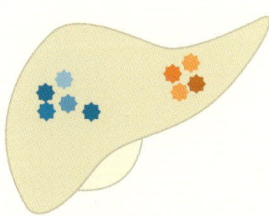

FOCOS DE INFECCIÓN

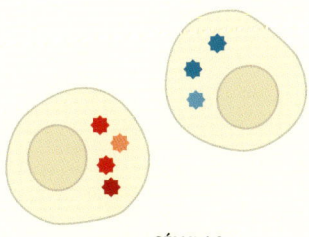

CÉLULAS

CENTROS DE REPLICACIÓN

Poblaciones de virus en diferentes ramas de un árbol

En un experimento con el virus de la Sharka, un virus vegetal que infecta a los árboles frutales, los investigadores lo inocularon en árboles muy jóvenes e hicieron un seguimiento de las poblaciones víricas durante varios años. Al cabo de 13 años, se habían desarrollado diferentes poblaciones en las distintas ramas de los árboles.

Las poblaciones víricas altamente variantes, especialmente en los virus de ARN, se han estudiado durante décadas. Los primeros estudios experimentales en este ámbito se realizaron con bacteriófagos. Un efecto interesante de los altos niveles de variación es que la selección puede actuar sobre la población viral en su conjunto, en lugar de actuar sobre el individuo. Por ejemplo, puede haber variantes en la población viral que tengan mutaciones que producen proteínas defectuosas, mientras que otras variantes producen proteínas que funcionan mejor que la original. Todos los miembros de una misma población pueden utilizar mejor la proteína, aunque su genoma no la codifique. Esto se denomina complementación; diferentes genomas de una misma población pueden complementarse y proporcionar funciones ampliadas. Estas variantes son una ventaja para el virus cuando infecta a un huésped, pero pueden ser un problema cuando se transmite el virus. Esto se debe a que gran parte de la variación se perderá por el cuello de botella de la transmisión y puede que el mejor genoma (el más apto) no esté entre los pocos que se transmitan.

EVOLUCIÓN EN PROFUNDIDAD

¿De dónde vienen los virus? La comparación de genomas de entidades relacionadas proporciona mucha información sobre los orígenes de la vida. Hay unos pocos genes que toda vida celular tiene en común. Estos genes se han utilizado para determinar árboles completos de la vida (*véase* página 31).

La edad de las distintas formas de vida celular se establece a través de fósiles que pueden datarse con un buen grado de precisión. Los virus con los que están relacionados también pueden compararse, como ya se ha dicho, pero no hay genes que todos los virus tengan en común y, debido a su pequeño tamaño, no se han encontrado fósiles de virus. Esto hace imposible datar aquellos más antiguos con la tecnología actual. Sin embargo, aunque no haya fósiles de virus propiamente dichos, muchos genomas víricos se han incorporado al ADN de las células huésped. Una vez incorporados, estos virus han evolucionado al ritmo de su huésped, que suele ser mucho más lento. La mayoría de los estudios sobre estos «fósiles» víricos se han centrado en los retrovirus (*véase* página 48).

Los científicos han desarrollado tres grandes hipótesis sobre el origen de los virus:

1   Los virus evolucionaron antes de la vida celular.
2   Los virus fueron en su día células que perdieron gran parte de su genoma porque vivían dentro de otras células y no necesitaban todos sus genes originales.
3   Los virus evolucionaron desde pequeñas partículas de ADN o ARN que escaparon de las células.

Hay algunas pruebas que apoyan cada una de estas hipótesis, pero nada que sea convincente. La más probable podría ser que las tres teorías fueran ciertas. Por ejemplo, si los genes básicos para la replicación aparecieron antes que la vida celular, los virus pueden haber adquirido otros genes de las células a lo largo de los 3000 a 4000 millones de años transcurridos desde la aparición de la primera vida celular. Algunos virus, como los gigantes, parecen más propensos a haber evolucionado a partir de células, mientras que algunos de los virus ARN más simples pueden haberse originado antes de la vida celular.

El estudio de la evolución de los virus se ha disparado en los últimos años, lo que ha llevado al lanzamiento, en 2015, de una revista dedicada a este tema. La importancia de comprender la evolución de los virus se ha hecho muy necesaria desde el inicio de la pandemia de SARS-CoV-2, a finales de 2019. Con una mejor comprensión de cómo evolucionan los virus, los científicos esperan poder predecir las pandemias antes de que se produzcan y eludir las peores, aunque, a día de hoy, esto no sea todavía factible.

↓   Existen varias ideas sobre los orígenes de los virus: es posible que hayan evolucionado antes que las células y que hayan dado lugar a la vida celular; pueden haber evolucionado poco después de su aparición, pero antes que el Último Ancestro Común Universal (LUCA, por sus siglas en inglés), que fueron las células que dieron lugar a toda la vida en la Tierra; o pueden haberse originado en los distintos linajes celulares, *Eukarya*, *Bacteria* y *Archaea*.

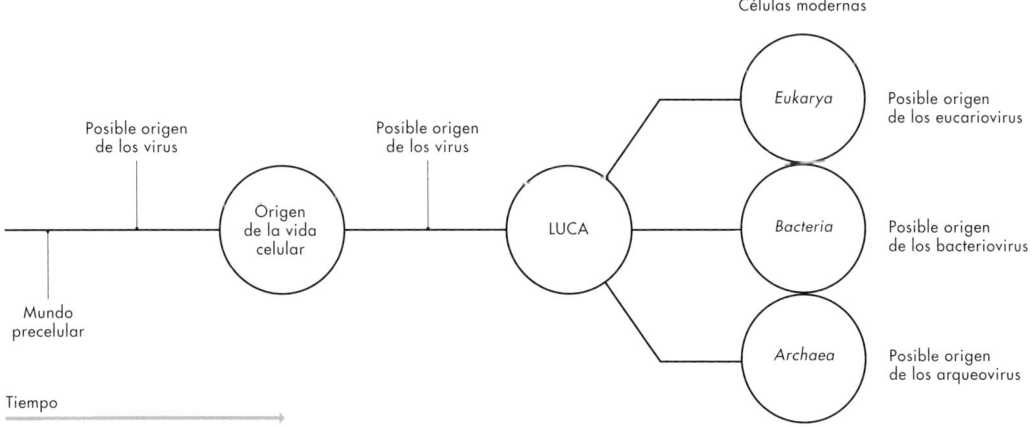

VEV

Virus de la estomatitis vesicular

Virus clásico de la virología experimental

GRUPO	V
FAMILIA	Rhabdoviridae
GÉNERO	Vesiculovirus
GENOMA	ARN lineal, monocatenario, no segmentado, de aproximadamente 11 000 nucleótidos que codifican cinco proteínas
PARTÍCULA VÍRICA	Forma de bala con envoltura y alargada, de unos 75 nm por 180 nm
HUÉSPEDES	Moscas de la arena, moscas negras, ganado vacuno, caballos, cerdos
ENFERMEDADES ASOCIADAS	Lesiones en las mucosas
TRANSMISIÓN	Insecto vector
VACUNA	Ninguna

El virus de la estomatitis vesicular (VEV) ha tenido un papel muy importante a la hora de comprender la evolución de los virus de ARN(−). Una característica interesante de estos virus es que llevan su ARN polimerasa dependiente de ARN (RdRP, por sus siglas en inglés) en la partícula vírica. Esto permitió a los científicos estudiar la enzima en el laboratorio en partículas virales aisladas, algo mucho más sencillo que intentar separar la enzima de todo el medio celular.

→ Imagen coloreada obtenida con un microscopio electrónico de transmisión de una partícula de VEV, que muestra la típica forma de bala.

Uno de los primeros estudios con VEV demostró que la enzima vírica no es capaz de eliminar el último nucleótido que se ha añadido a una cadena en proceso de elongación. Esto es importante porque este paso es crucial para el proceso de corrección de errores. Si la polimerasa inserta un nucleótido equivocado, una enzima «correctora» lo elimina y lo sustituye por el correcto. Sin embargo, la enzima de las partículas de VEV no es capaz de realizar este paso, por lo que no puede corregir los errores. Esta característica es una de las principales razones por las que los virus de ARN presentan niveles tan altos de variación.

Con el VEV se llevaron a cabo muchos otros estudios sobre la evolución de los virus ARN, entre ellos la demostración de que la adición de mutágenos químicos no modifica la variación del genoma del virus. Esto significa que el virus vive al límite de la evolución y no puede sobrevivir a frecuencias de mutación superiores a las que genera durante su replicación. Los efectos biológicos de una población altamente variable son que toda la población actúa de forma concertada, circunstancia que también se ha demostrado con el VEV.

Dado que el virus se replica normalmente en insectos como las moscas de arena, así como en el ganado, se ha estudiado cómo su desplazamiento entre estos huéspedes tan diferentes ha afectado a su evolución. Esta capacidad de un virus para infectar a huéspedes muy diferentes requiere mucha plasticidad en cuanto a su adaptabilidad. Varios virus ARN utilizan este estilo de vida de replicación tanto en un hospedador primario como en un insecto vector. La mayoría de los virus ADN no lo hacen, aunque los geminivirus de las plantas sí, ya que, al igual que los virus ARN, presentan niveles de variación extremadamente altos, lo que puede ser un requisito para este tipo de adaptabilidad.

En los últimos años, el VEV se ha convertido en un sistema de administración de vacunas. Si se inserta la secuencia codificante para las proteínas de los virus contra los que queremos vacunar en el genoma de una cepa atenuada del VEV que puede replicar en humanos sin causar ninguna enfermedad, este virus modificado genéticamente podrá actuar como un vector vacunal. Este enfoque se utiliza en la producción de la actual vacuna contra el Ébola.

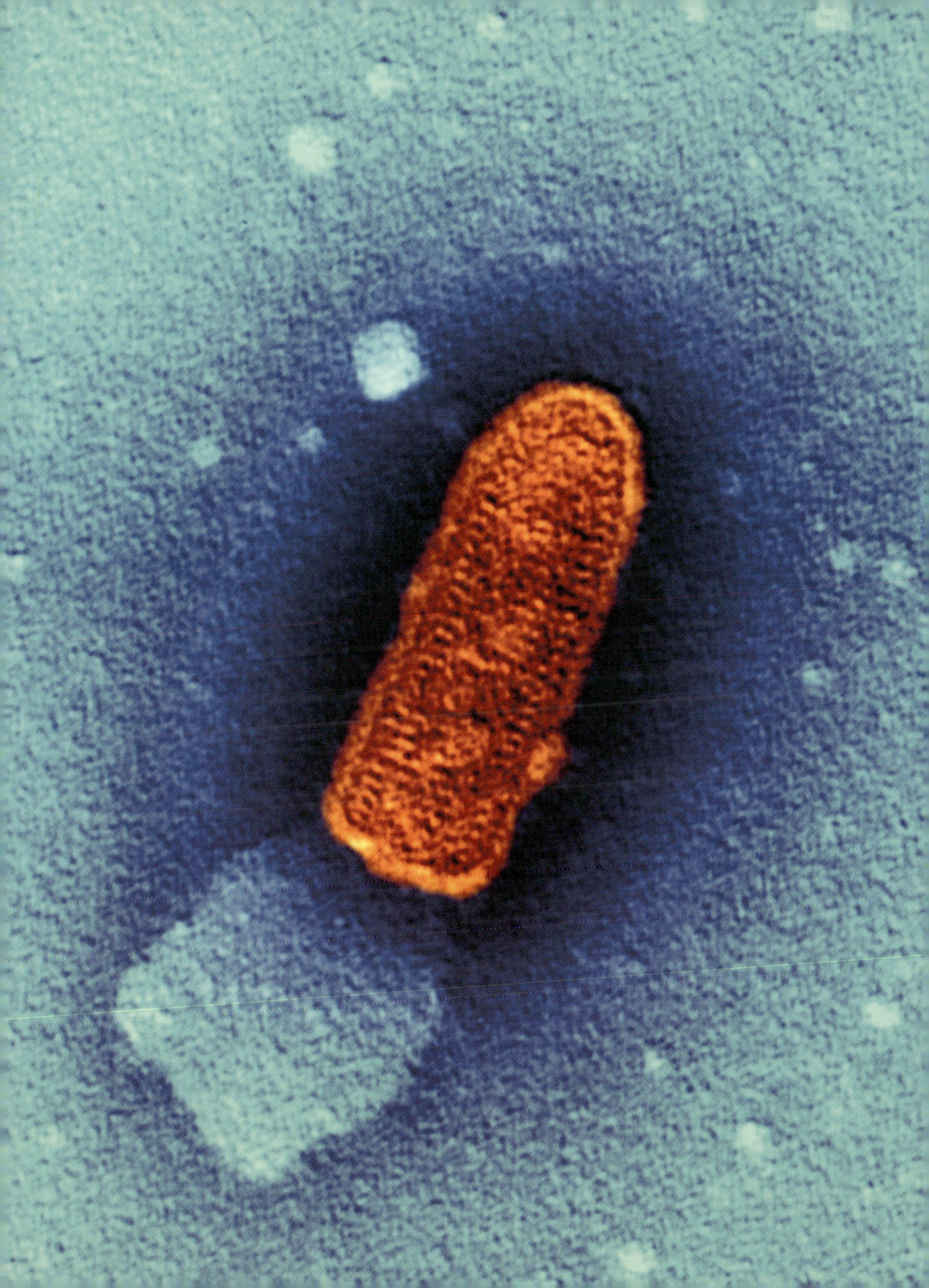

VHS-1

Herpesvirus humano 1 alfa

Virus humano mundial que permanece de por vida

GRUPO	I
FAMILIA	Herpesviridae
GÉNERO	Simplexvirus
GENOMA	ADN lineal, bicatenario, no segmentado, de aproximadamente 152 000 nucleótidos (152 kb) que codifican 75 proteínas
PARTÍCULA VÍRICA	Forma esférica, con envoltura y un núcleo icosaédrico
HUÉSPEDES	Humanos
ENFERMEDADES ASOCIADAS	Herpes labial, úlceras genitales, meningitis, encefalitis
TRANSMISIÓN	Contacto directo con el líquido de las lesiones
VACUNA	No disponible

El herpesvirus humano 1 alfa, también conocido como virus del herpes simple-1 (VHS-1), es una infección muy común en los seres humanos, que suele adquirirse a una edad temprana. La tasa de infección es de aproximadamente el 60 por ciento, medida por el número de individuos con anticuerpos contra el virus.

El VHS-1 vive en los ganglios neuronales y suele permanecer latente durante largos periodos de tiempo. Cuando se activa, viaja por los nervios para causar lesiones alrededor de las uniones de las membranas mucosas y la piel normal. La más común es el herpes labial, pero el virus también puede causar lesiones genitales. Hubo una época en la que se pensó que todas las lesiones genitales eran causadas por el herpesvirus humano alfa 2, pero ahora se sabe que ambos virus las pueden causar en cualquier lugar y que la aparición del VHS-1 en lesiones genitales es cada vez más frecuente. El virus también puede infectar el ojo, provocando ceguera y, muy raramente, causar infecciones cerebrales graves que pueden ser letales.

El VHS-1 se replica utilizando una ADN polimerasa dependiente de ADN codificada por el virus, una enzima que tiene un alto nivel de precisión en la copia del ADN. Durante mucho tiempo, se asumió que estos grandes virus de ADN no tendrían niveles muy altos de variación, pero en los últimos años se ha demostrado que el virus aislado de individuos de todo el mundo es muy diverso. Hay variaciones tanto entre los huéspedes como dentro de la población vírica de un mismo huésped. Varios aspectos interesantes del genoma del VHS-1 contribuyen a esta variación tan superior a la esperada, incluida la estructura del ADN, que puede promover más errores en el proceso de replicación. También parece posible que una parte de las variaciones dentro de los huéspedes individuales se deba a la infección con múltiples cepas del virus.

Durante la replicación, el virus también se somete a amplios procesos de recombinación, lo que permite un nivel adicional de variación. Esto es especialmente significativo cuando más de una cepa infecta a un individuo, de modo que se produce una mezcla de genes. La creciente capacidad de análisis de secuencias de nucleótidos proporciona a los virólogos herramientas para estudiar en profundidad las poblaciones virales de los individuos, pero las investigaciones todavía no se han llevado a cabo para la mayoría de los grandes virus de ADN. Estos estudios ayudarán a comprender por qué el virus se ha mantenido tan estable en su capacidad de infectar a los humanos a pesar de estas grandes variaciones. Al compararlo con virus afines de chimpancés (*Pan troglodytes*), parece probable que el VHS-1 haya infectado a los seres humanos desde que nos separamos de otros primates.

→ Modelo de la partícula VHS-1 obtenido mediante datos de criomicroscopía electrónica.

Morbilivirus

El mismo virus evoluciona para causar
infección en distintos huéspedes

GRUPO	V
FAMILIA	Paramyxoviridae
GÉNERO	Morbillivirus
GENOMA	ARN lineal, monocatenario, no segmentado, de aproximadamente 16 000 nucleótidos que codifican ocho proteínas
PARTÍCULA VÍRICA	Forma esférica, con envoltura de entre 100 y 300 nm
HUÉSPEDES	Bovinos, humanos, perros y otros carnívoros, respectivamente
ENFERMEDADES ASOCIADAS	Peste bovina, sarampión o rubéola, moquillo
TRANSMISIÓN	A través del aire
VACUNA	Con virus atenuado

Los morbilivirus son algunos de los virus más contagiosos que se conocen. La peste bovina ha sido erradicada mediante la vacunación. El sarampión y el moquillo canino se controlan en gran medida a través de la vacunación, pero el morbilivirus canino ha aparecido en la fauna salvaje en los últimos años, lo que supone una amenaza para las especies carnívoras salvajes.

La peste bovina se identificó hace cientos de años, y fue una de las enfermedades conocidas más letales del ganado vacuno. Probablemente se originó en África y se trasladó a Europa con el desplazamiento del ganado. A finales del siglo XIX, entre el 80 y el 90 por ciento de todo el ganado de África murió a causa de una enorme epidemia de peste bovina, lo que impulsó una gran investigación sobre la enfermedad. En el siglo XVIII se empezaron a realizar inoculaciones para prevenir enfermedades graves, y en 1918 se introdujo una vacuna elaborada a partir de tejido infectado tratado térmicamente. Años más tarde, en 1957, se introdujo una vacuna basada en un virus atenuado, y hoy en día la enfermedad se considera erradicada gracias a la vacunación. Es tan solo el segundo virus erradicado después de la viruela.

No se conoce con certeza el origen del virus del sarampión, pero las primeras epidemias se registraron en los siglos XI y XII. Cuando se comparan sus genomas, queda claro que el sarampión evolucionó a partir de la peste bovina durante esa época. Se especula que las estrechas relaciones entre seres humanos y ganado permitieron que el virus de la peste bovina saltara a los humanos. El sarampión comienza con tos, fiebre y secreción nasal, seguidos de una erupción en el cuerpo. Aunque no suele ser una enfermedad grave, puede tener muchas complicaciones que produzcan efectos secundarios a largo plazo o incluso la muerte, aunque se previene fácilmente mediante la vacunación.

A principios del siglo XVI en Hispanoamérica, tras la colonización europea, las epidemias de sarampión resultaron devastadoras para los indígenas, que no habían estado expuestos al virus y, por lo tanto, no tenían inmunidad. La tasa de letalidad rondaba el 25 por ciento de los individuos infectados. El moquillo canino se describió por primera vez en Sudamérica a mediados del siglo XVI. Se cree que el virus del sarampión pasó de los humanos a los perros para convertirse en el moquillo canino, a raíz de la práctica de alimentar a los perros con cadáveres —muchos de los cuales tenían sarampión—. La enfermedad no se describió en Europa hasta unos 20 años después, lo que apoya la idea de que el virus surgió en Sudamérica. El moquillo canino provoca vómitos, diarrea y, a veces, convulsiones y la muerte.

→ Recreación gráfica del virus del sarampión basada en datos de micrografías electrónicas, cristalografía y criomicroscopía electrónica.

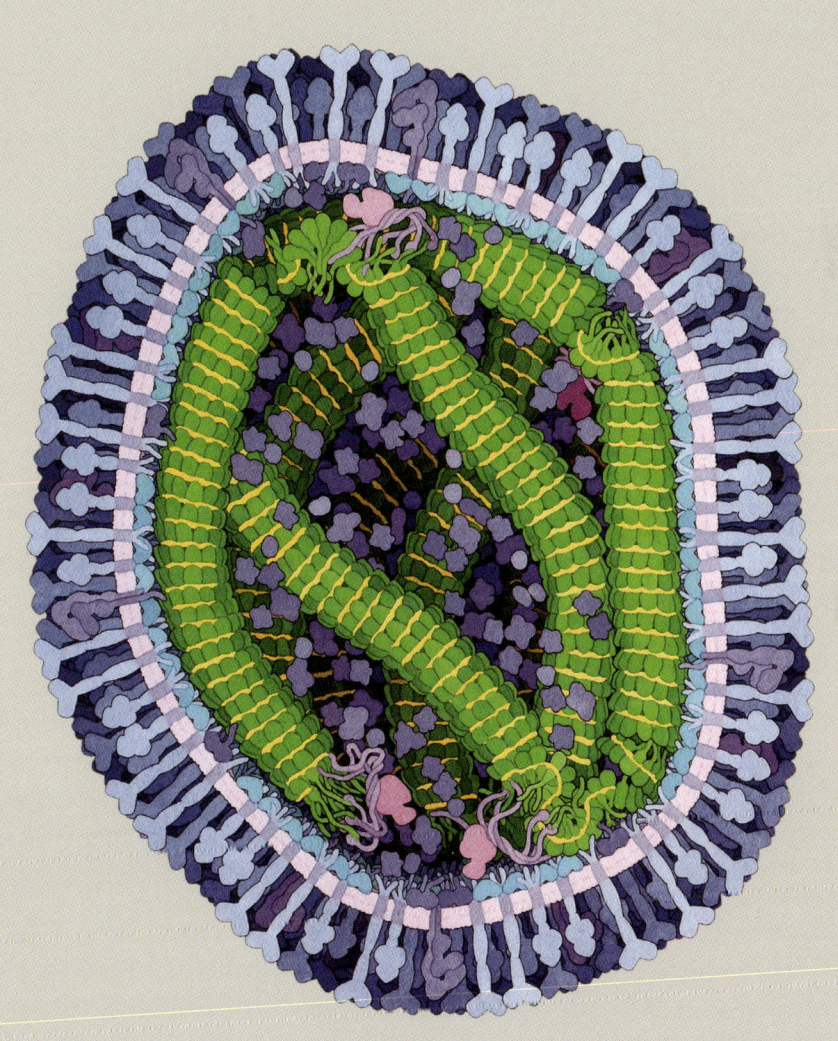

Bacteriófago Qß

Primer modelo de evolución de los virus

GRUPO	IV
FAMILIA	Fiersviridae
GÉNERO	Qubevirus
GENOMA	ARN lineal, monocatenario, no segmentado, de aproximadamente 4200 nucleótidos que codifican cuatro proteínas
PARTÍCULA VÍRICA	No envuelta, icosaédrica, de aproximadamente 26 nm
HUÉSPEDES	*Escherichia coli* y bacterias afines
ENFERMEDADES ASOCIADAS	Lisis celular y muerte
TRANSMISIÓN	Dispersión

El Qubevirus durum, también conocido como bacteriófago Qß, fue el primer virus utilizado para realizar estudios exhaustivos sobre la evolución de los virus ARN. El trabajo con este virus coincidió con un marco teórico para describir las poblaciones de virus ARN, conocidas como cuasiespecies. El término se acuñó a partir de la física y no de la biología, y no guarda relación con la idea biológica de especie.

La idea básica que subyace a las cuasiespecies es que los virus ARN pueden generar una enorme cantidad de variaciones en un único ciclo de infección, pero esta población actúa como un individuo en términos de selección. Esto se debe a que todas las variantes pueden actuar juntas, con otras distintas que proporcionan diferentes funciones. Los eucariotas suelen tener dos copias de cada gen (una de cada progenitor), denominadas alelos. Cuando se produce una mutación negativa en un alelo, el otro puede compensarla. Esto se observa en la mutación que confiere la fibrosis quística, en la que deben estar presentes dos copias de este alelo «malo» para que se desarrolle la enfermedad. En una población de virus ocurre algo parecido: cada variante representa un alelo, pero con las grandes poblaciones variables puede haber cientos o miles de alelos.

El Qß infecta a bacterias que tienen F-pili, unos apéndices similares a pelos que permiten que diferentes células bacterianas de la misma especie se adhieran entre sí y compartan ADN, o se apareen. El virus se adhiere al lado del F-pilus para entrar en el huésped bacteriano. Una vez dentro, se replica hasta que la célula bacteriana se llena de virus progenie y estalla.

El Qß también se utilizó en los primeros estudios de la enzima que copia el ARN a partir de un molde de ARN, denominada ARN polimerasa dependiente de ARN (RdRP, por sus siglas en inglés). Esta enzima se compone de cuatro proteínas, pero solo una pertenece al virus; las otras tres proceden de la bacteria huésped. Este es el caso de la mayoría de estas enzimas, que los virus utilizan para replicar su genoma. En un tiempo se pensó que solo los virus utilizaban la enzima, pero más tarde se encontró una enzima con una función similar en las plantas, y ahora se sabe que está muy extendida. Sin embargo, cuando se comparan las secuencias de nucleótidos de las enzimas víricas y las del huésped, parece que no están relacionadas entre sí, sino que evolucionaron desde orígenes distintos para tener la misma función, un proceso denominado evolución convergente.

.

→ Modelo de la estructura del Qubevirus durum generado por ordenador a partir de cristalografía y criomicroscopía electrónica.

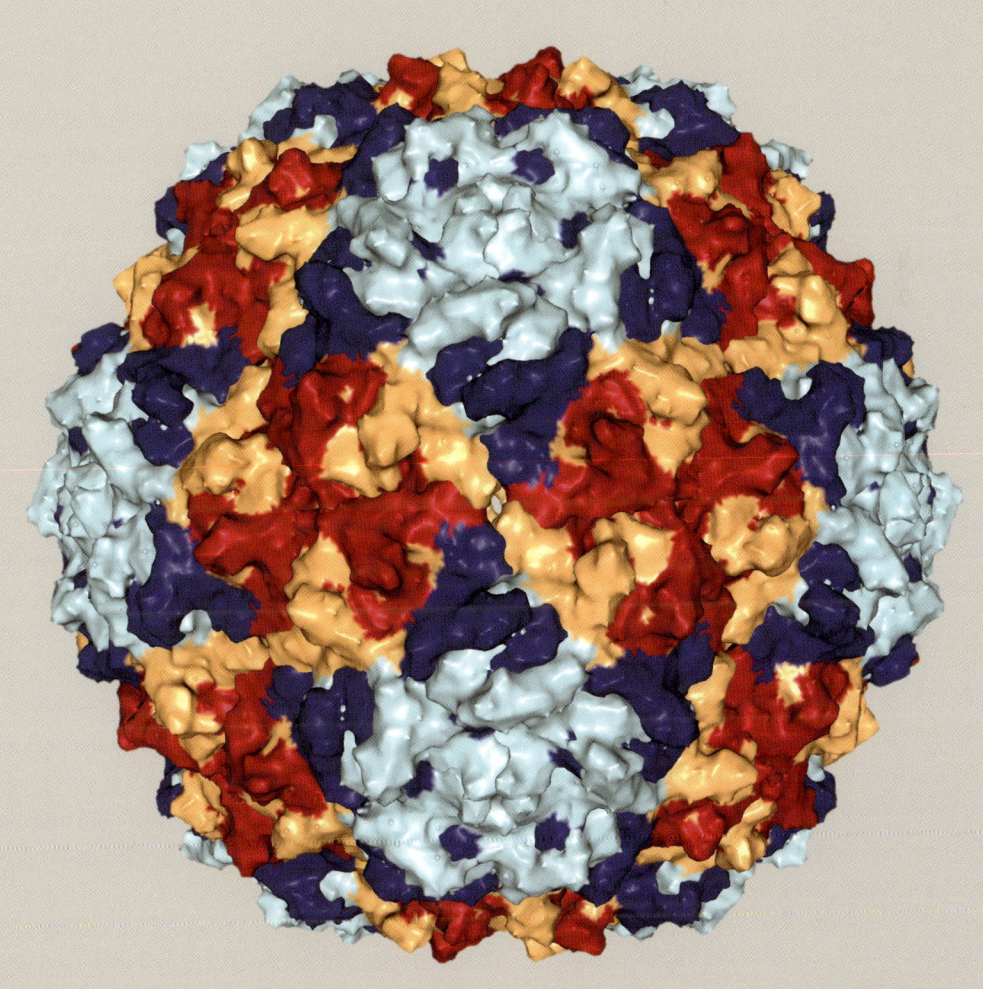

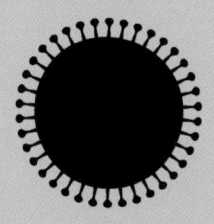

LA BATALLA
ENTRE VIRUS
Y HUÉSPEDES

Inmunidad

A menudo se concibe a los virus como agentes malignos de enfermedades. Aunque hay muchos que causan enfermedades en bacterias, protistas, hongos, plantas y animales (incluidos los seres humanos), la mayoría no lo hacen. Simplemente estamos más familiarizados con los que sí lo hacen porque se han estudiado mucho más a fondo. Este capítulo se centra en las distintas estrategias que utilizan los huéspedes para combatir y luchar contra los virus.

Existen dos grandes niveles de inmunidad: innata y adaptativa. Durante mucho tiempo se han considerado independientes, pero ahora está claro que ambos sistemas interactúan en cierta medida a través de las numerosas moléculas de señalización que provocan. La inmunidad innata es esencial para iniciar la inmunidad adaptativa, y la inmunidad adaptativa se basa en la inmunidad innata para deshacerse de los patógenos.

RESPUESTAS INMUNITARIAS EN DIFERENTES FORMAS DE VIDA CELULAR

	Animales vertebrados	Animales invertebrados	Plantas	Hongos	Protistas	Bacterias y arqueas
INMUNIDAD ADAPTATIVA	Anticuerpos	Silenciamiento por ARN	Silenciamiento por ARN	Silenciamiento por ARN	Silenciamiento por ARN	CRISPR
MEMORIA INMUNOLÓGICA	Sí	Sí	No	No	No	Sí
INMUNIDAD INNATA	Barreras físicas, glóbulos blancos, moléculas para defensa, destrucción celular	Barreras físicas, glóbulos blancos, moléculas de defensa	Barreras físicas, movimiento restringido, moléculas de defensa, muerte celular	Barreras físicas, movimiento restringido	Barreras físicas	Barreras físicas, enzimas de restricción

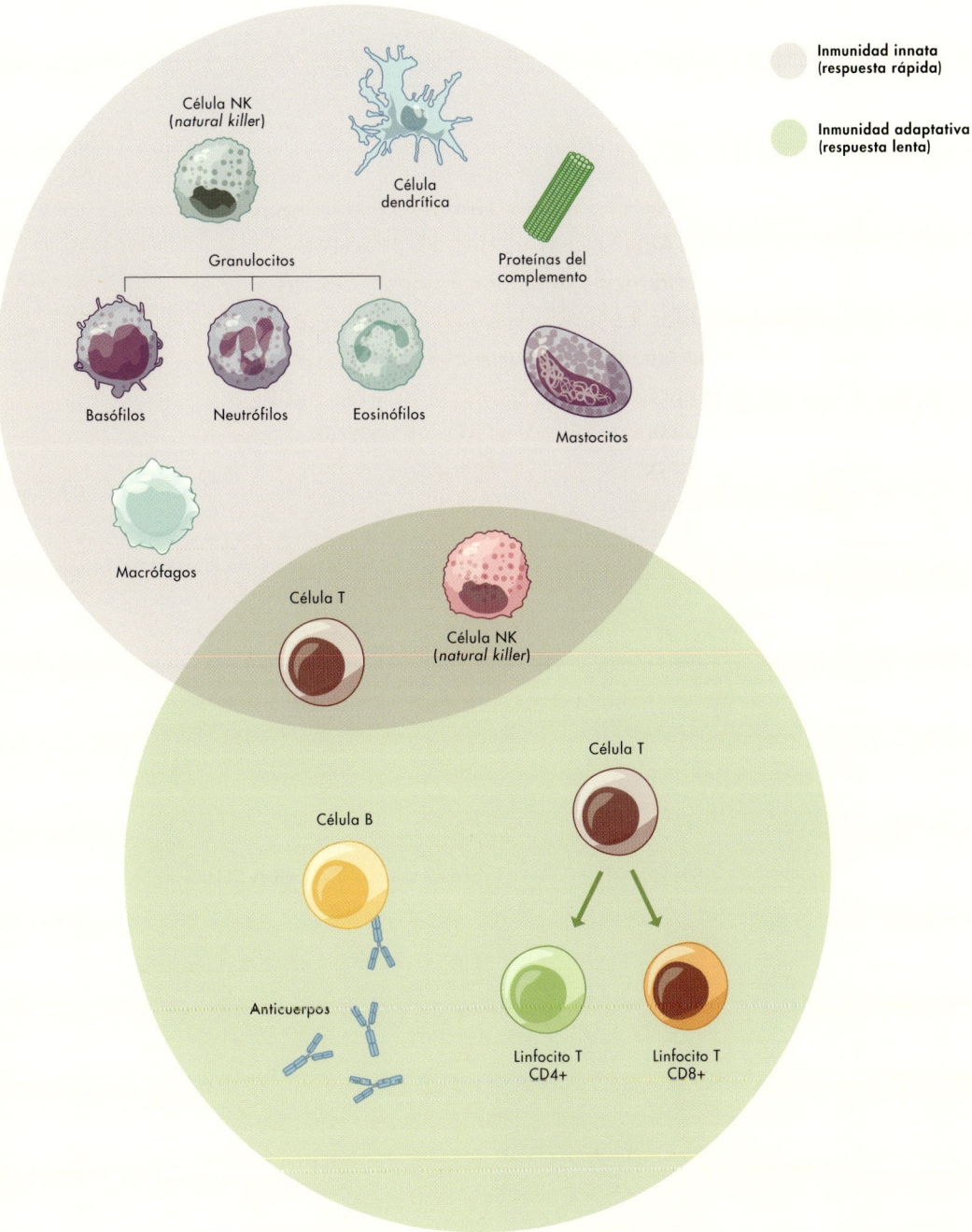

Inmunidad innata
(respuesta rápida)

Inmunidad adaptativa
(respuesta lenta)

Célula NK
(*natural killer*)

Célula
dendrítica

Proteínas del
complemento

Granulocitos

Basófilos

Neutrófilos

Eosinófilos

Mastocitos

Macrófagos

Célula T

Célula NK
(*natural killer*)

Célula T

Célula B

Anticuerpos

Linfocito T
CD4+

Linfocito T
CD8+

Células implicadas en el sistema inmunitario humano

El sistema inmunitario de los animales vertebrados tiene dos respuestas principales
a la infección vírica. La inmunidad innata se produce rápidamente con la intervención
de muchos tipos diferentes de células sanguíneas y linfáticas. La respuesta inmunitaria
adaptativa es más lenta e implica a los linfocitos B y T. Las células B producen anticuerpos
específicos a partes del virus, y estas células pueden durar mucho tiempo gracias a la
memoria. Las células T pueden eliminar directamente las células infectadas por el virus.

Toda vida celular dispone de un sistema inmunitario para combatir los agentes patógenos. Ser inmune a un virus significa que probablemente el individuo no se infectará o, si lo hace, no se pondrá muy enfermo. La inmunidad tiene distintos grados y la terminología puede resultar confusa, por lo que es necesario definir algunos términos básicos desde el principio. Estos pueden definirse de forma diferente en distintos lugares, por lo que las explicaciones que aparecen a continuación no son absolutas, sino la forma en que se utilizan en este libro. Las definiciones se aplican a todas las formas de vida, desde bacterias hasta plantas, hongos y seres humanos.

Tolerancia

Tolerancia significa que puede producirse una infección, pero que la enfermedad será muy leve o inexistente. Un individuo tolerante puede seguir propagando la enfermedad si se infecta, y como no presenta síntomas, no darse cuenta de que está infectado. El ejemplo de tolerancia humana más famoso fue el de Mary Mallon (1869-1938), una mujer infectada por una bacteria que causa la fiebre tifoidea, que no presentaba síntomas. Tras emigrar de Irlanda a Estados Unidos, trabajó como cocinera, donde expuso muchas personas al tifus, algunas de las cuales murieron. Se la conocía como María Tifoidea. La tolerancia es común en las infecciones víricas.

Resistencia

Resistencia significa que no se produce infección ni enfermedad. Puede estar directamente relacionada con el sistema inmunitario, pero también puede simplemente significar que el huésped no es capaz de contraer el virus en absoluto por una de muchas razones. Es un término que se utiliza a menudo en la agricultura. Muchos cultivos se crían para que sean resistentes a las infecciones víricas, o se desarrollan mediante ADN recombinante. A veces, esta resistencia involucra al sistema inmunitario de la planta, pero otras veces no está muy claro cómo funciona.

← Los exploradores europeos que llegaron a América llevaron consigo muchas enfermedades que incluían la viruela y la gripe, las cuales resultaron letales para los indígenas.

→ Mary Mallon (1869-1938), más conocida como María Tifoidea, cuarta por la derecha, entre un grupo de reclusas en cuarentena en una isla del estrecho de Long Island. La fiebre tifoidea es una enfermedad bacteriana, pero la historia de Mary es un gran ejemplo de tolerancia.

Susceptibilidad

La susceptibilidad y la inmunidad suelen producirse en un gradiente. Un huésped que nunca antes haya estado expuesto a un virus será completamente susceptible a él y es probable que se infecte. Una exposición previa de cualquier tipo, aunque no haya provocado la enfermedad, suele conferir cierto grado de inmunidad. También hay casos en los que la inmunidad parcial puede parecer tolerancia. Por ejemplo, las exposiciones múltiples a un virus crearán inmunidad lentamente, de modo que un individuo puede parecer tolerante a la infección. Los virus que son endémicos en un entorno dan lugar a este tipo de inmunidad en la población. Un virus suele ser más virulento cuando empieza a infectar a una población huésped *naive* que no tiene ningún tipo de inmunidad. Por eso, los indígenas de América morían a menudo de gripe o sarampión, o incluso a causa de los virus del resfriado común, tras la llegada de los colonizadores europeos.

Inmunidad innata

La primera línea de defensa contra un agente exterior es la inmunidad innata que no es específica para el virus, sino que se trata de una respuesta generalizada. Empieza con barreras físicas, que incluyen la piel, las mucosas, las cutículas de las plantas y las paredes celulares de bacterias y arqueas, que impiden a las entidades extrañas como los virus entrar en el huésped. En algunos animales, las superficies mucosas como el tracto respiratorio, el tracto gastrointestinal y el tracto urogenital también contienen numerosas comunidades microbianas inofensivas, denominadas colectivamente «microbiota», que desempeñan un papel importante en la prevención o la superación de patógenos invasores.

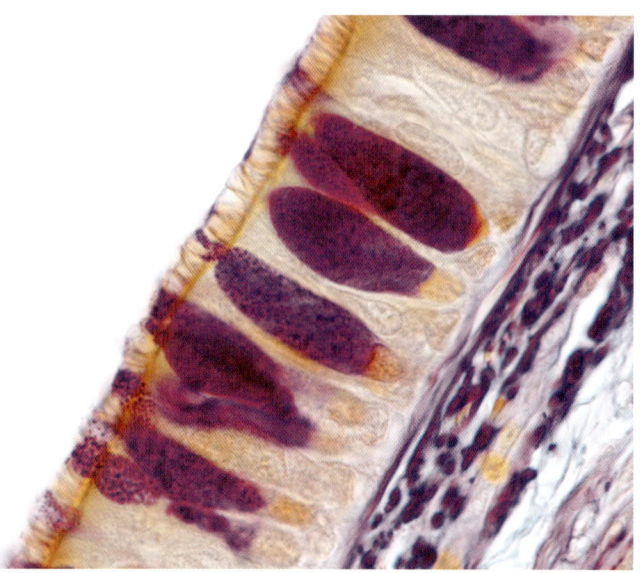

↑ Células epiteliales del tracto respiratorio que muestran los cilios y las células caliciformes secretoras de mucosidad.

Una vez traspasadas las barreras físicas, entra en acción el siguiente nivel de inmunidad innata. Secreciones como las lágrimas, los ácidos estomacales y la mucosidad son comunes en la inmunidad innata animal, y contienen varias sustancias antimicrobianas que pueden matar a los patógenos invasores. Además, las células que recubren el tracto respiratorio de los mamíferos tienen cilios, prolongaciones similares a pelos, que se mueven para excluir la materia extraña, incluidos los patógenos. Cuando se detecta un agente extraño, las señales químicas como la histamina llevan sangre a la zona e inician el proceso de inflamación. Esto implica varios tipos de glóbulos blancos, que son importantes para regular la respuesta, eliminar entidades no deseadas, como virus o bacterias, y liberar otras sustancias químicas. Una temperatura elevada, ya sea en el lugar de una herida o como fiebre en todo el organismo, forma parte de la inflamación. Los virus de los animales de sangre caliente suelen tener una tolerancia a la temperatura muy limitada, y el aumento de la temperatura en su entorno ralentiza o detiene su replicación. La fiebre puede hacer que el huésped se sienta mal, pero desempeña un papel importante en la lucha contra la infección vírica.

Los virus inducen a los animales vertebrados huéspedes a producir pequeñas moléculas específicas que ayudan a combatir el virus, como los interferones. Estas moléculas mensajeras participan en la comunicación entre diferentes respuestas y tipos de células para ayudar a orquestar la respuesta adecuada. Algunas bacterias intestinales también son importantes para garantizar que se produzcan los niveles adecuados de interferón en respuesta a una infección vírica.

Células y factores involucrados en la inmunidad innata

El sistema inmunitario innato de los vertebrados implica el reconocimiento de patrones moleculares asociados a microbios (MAMPs), que desencadenan una cascada de acontecimientos. Algunas de estas células también pueden activarse por afectaciones o cáncer. En las plantas se produce un reconocimiento similar de los MAMPs, pero las vías posteriores son diferentes. Los virus desarrollan a menudo formas de evitar estos sistemas para eludir las respuestas inmunitarias.

Otra capa de la inmunidad innata implica el reconocimiento inespecífico de componentes moleculares que no forman parte del huésped. Se denominan patrones moleculares asociados a microbios (MAMPs, por sus siglas en inglés) y pueden ser ácidos nucleicos o proteínas. En el caso de los virus de ARN, los MAMPs suelen ser tipos de ARN que el virus produce, pero las células no, como el ARNbc o el ARN modificado de forma diferente al ARN celular. Además, desencadenan una cascada de señales químicas dirigidas contra estos agentes extraños. Este tipo de inmunidad innata está activa en plantas y animales, aunque difieren los receptores y efectores celulares específicos. Alternativamente, los virus provocan daños en las células, y los restos celulares dañados y filtrados alertan a la inmunidad innata. Se trata de una respuesta especialmente importante en los mamíferos para prevenir tanto la infección como los daños graves causados por los patógenos.

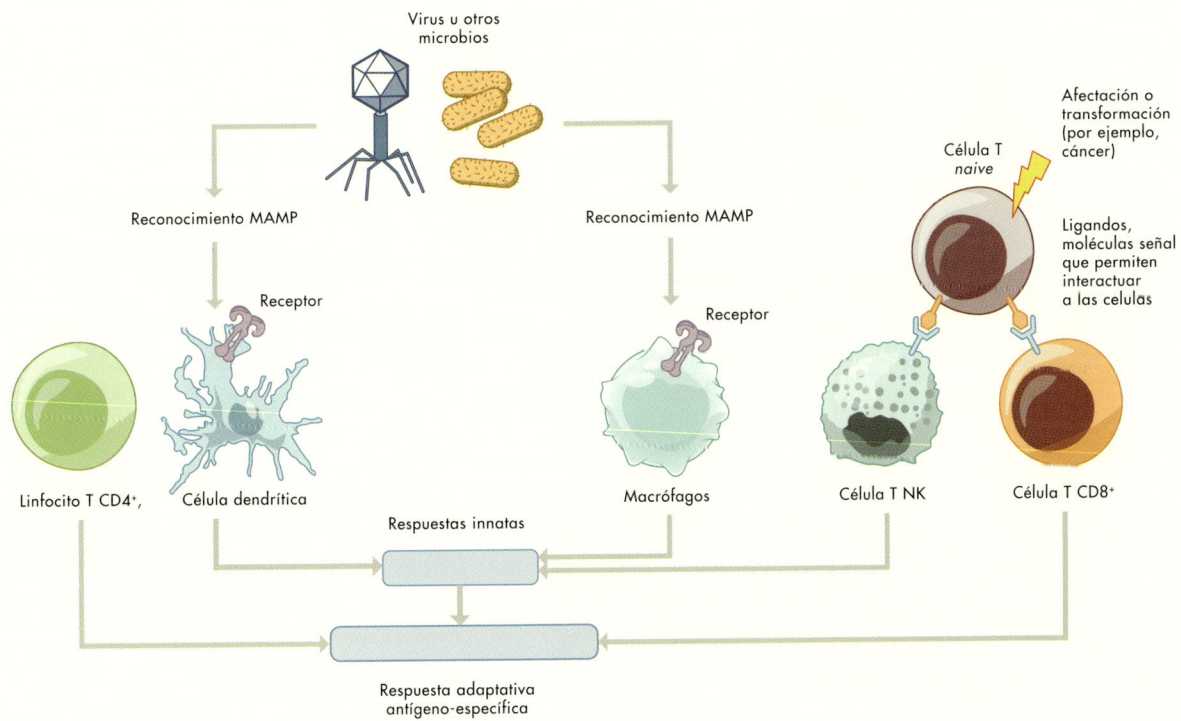

Una vez que el huésped reconoce que una célula está infectada por un virus, puede matarla para evitar que el virus siga replicándose y se propague. En las plantas, esto suele observarse en las hojas como pequeñas manchas de tejido necrótico, conocidas como lesiones locales. Otros aspectos de la inmunidad innata en las plantas son las barreras físicas o la resistencia a la depredación por insectos, así como la resistencia al movimiento por toda la planta.

En la mayoría de los casos, una vez activada la respuesta inmunitaria innata, puede responder rápidamente a cualquier invasor extraño. Esto significa que una infección por un virus puede preparar al huésped para luchar contra otros virus. Si el primer virus es benigno, como un virus del resfriado, este proceso puede suponer una ventaja cuando el huésped se enfrente a un virus más grave. Este tipo de preparación también funciona con diferentes microbios, de modo que una infección bacteriana puede preparar al sistema inmunitario innato para combatir una infección vírica. En las plantas, este sistema se denomina resistencia sistémica adquirida y en él intervienen hormonas vegetales, como el ácido salicílico, que es la base de la aspirina.

← Respuesta inmunitaria innata a una infección vírica en una hoja de quinoa (*Chenopodium quinoa*). Esta planta tiene una respuesta inmunitaria innata muy bien adaptada a los virus, y producirá estas manchas necróticas, llamadas lesiones locales, cuando sea infectada por diversos virus vegetales.

→ Un glóbulo blanco rodeado de glóbulos rojos. Existen diversos tipos de glóbulos blancos, incluidos los linfocitos B y los linfocitos T.

Inmunidad adaptativa

Toda vida celular, incluidos animales, plantas, hongos, bacterias y arqueas, posee algún tipo de sistema inmunitario adaptativo (*véase* tabla, página 162). El sistema inmune adaptativo de los animales es el que se ha estudiado con mayor profundidad y se sabe que utiliza dos líneas de defensa: inmunidad celular e inmunidad humoral.

La inmunidad celular la proporcionan las células T, que eliminan rápidamente las células infectadas por el virus para evitar su propagación. En la inmunidad humoral intervienen los linfocitos B, que se producen en la médula ósea y generan anticuerpos que reconocen específicamente los componentes del virus y se unen a ellos. Esta unión desencadena una serie de efectos: el anticuerpo puede inactivar directamente el virus, unirse a este e impedir que entre en las células, o marcarlo para que otras células puedan eliminarlo (*véase* diagrama, página 163). Los sistemas de células T y B cooperan entre sí y con los componentes de la inmunidad innata para eliminar completamente el patógeno del organismo.

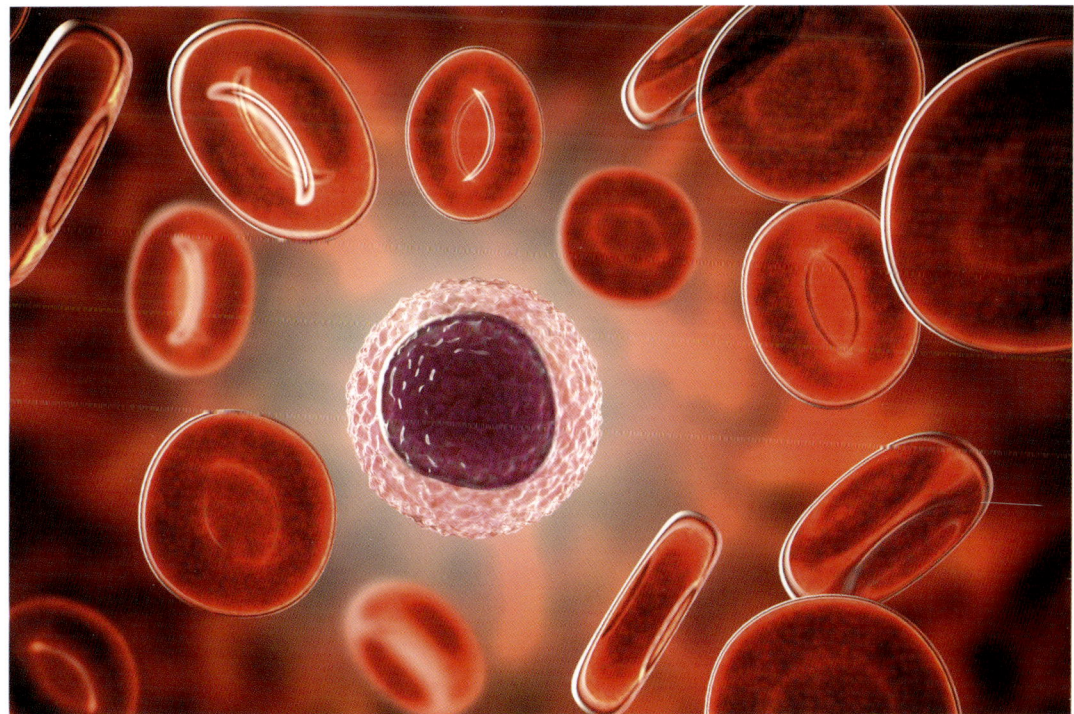

← Recreación gráfica
de un linfocito B
liberando anticuerpos
recién producidos.

La memoria es una característica importante de las células B: una vez que reconocen a un virus, ese reconocimiento permanece en la población de células B incluso después de que la infección vírica haya desaparecido. Por lo tanto, si las células vuelven a encontrarse con el mismo virus, pueden fabricar rápidamente muchos anticuerpos· Las células T también tienen memoria: si vuelven a encontrarse con un virus, se replican rápidamente y producen más células capaces de eliminar aquellas infectadas por el virus para evitar la propagación de la infección. La vida de las células con memoria es variable: puede durar toda la vida del huésped en el caso de algunos virus, como el de la viruela, o solo uno o dos años en el caso de otros, como los rinovirus. No está claro qué determina la duración de la vida útil de una célula B o T de memoria específica.

Las plantas, los animales invertebrados, los hongos y los protistas tienen un tipo de sistema inmunitario adaptativo muy diferente, conocido como silenciamiento de ARN o ARN de interferencia. Se descubrió por primera vez en las plantas y más tarde en un nematodo, y consiste en la producción de pequeñas moléculas de ARN interferente (ARNpi) que reconocen el genoma vírico y lo degradan. En una planta, los ARNpi se desplazan por la planta antes de la infección por el virus, por lo que están preparados para detenerlo cuando sale de la célula inicialmente infectada. A diferencia de la inmunidad mediada por células B o T, no se conoce ninguna memoria en la inmunidad por silenciamiento de ARN.

SILENCIAMIENTO DE ARN

El silenciamiento del ARN es una respuesta antiviral adaptativa en plantas (donde se descubrió por primera vez), invertebrados, hongos y protistas. La replicación de los virus de ARN, o la transcripción de algunos virus de ADN, da lugar a ARNbc. Las células no lo producen, salvo trozos muy cortos, y estos ARN activan la vía del silenciamiento. Una enzima de la célula llamada DICER trocea las moléculas de ARNbc en segmentos muy cortos de 21 o 22 nucleótidos, llamados ARN pequeños de interferencia (ARNpi), que tienen

la misma secuencia que una hebra del ARNbc. Estos son replicados por una enzima huésped y luego entran en un complejo con una proteína llamada argonauta. A continuación, los ARNpi se unen al ARN vírico, al que reconocen por identidad de secuencia, y lo cortan en pequeños trozos. El proceso es similar en invertebrados, hongos y protistas, y se encuentran vías comparables en muchas formas de vida celulares diferentes que intervienen en la regulación de la producción de ARN.

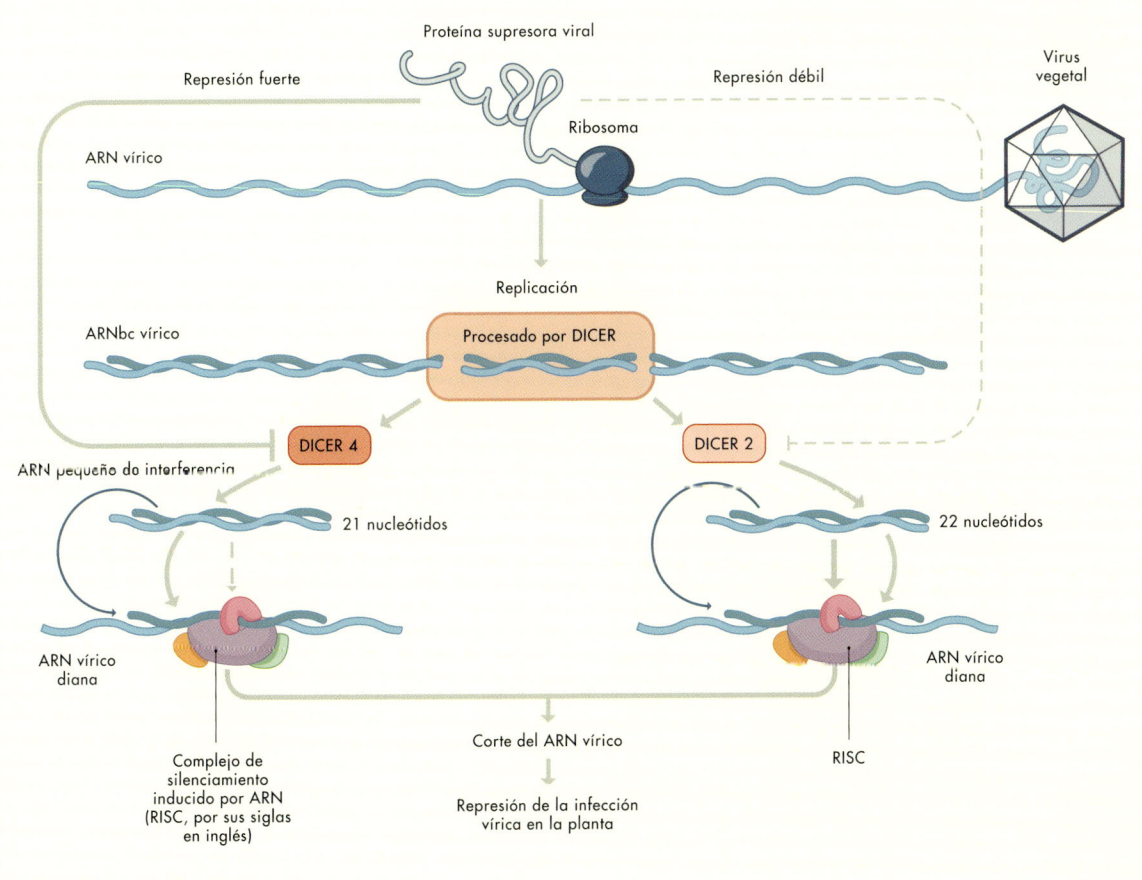

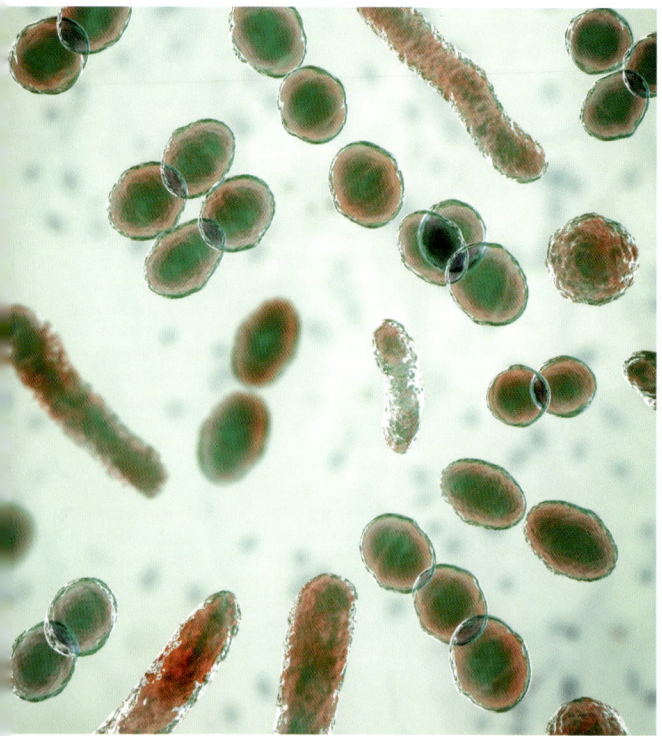

Las bacterias y las arqueas tienen su propia inmunidad adaptativa, en la que también interviene el ARN. En este sistema, conocido como repeticiones palindrómicas cortas agrupadas y regularmente interespaciadas (CRISPR, por sus siglas en inglés), la célula huésped sintetiza ADN idénticos a las secuencias del virus que se inserta en el genoma de la célula. Cuando la célula detecta una infección vírica, fabrica un ARN CRISPR y lo utiliza con un complejo enzimático para digerir el ADN vírico. Esto solo funciona si la célula tiene la secuencia correcta en su ADN CRISPR, por lo que el virus debe ser uno que haya encontrado antes. El CRISPR proporciona memoria multigeneracional, pues los genes y las secuencias se transmiten a las células descendientes tras la división celular, aunque con el tiempo las secuencias pueden perderse.

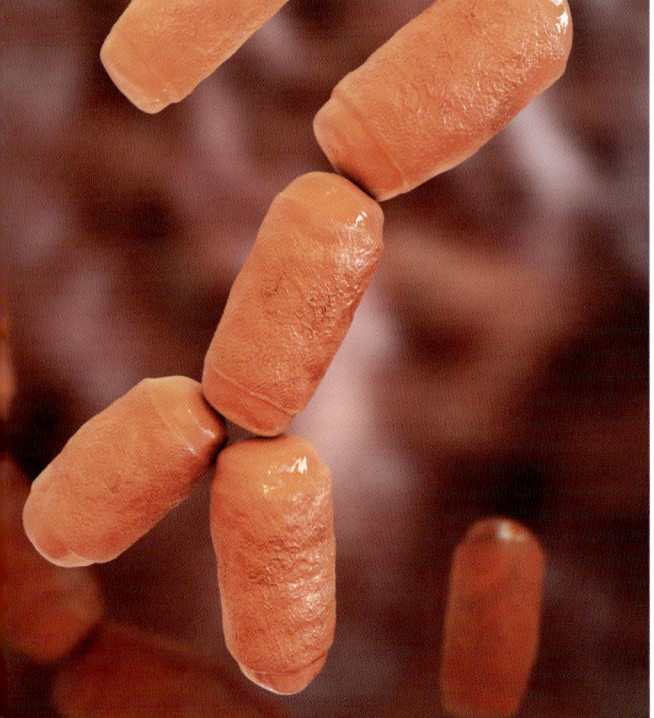

↖ Ilustración de diversas formas de bacterias comunes, incluidos bacilos y cocos.

← Ilustración en tres dimensiones de una *Archaea* común que, normalmente, reside en el estómago humano.

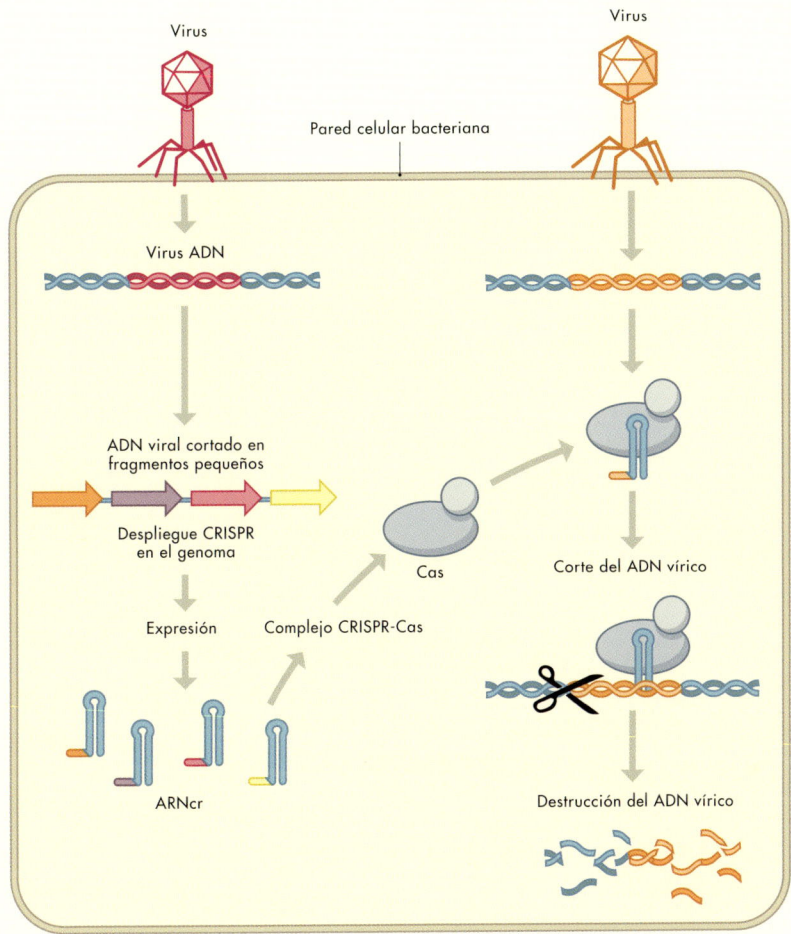

Virus

Pared celular bacteriana

Virus

Virus ADN

ADN viral cortado en fragmentos pequeños

Despliegue CRISPR en el genoma

Expresión

Complejo CRISPR-Cas

Cas

Corte del ADN vírico

ARNcr

Destrucción del ADN vírico

INMUNIDAD ADAPTATIVA CON CRISPR

El sistema inmunitario adaptativo de bacterias y arqueas se denomina repeticiones palindrómicas cortas agrupadas y regularmente interespaciadas (CRISPR). Cuando un virus entra en la célula bacteriana, las enzimas del huésped cortan su genoma en pequeños trozos. A continuación, estos se insertan en los genes CRISPR del genoma bacteriano, entre secuencias palindrómicas cortas de nucleótidos. Cuando un nuevo virus infecta a la bacteria, el gen CRISPR se transcribe y se corta al final de cada palíndromo, dejando pequeños ARN que entrarán

en un complejo enzimático (Cas). Si las secuencias del complejo Cas coinciden con secuencias del virus entrante, el genoma vírico se troceará en pedazos. Esto proporciona una inmunidad con capacidad de memoria. CRISPR y el complejo Cas se han convertido en una herramienta para modificar genomas de eucariotas, y también se han utilizado en casos de plantas e incluso seres humanos; al menos en un caso en China, la técnica se utilizó para crear embriones resistentes al VIH.

Vacunación

Una infección vírica suele provocar una fuerte respuesta inmunitaria que se recuerda durante años o incluso toda la vida del huésped. Una vacuna puede consistir en una gran variedad de cosas: un virus relacionado, un virus muerto, un virus vivo atenuado, una parte de un virus expresada por otro virus, ADN de un virus o, más recientemente, una molécula de ARN que puede dirigir la síntesis de una proteína viral una vez que se introduce en una célula. Todos estos métodos han tenido mucho éxito contra distintos virus.

VACUNA CONTRA VIRUS AFINES

La viruela fue un azote para las poblaciones humanas de todo el mundo durante siglos, y empezó a extenderse globalmente ya en el siglo VI d. C. La tasa de letalidad rondaba el 30 por ciento y los que se recuperaban solían quedar marcados de por vida. La práctica de la variolización comenzó en China mucho antes de que nadie supiera siquiera lo que era un virus. En ella, las personas que no habían tenido viruela eran inoculadas con parte del líquido de una llaga de viruela, ya fuera rascándose la piel o por inhalación. La variolización era peligrosa, pero no tanto como una infección completa por el virus. Esta práctica se utilizó posteriormente en Europa y entre los colonos europeos de América.

← Grabado de un centro de vacunación para los pobres en Nueva York en el año 1872, antes de conocerse la naturaleza vírica de la viruela.

A finales del siglo XVIII, Edward Jenner (1749-1828), un médico inglés, observó que las ordeñadoras rara vez se infectaban de viruela y, de hecho, a menudo se decía que eran las mujeres más bellas de un pueblo, probablemente porque no tenían cicatrices de viruela. Jenner planteó la hipótesis de que la infección por la viruela vacuna benigna (que las ordeñadoras contraían de las vacas) prevenía la infección por viruela. Puso a prueba esta hipótesis con el hijo pequeño de su jardinero, inoculándole la viruela vacuna y exponiéndolo varias veces al virus de la viruela. El chico nunca desarrolló la enfermedad. Fue entonces cuando Jenner denominó este proceso como «vacunación» por el agente patógeno de la viruela, vaccinia.

La vacunación sustituyó con éxito a la variolización como medio para prevenir la viruela y se generalizó su uso. En la década de 1950 se inició un programa mundial de erradicación, y en 1980 la Organización Mundial de la Salud declaró que el proceso había concluido. La viruela sigue siendo la única enfermedad vírica humana que se ha erradicado mediante vacunación. Para que la erradicación tenga éxito, un virus no debe tener ningún huésped salvaje que pueda constituir un reservorio.

Progresión de la erradicación de la viruela

Cronología de la erradicación de la viruela. Las fechas en cada continente muestran cuándo se erradicó la enfermedad. El último caso conocido de viruela se produjo en 1977.

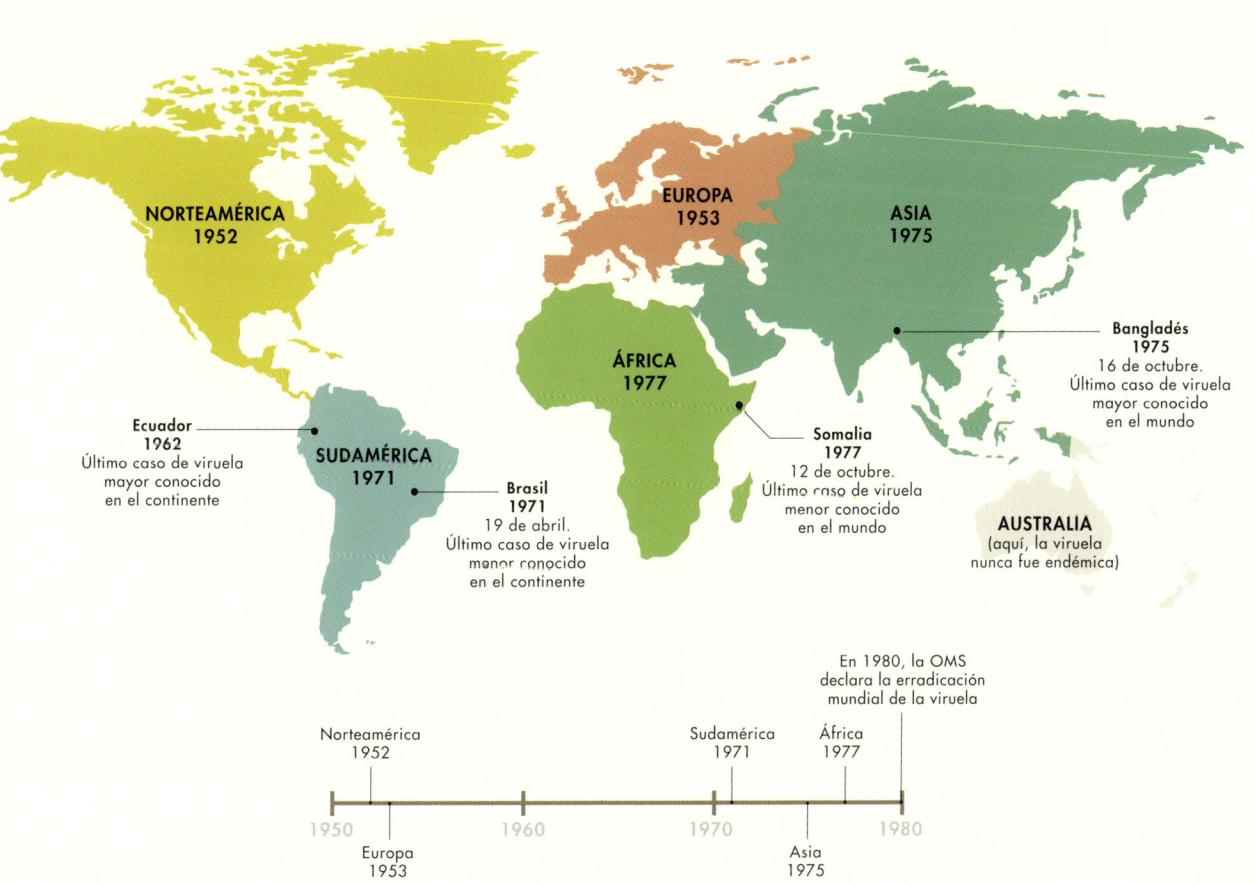

NORTEAMÉRICA
1952

EUROPA
1953

ASIA
1975

Bangladés
1975
16 de octubre.
Último caso de viruela
mayor conocido
en el mundo

ÁFRICA
1977

Ecuador
1962
Último caso de viruela
mayor conocido
en el continente

SUDAMÉRICA
1971

Somalia
1977
12 de octubre.
Último caso de viruela
menor conocido
en el mundo

Brasil
1971
19 de abril.
Último caso de viruela
menor conocido
en el continente

AUSTRALIA
(aquí, la viruela
nunca fue endémica)

En 1980, la OMS
declara la erradicación
mundial de la viruela

Norteamérica
1952

Sudamérica
1971

África
1977

1950   1960   1970   1980

Europa
1953

Asia
1975

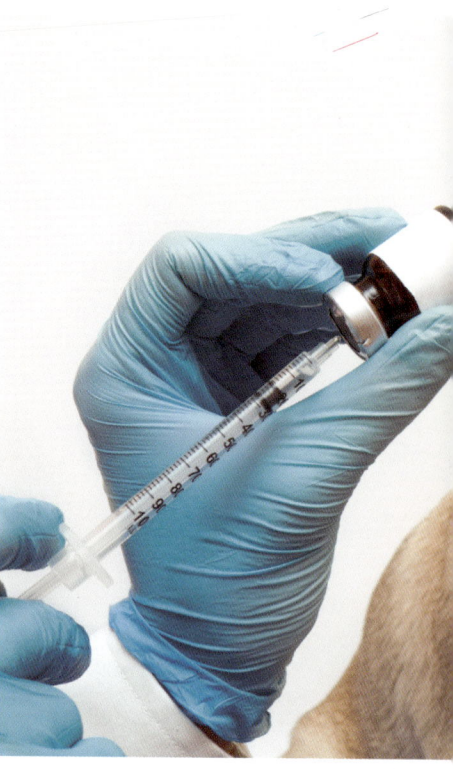

VACUNAS INACTIVADAS

A finales del siglo XIX, el microbiólogo francés Louis
Pasteur (1822-1895) desarrolló una vacuna inactivada
contra la rabia a partir de un conejo infectado y logró
prevenir la enfermedad en una persona que había sido
mordida por un animal enfermo. Aunque hubo
problemas con la vacuna inicial, esta condujo finalmente
al desarrollo de una muy eficaz, y en muchas partes del
mundo la rabia se ha convertido en una enfermedad
muy rara porque la mayoría de los animales domésticos
están vacunados contra ella. Normalmente, las vacunas se
administran antes de la exposición al virus, pero el virus
de la rabia se propaga tan lentamente que la vacunación
tras una mordedura puede ser eficaz.

↖ Pintura de Louis Pasteur
(1822-1895) por Albert Edelfelt,
óleo sobre lienzo, 1886. Pasteur
no sabía que la rabia era un virus
cuando desarrolló su vacuna contra
la enfermedad; el descubrimiento
de los virus se produjo unas décadas
más tarde.

↑ En general se vacuna a los
perros contra la rabia con una
primera dosis cuando son cachorros;
a partir de ahí se les administra
una dosis adicional cada año. Esto
ha erradicado en gran medida la
enfermedad en humanos en algunas
partes del mundo.

↗ Distribución del virus vivo
atenuado de la poliomielitis en
terrones de azúcar en una clínica
de vacunación antipoliomielítica.

VACUNAS VIVAS ATENUADAS

También se puede crear una vacuna a partir de un virus completo que se ha desarrollado en el laboratorio para que no cause ninguna enfermedad, lo que se conoce como virus vivo atenuado. En este caso, el virus se cultiva en un laboratorio en un tipo de célula huésped atípica y, con el tiempo, evoluciona hasta perder sus características patógenas. Este tipo de vacuna fue muy común durante la última mitad del siglo XX, tras el éxito obtenido con el uso del método para el virus de la fiebre amarilla. La vacuna antipoliomielítica ampliamente utilizada que se ha administrado desde la década de 1950, en

los inicios mediante un terrón de azúcar, es una vacuna viva atenuada. La poliomielitis también se previene vacunando con un virus muerto por calor, una forma de vacuna que se desarrolló antes que la vacuna viva atenuada. Aunque hoy en día se suele utilizar en los países desarrollados, la logística es más sencilla y el cumplimiento normativo es mucho mayor con el método del terrón de azúcar, por lo que la vacuna viva atenuada se sigue utilizando en gran parte del mundo. Uno de los problemas de las vacunas con virus vivos atenuados es que muy raramente pueden revertir a una forma más letal. Esta es la principal razón por la que la polio aún no ha sido erradicada.

VACUNAS DE ARN

Es difícil predecir la eficacia de una vacuna, ya que existen muchas variaciones en el sistema inmunitario y no todas se conocen. A menudo, los científicos deben aprender mediante prueba y error. En 2019, se desarrolló una vacuna utilizando una molécula de ARN que podía expresar la proteína de la espícula del coronavirus causante del síndrome respiratorio agudo grave de tipo 2 (SARS-CoV-2), responsable de la pandemia de la COVID-19. Esta vacuna tuvo mucho éxito y los primeros análisis mostraron que provocaba una inmunidad aún más robusta que la infección natural. Sin embargo, la idea no era realmente nueva. A lo largo de la década de 1990 se estudiaron vacunas de ADN y se utilizaron en sistemas animales, así como métodos basados en el ARN como regímenes de tratamiento contra el cáncer.

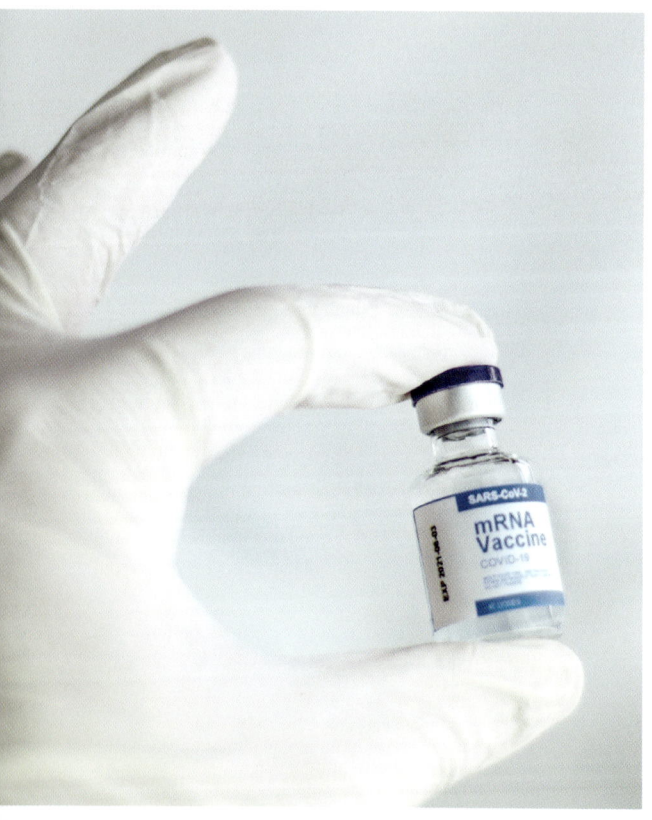

LOS VIRUS CONTRAATACAN

Los virus tienen muchas formas de evitar o combatir la respuesta inmunitaria del huésped. Algunos simplemente se esconden; por ejemplo, los virus ARN se ocultan en complejos en la célula donde se replican. Los virus de ARNbc nunca se desencapsidan por completo, por lo que solo exponen su ARNmc a la célula huésped y completan su proceso de replicación en el interior de las partículas víricas. Algunos virus interrumpen la síntesis proteica de sus huéspedes o codifican enzimas que destruyen las proteínas del huésped, y así suprimen otras partes de la respuesta inmunitaria.

Los virus evolucionan rápidamente y pueden cambiar las proteínas que son objetivo del sistema inmunitario del huésped para reducir o eludir por completo la respuesta inmunitaria. Esto es especialmente importante en el caso del virus de la gripe (*véase* página 252), del que suelen surgir nuevas variantes ligeramente diferentes cada temporada. Otros virus, como la mayoría de los rinovirus, no provocan células B de memoria a largo plazo. No está bien claro qué controla la longevidad de la memoria inmunológica; muchas infecciones víricas o vacunas proporcionan inmunidad de por vida.

En plantas, los virus han evolucionado de distintas maneras para evitar ser objeto del silenciamiento de su ARN. Algunos virus bloquean las enzimas del huésped necesarias para este proceso, mientras que otros impiden que los pequeños ARN salgan de la célula inicialmente infectada. En la infección mixta con diferentes virus no relacionados, esa capacidad de bloquear el silenciamiento del ARN afectará a ambos virus, y puede dar lugar a una infección mucho más grave.

VACUNAS DE CÉLULAS T

Todas las vacunas analizadas hasta ahora provocan una fuerte respuesta de las células B del organismo, lo que da lugar a la producción de anticuerpos. También pueden inducir una respuesta de células T, aunque suele ser leve. En los últimos años se ha investigado más sobre un tipo diferente de vacuna que provoque una fuerte respuesta de las células T. Las células T estimuladas con este tipo de vacuna matan a los virus y a las células infectadas cuando se encuentran con ellos. Una de las razones para el desarrollo de este tipo de vacuna es que, en algunos virus —sobre todo el dengue y el Zika—, los anticuerpos no siempre inactivan el virus, sino que lo ayudan a entrar en las células. Las vacunas de células T han funcionado bien en estudios con el virus del Zika.

Esta idea también se estudia en el caso de la gripe, para ver si un enfoque diferente puede proporcionar una vacuna con una memoria inmunológica más prolongada. Cuando una persona se infecta de gripe, su inmunidad suele durar hasta 10 años, pero las vacunas actuales no han sido capaces de reproducir este tipo de memoria inmunológica. Parte del problema es que las vacunas actuales utilizan una diana muy concreta y limitada del virus, que puede cambiar de un año a otro, mientras que en una infección real se producen anticuerpos contra muchas partes del virus, algunas de las cuales no cambian significativamente con el tiempo.

FITOVACUNAS VEGETALES

Se han vacunado plantas a título experimental, pero no de forma generalizada para combatir los virus sobre el terreno. Desde hace tiempo se sabe que las plantas infectadas con una cepa leve de un virus serán inmunes a una cepa más grave y, de hecho, este atributo se utilizó en su día para determinar si un virus era una cepa diferente de otro conocido, o un virus totalmente nuevo. Las plantas se inoculaban con una batería de cepas leves y luego se exponían a un nuevo virus desconocido. Si las plantas eran inmunes al nuevo virus, entonces se trataba de una cepa del virus que ya infectaba a la planta. No siempre está claro cómo funciona esto, pero en algunos casos probablemente se deba a la activación del método de silenciamiento del ARN.

↑ Las plantas pueden vacunarse con cepas leves de un virus, y así se protegen de las cepas graves. En este caso se utilizó una cepa leve del virus del mosaico del pepino (CMV, por sus siglas en inglés) para vacunar plantas de tabaco. Tras inocularlas posteriormente con una cepa grave, no mostraron ningún síntoma significativo. (A) Sin infectar, (B) CMV grave después de la vacunación con CMV leve, (C) CMV grave, (D) CMV leve.

← Durante la pandemia de la COVID-19 se introdujeron las primeras vacunas basadas en ARNm. Aunque mucha gente les temía por ser nuevas, es posible que sean las vacunas más seguras jamás fabricadas. Por desgracia, el SARS-CoV-2 no genera una memoria de anticuerpos muy larga, ya sea a partir de una vacuna o de una infección natural.

Inmunidad y enfermedad

Tener un sistema inmunitario es un requisito fundamental para vivir en un mundo lleno de microbios. Muchos microbios —incluidos los virus— no suponen una amenaza para otros seres vivos e incluso pueden ser beneficiosos (*véanse* capítulos siguientes), pero otros son patógenos y es de suma importancia protegerse de ellos.

Sin embargo, el problema del sistema inmunitario es que también causa enfermedad en el huésped. De hecho, muchos de los síntomas inducidos por los virus se deben en realidad a una respuesta inmunitaria hiperactiva. La fiebre y la inflamación, comunes en las infecciones víricas humanas, están causadas por el sistema inmunitario innato que intenta deshacerse del virus. Los interferones, moléculas de defensa inmunitaria inducidos en especial por los virus, pueden contribuir a la inflamación y a los dolores musculares. A medida que avanza la enfermedad, estas respuestas se reducen cuidadosamente, y los síntomas remiten una vez que el patógeno ha sido eliminado del organismo. En algunos casos, sin embargo, la regulación a la baja de la inmunidad se interrumpe y conduce a una enfermedad grave, como suele observarse en los casos severos de COVID-19.

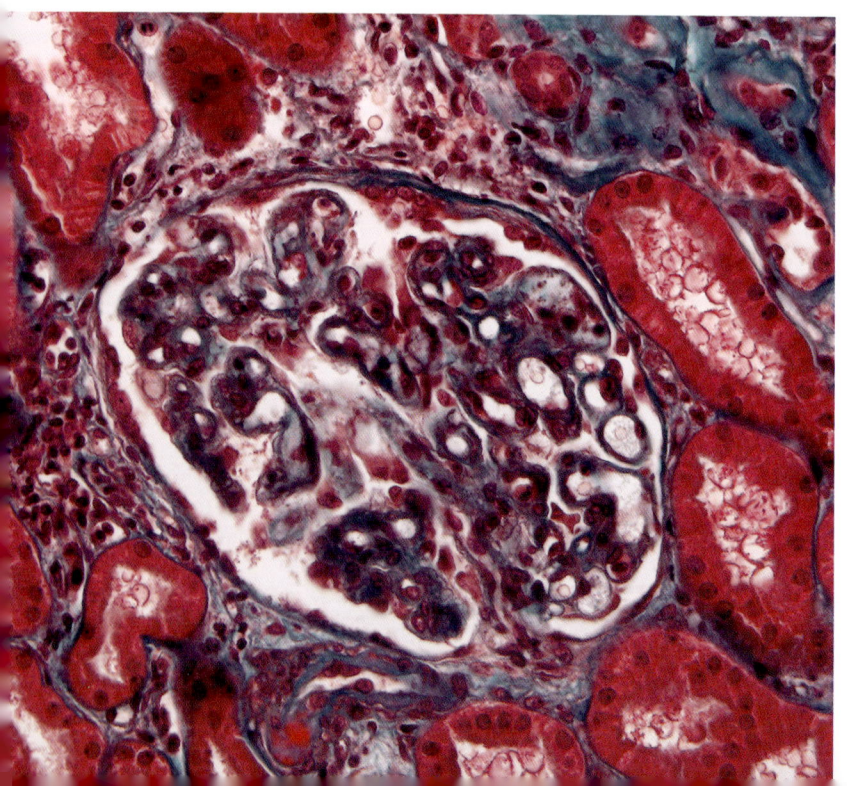

← Microscopía óptica de tejido renal afectado por glomerulonefritis, una inflamación de los pequeños vasos sanguíneos de los riñones que suele estar causada por infecciones víricas, como el virus de la hepatitis B.

↗ Las enfermedades autoinmunes se producen cuando el sistema inmunitario ataca el tejido sano. Esta representación gráfica muestra el ataque de anticuerpos a células nerviosas.

En las plantas, las moléculas de defensa provocadas por los virus también pueden causar graves problemas. Por ejemplo, se producen especies reactivas de oxígeno en respuesta a diversos patógenos vegetales. Estas moléculas casi siempre dañan las membranas del huésped, y otras hormonas producidas como parte de la respuesta de defensa de la planta también dañan las células vegetales.

La patología basada en anticuerpos y células T también es una parte importante del curso de la enfermedad en la infección vírica. Con algunos virus, los niveles elevados de complejos virus-anticuerpo pueden causar enfermedades renales. Las células T, diseñadas para eliminar las células infectadas, pueden ir demasiado lejos y causar daños tisulares.

En las plantas y probablemente en otras formas de vida que utilizan el silenciamiento del ARN como respuesta inmunitaria adaptativa, los ARNpi implicados en la degradación del ARN vírico pueden ser similares al ARN de los genes vegetales y destruir el ARNm destinado a producir proteínas vegetales. La investigación ha demostrado que una serie de síntomas inducidos por virus de plantas han sido causados en realidad por esta selección accidental de genes de plantas. Los ARNpi antivirales también pueden interrumpir la regulación celular, otra causa de enfermedad en las plantas infectadas por virus.

El sistema inmunitario adaptativo animal incluye un fenómeno conocido como tolerancia inmunitaria, que es la habilidad del sistema para reconocer las proteínas que pertenecen al cuerpo. Este hecho es muy importante, ya que impide que el sistema inmunitario ataque al propio organismo. La tolerancia inmunitaria se desarrolla al principio de la vida y se establece plenamente, poco después del nacimiento. Un fallo de este sistema provoca el desarrollo de una enfermedad autoinmune, en la que el cuerpo produce anticuerpos que atacan a sus propias proteínas. Algunas enfermedades autoinmunes se han relacionado con infecciones víricas, pero aún no se conoce a fondo la relación entre ellas. A veces, un patógeno puede tener una proteína parecida a la del huésped y empezar a atacar al organismo después de eliminada la infección.

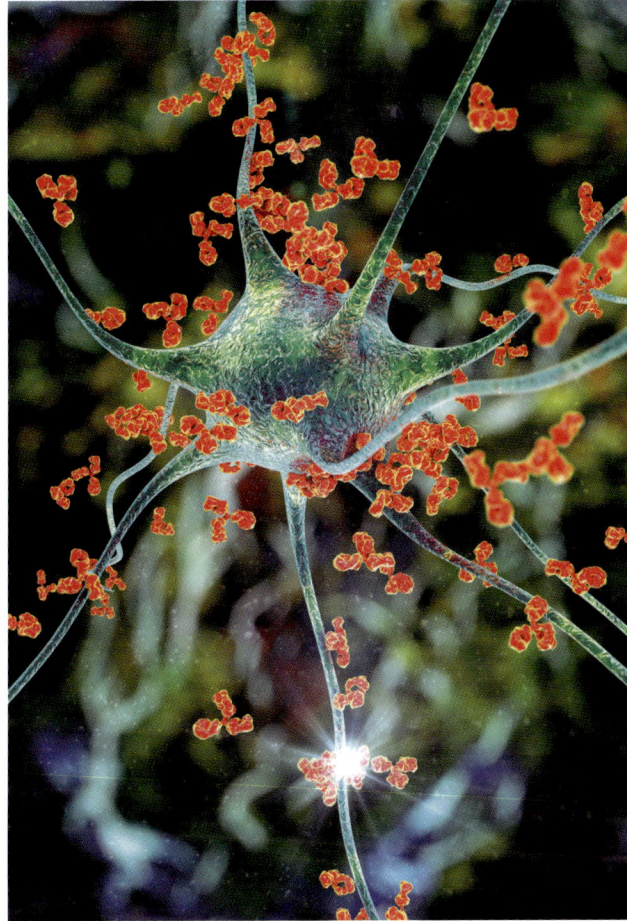

En ocasiones, la batalla continua entre virus patógenos y huéspedes recibe el nombre de carrera armamentística: una parte introduce un cambio y la otra lo compensa con el suyo. La capacidad evolutiva que tienen los virus para hacer cambios rápidamente supera con creces la del huésped, por lo que la carrera armamentística no es una lucha justa. Al final, el virus suele ganar. Sin embargo, ganar no significa enfermar al huésped; para ganar la carrera, el virus solo tiene que ser capaz de replicarse eficazmente. Si eso enferma al huésped, peor para él, pero la enfermedad no es un componente selectivo en la evolución de los virus.

Fármacos antivirales

El descubrimiento de los antibióticos a principios del siglo XX revolucionó el curso de las enfermedades infecciosas, pero estos fármacos no tienen efecto sobre los virus. Es complicado atacarlos con fármacos porque utilizan el metabolismo del huésped para todos los procesos de su ciclo vital, por lo que un fármaco dirigido a un virus suele ser tóxico para el huésped.

Los análogos de nucleótidos fueron una de las primeras clases de fármacos antivirales. Se trata de moléculas muy parecidas a un nucleótido, por lo que los virus las incorporan a sus genomas cuando se copian, pero luego no permiten que se sigan replicando. Aunque los análogos de nucleótidos pueden ser eficaces, también son mutágenos para el huésped. En general, el huésped puede tolerar las mutaciones mucho mejor que el virus, de forma que, si el virus es grave, el riesgo asociado a la administración de análogos de nucleótidos puede merecer la pena. Los fármacos dirigidos a la interacción entre virus y huéspedes, como los receptores celulares del virus, también suelen ser tóxicos. El receptor del huésped no ha evolucionado para permitir la entrada de virus y siempre tiene una función importante para el huésped, por lo que atacarlo lo afectará negativamente.

Otros fármacos se dirigen a enzimas específicas de un virus: los inhibidores de la proteasa impiden que un virus transforme sus proteínas en unidades funcionales, mientras que los inhibidores de la transcriptasa inversa actúan sobre la enzima que copia el genoma de los virus de tipo VI. Estas enzimas no se encuentran en el huésped, por lo que estos fármacos son menos tóxicos.

Las bacterias evolucionan hasta hacerse resistentes a los antibióticos con bastante rapidez, pero en los virus esto ocurre aún más rápido, porque tienen una enorme capacidad de evolución (*véase* página 138). Aunque se han desarrollado varios fármacos antigripales, la mayoría tuvo un valor limitado porque el virus evoluciona rápidamente para superarlos. Una estrategia que ha tenido éxito para evitar este problema es utilizar varios fármacos diferentes a la vez. Esto ha permitido tratar a personas con el virus de la inmunodeficiencia humana (VIH) y lograr que lleven una vida relativamente normal; también ha dado lugar a tratamientos eficaces contra el virus de la hepatitis C. Estos tratamientos experimentales también utilizan los pequeños sistemas de ARN de interferencia de plantas y protistas para combatir los virus humanos.

Los antisueros inmunológicos se utilizan desde hace tiempo como tratamiento primario contra el virus de la rabia. En estos antisueros, los anticuerpos se producen en otros animales, como ovejas y caballos, y luego se utilizan para tratar personas que han sido mordidas por un animal rabioso. Sin embargo, las vacunas contra la rabia han hecho que este tratamiento sea menos habitual. Los sueros inmunológicos humanos se utilizaban para prevenir la infección por el virus de la hepatitis A, especialmente en viajeros, antes de que existiera una vacuna contra este virus. Los sueros inmunológicos también se han utilizado con éxito en algunos casos de COVID-19. Los sueros humanos requieren un cribado muy cuidadoso para asegurarse de que no se introducen otros patógenos. El uso de antisueros animales está limitado porque los sueros de un animal específico solo pueden utilizarse una vez en la vida de una persona. Una vez que una persona ha recibido un antisuero animal, su sistema inmunitario lo reconoce como una sustancia extraña y desencadenará una respuesta inmunitaria contra ella. Si se vuelve a

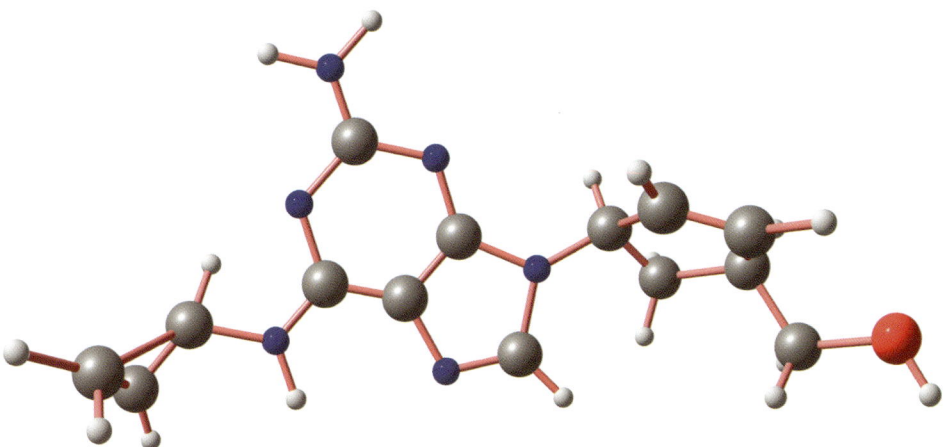

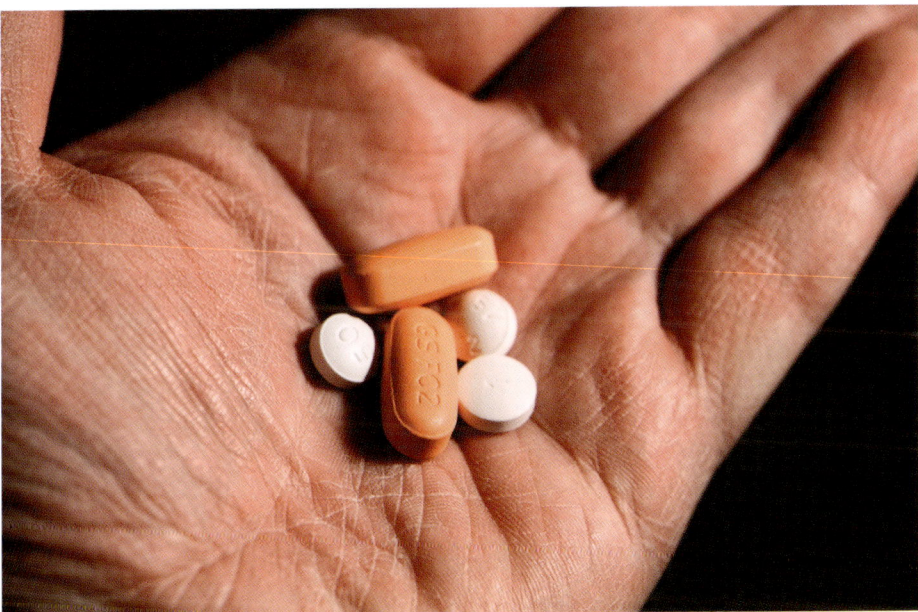

administrar un antisuero de la misma especie animal, el sistema inmunitario lo destruirá antes de que pueda ser eficaz.

El sistema inmunitario proporciona una increíble defensa contra los virus, y los científicos están continuamente estudiando nuevas formas de ayudar a la respuesta inmunitaria. Una cosa es segura: habrá más virus en un futuro, y seguirán encontrando formas de eludir las respuestas inmunitarias. La batalla continúa.

↑ Estructura química del abacavir, un medicamento contra el VIH (extremo superior). Fármaco que inhibe la transcriptasa inversa imitando a un nucleótido (superior). La mayoría de las personas seropositivas toman a diario una mezcla de distintos fármacos antivirales.

Virus vaccinia

El virus que curó al mundo de la viruela

GRUPO	I
FAMILIA	Poxviridae
GÉNERO	Orthopoxvirus
GENOMA	ADN lineal, bicatenario, no segmentado, de aproximadamente 190 000 nucleótidos (190 kb) que codifican unas 260 proteínas
PARTÍCULA VÍRICA	Envuelto, en forma de ladrillo, de unos 250 nm de largo y 200 nm de ancho
HUÉSPEDES	Vacas, caballos; pueden infectar a otros mamíferos en condiciones experimentales
ENFERMEDADES ASOCIADAS	Viruela bovina, viruela equina
TRANSMISIÓN	Contacto con lesiones
VACUNA	Ninguna

No hay muchos ejemplos de virus que se utilicen como vacunas contra otros virus, pero el virus vaccinia es un ejemplo de este método y fue la primera vacuna que se desarrolló. De hecho, el término «vacuna» proviene del nombre de este virus.

El virus vaccinia se originó probablemente a partir del virus de la viruela bovina, pero se propagó en laboratorios durante décadas, por lo que su origen exacto es incierto. También es muy similar al virus de la viruela equina, y es posible que este fuera el virus original, en lugar de la viruela vacuna. Sin embargo, Edward Jenner decidió utilizarla a finales del siglo XVIII para vacunar contra la viruela al hijo de nueve años de su jardinero. El experimento tuvo éxito y nacieron las vacunas.

Recientemente, un virus cercano, el de la viruela del mono, se ha extendido entre algunas poblaciones humanas y ha causado preocupación, aunque no suele ser mortal y existe una buena vacuna. Además, debido a la similitud con el virus vaccinia, es probable que las vacunas contra la viruela confieran cierta protección. En los primeros tiempos de la vacunación contra la viruela, no existía una forma fiable de almacenar el virus vaccinia, por lo que a menudo se transmitía de una persona a otra. La inoculación inicial se conseguía aplicando material de una pústula de la piel de una persona infectada con viruela vacuna en un rasguño en la piel del brazo del paciente. Una vez que se formaba una pústula, esta se utilizaba para transferir el virus a otras personas, y así sucesivamente.

Por supuesto, a veces también se transferían inadvertidamente otros patógenos. Por suerte, la seguridad de las vacunas ha avanzado mucho desde aquellos primeros días y, desde que la viruela se considera erradicada, la vacunación contra esta enfermedad ya no se lleva a cabo de forma rutinaria.

El virus vaccinia se considera un virus gigante, porque puede ser visto a través de un microscopio óptico (la mayoría de los virus solo son visibles a través de microscopía electrónica). Este y otros miembros de la familia Poxviridae son únicos entre los grandes virus de ADN, porque se replican en el citoplasma de la célula y no en el núcleo. Esto significa que el virus tiene que codificar todas sus proteínas para el proceso de replicación, a diferencia de otros grandes virus ADN, que utilizan las enzimas del huésped para ello.

→ Imagen coloreada del virus vaccinia obtenida mediante microscopio electrónico de transmisión.

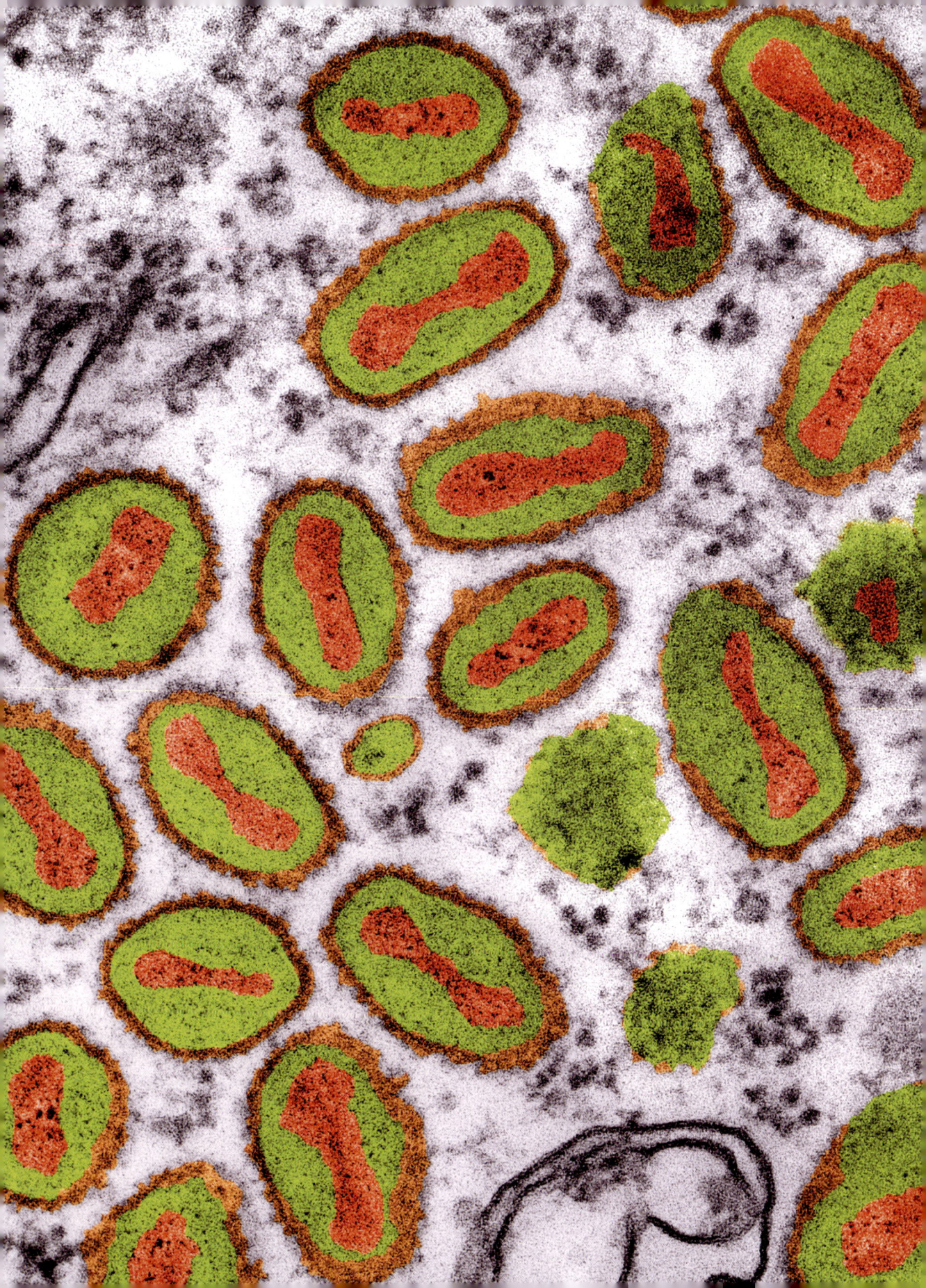

RSV

Virus respiratorio sincitial

Un virus que ha aprendido a esquivar la respuesta inmunitaria

GRUPO	V
FAMILIA	Pneumoviridae
GÉNERO	Orthopneumovirus
GENOMA	ARN lineal, monocatenario, no segmentado, de aproximadamente 11 000 nucleótidos que codifican unas 10 proteínas
PARTÍCULA VÍRICA	Envuelto, esférico, de aproximadamente 150 nm
HUÉSPEDES	Humanos; virus relacionados pueden infectar a otros mamíferos
ENFERMEDADES ASOCIADAS	Bronquitis, resfriado común, neumonía
TRANSMISIÓN	A través del aire
VACUNA	No disponible

El ortoneumovirus humano suele ser más conocido por su nombre antiguo, virus respiratorio sincitial (RSV, por sus siglas en inglés). Es la causa más frecuente de enfermedad respiratoria vírica en lactantes, a los que suele provocar bronquitis, pero puede infectar a personas de todas las edades.

En el adulto, el RSV suele manifestarse como un resfriado común, aunque puede causar neumonía en los ancianos. No existe vacuna, pero en los casos graves puede administrarse un fármaco a base de anticuerpos monoclonales. Los anticuerpos monoclonales se fabrican en el laboratorio y suelen ser de origen humano o de ratón. Imitan a los anticuerpos que produce el organismo en respuesta a una infección vírica.

El RSV se encuentra en las gotitas que exhalan los infectados, que después pueden ser inhaladas por otras personas o impregnanse en sus manos al tocar superficies contaminadas; al tocarse la cara, el virus podrá penetrar por la nariz o por los ojos. En consecuencia, los protocolos de prevención más importantes son el correcto lavado de manos y el uso de mascarillas.

Este virus tiene una gran capacidad para evitar que la respuesta inmunitaria innata lo detecte. Uno de los principales desencadenantes contra los virus de ARN es el tipo único de ARN que fabrican los virus y no las células. El RSV, junto con muchos otros virus respiratorios de ARN, oculta su ARN único en el interior de las células, induciéndolas a fabricar estructuras unidas a membranas donde replica el virus. Además, el virus puede destruir el ARNm del huésped que se utiliza para fabricar algunas de las proteínas necesarias para la respuesta inmunitaria innata.

Los niños pequeños tienden a depender más de la respuesta inmunitaria innata para combatir las infecciones víricas, porque su respuesta inmunitaria adaptativa aún no ha madurado lo suficiente como para reconocer virus a los que no han estado expuestos previamente. La capacidad de los virus respiratorios como el RSV para eludir la respuesta inmunitaria innata puede ser una de las razones por las que los niños pequeños son tan propensos a las infecciones respiratorias.

→ Representación gráfica que muestra la estructura interna y externa del RSV. El genoma de ARN se muestra en amarillo y rojo en su interior.

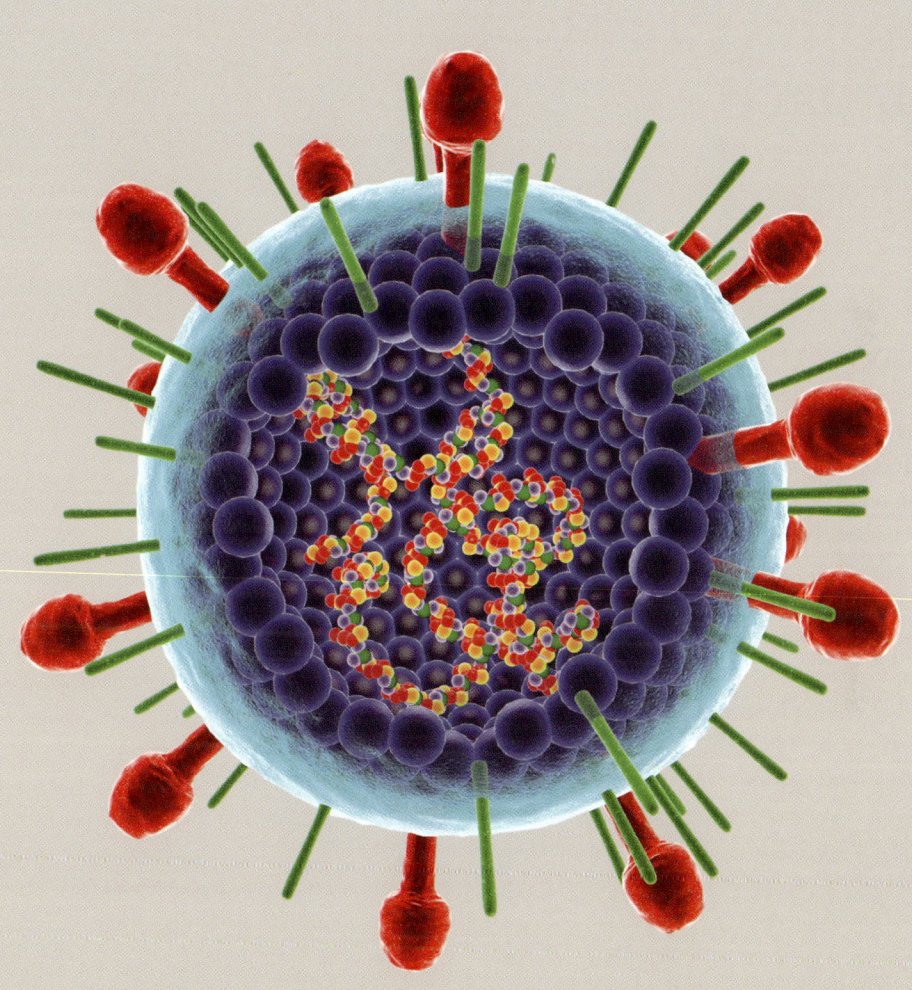

TEV

Virus del grabado del tabaco

El virus que permitió descubrir el silenciamiento de ARN

GRUPO	IV
FAMILIA	Potyviridae
GÉNERO	Potyvirus
GENOMA	ARN lineal, monocatenario, no segmentado, de aproximadamente 9500 nucleótidos que codifican unas 11 proteínas
PARTÍCULA VÍRICA	Varilla filamentosa larga, de unos 730 nm de longitud
HUÉSPEDES	Níscalos y otras malas hierbas perennes
ENFERMEDADES ASOCIADAS	Grabado de la hoja, atrofia, moteado, aclaramiento de las venas
TRANSMISIÓN	Áfidos, cuscuta

El virus del grabado del tabaco (TEV, por sus siglas en inglés) se describió en 1921 por primera vez en la hierba carmín (*Datura stramonium*). Al principio se pensó que era una anomalía genética de la planta, hasta que se demostró que se transmitía a otras plantas por injerto. El virus se encontró varios años después en el tabaco.

En 1980, cuando fueron posibles los primeros experimentos de ingeniería genética en plantas, se les introdujeron porciones de genes de virus para ver si estos podían actuar como una vacuna, del mismo modo que las cepas leves de virus podían proteger a las plantas de infecciones más graves. El primer virus estudiado de este modo fue el virus del mosaico del tabaco, pero pronto se utilizaron también otros virus, y a principios de la década de 1990 se generaron plantas inmunes al TEV. En un esfuerzo por comprender cómo funcionaba este tipo de inmunidad, los científicos diseñaron una planta para que solo produjera el ARN del virus, pero ninguna proteína vírica. Estas plantas resultaron ser totalmente inmunes al virus, lo que condujo al descubrimiento del silenciamiento del ARN. Este tipo de inmunidad adaptativa se observó después en otros organismos, como los nematodos, los insectos y los hongos.

El TEV también ha demostrado ser una herramienta valiosa para otros estudios fundamentales. Al igual que todos los virus de la familia Potyviridae, la mayoría de sus proteínas se sintetizan como una gran poliproteína que luego es cortada en proteínas funcionales por una enzima codificada por el virus, llamada proteasa. Las secuencias que codifican para proteínas extrañas pueden insertarse en el genoma vírico y luego ser cortadas específicamente de la poliproteína del virus por la proteasa vírica. Esto permite probar una proteína en una planta para ver si funciona como se espera, antes de pasar por el proceso más complicado de crear una planta transgénica.

→ Modelo generado por ordenador de un corte del virus Y de la patata, relacionado y de estructura similar, que muestra parte de la estructura helicoidal de la cápside con el genoma vírico (en naranja).

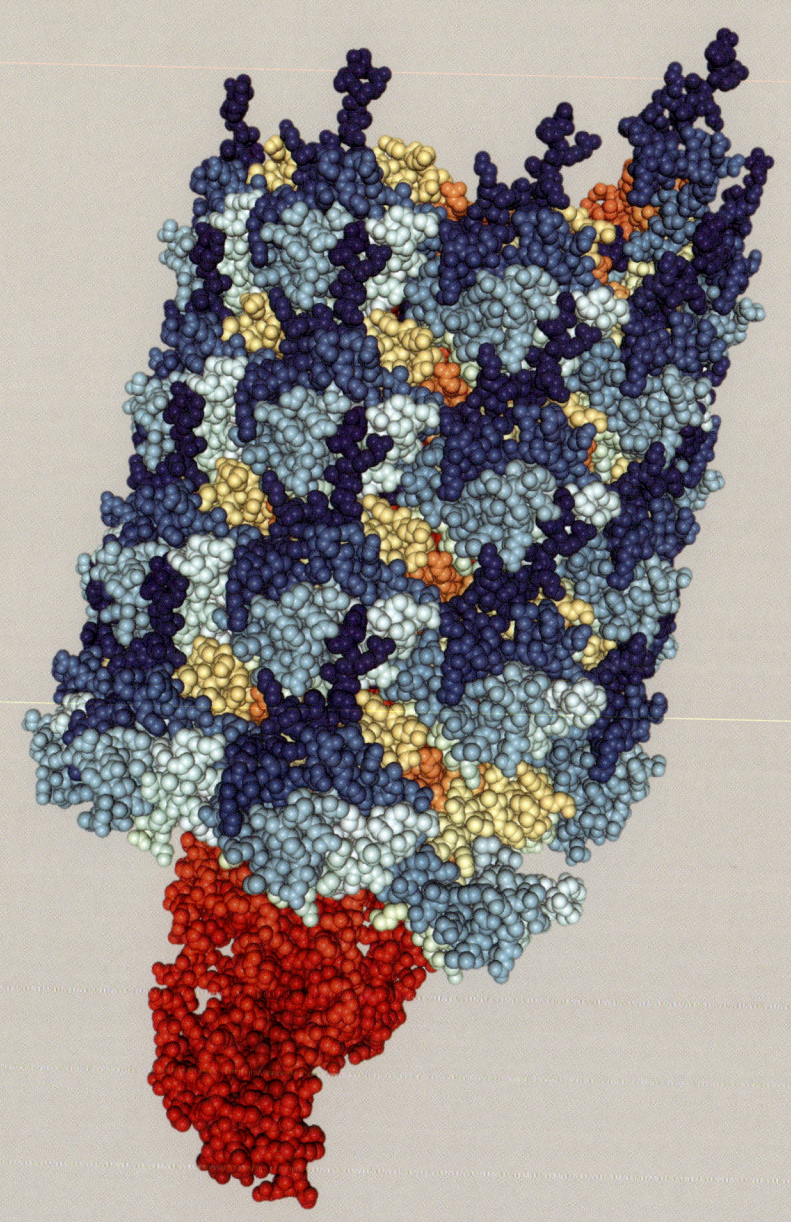

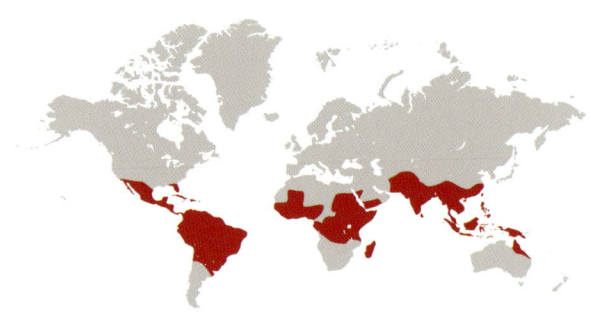

Virus del dengue

Un desafío para el desarrollo de vacunas

GRUPO	IV
FAMILIA	Flaviviridae
GÉNERO	Flavivirus
GENOMA	ARN lineal, monocatenario, no segmentado, de aproximadamente 11 000 nucleótidos que codifican unas 10 proteínas
PARTÍCULA VÍRICA	Envuelta, esférica, de aproximadamente 50 nm
HUÉSPEDES	Humanos y otros primates, mosquitos
ENFERMEDADES ASOCIADAS	Fiebre del dengue (fiebre rompehuesos), fiebre hemorrágica
TRANSMISIÓN	Mosquitos
VACUNA	No aprobada

El dengue (originalmente llamado fiebre rompehuesos) se describió por primera vez a finales del siglo XVIII en varios lugares de Asia, África y América al mismo tiempo. Aunque muchas personas infectadas solo presentan síntomas leves o ninguno, la enfermedad puede ser muy dolorosa, como indica su nombre original. Las personas infectadas suelen recuperarse por completo.

Las cifras de infección por el virus del dengue han aumentado en todo el mundo desde la Segunda Guerra Mundial. Esto se debe probablemente al aumento del número de personas que emigran del campo a la ciudad, donde su vector, el mosquito de la fiebre amarilla (*Aedes aegypti*), se reproduce muy bien en el agua estancada de neumáticos viejos y macetas. En la actualidad existen cuatro cepas del virus, que probablemente se originaron en zonas rurales donde los mosquitos pican a primates salvajes y a personas.

En aproximadamente el 1 por ciento de los casos se produce una forma más grave de la enfermedad, una fiebre hemorrágica con una tasa de letalidad de alrededor del 25 por ciento. Existen pruebas de que la fiebre hemorrágica se produce cuando alguien se infecta por segunda vez con una cepa diferente del virus. Se especula que esto se debe a que el individuo tiene anticuerpos que reaccionan de forma cruzada, pero que no son específicos de esa cepa, y en lugar de inactivar el virus, pueden ayudarlo a entrar en las células del huésped. Esto ha hecho casi imposible desarrollar una vacuna segura. Sin embargo, también ha impulsado la investigación de nuevas formas de fabricar vacunas que provoquen una respuesta

inmunitaria celular en lugar de una respuesta de los linfocitos B. La respuesta celular implica a las células T, que eliminan rápidamente las células infectadas por el virus. Una vacuna de ADN contra el virus del Zika, estrechamente relacionado con el dengue, que provoca una respuesta exclusivamente de células T, ha resultado muy eficaz en ratones, pero aún no ha llegado a la fase de ensayo clínico en humanos.

El mosquito de la fiebre amarilla, vector del dengue y otros virus graves como el Zika, el Chikungunya y la fiebre amarilla, se limita actualmente a climas tropicales y subtropicales. Sin embargo, a medida que el clima se calienta, el área de distribución del mosquito aumenta, y se han notificado casos de dengue en el sur de Estados Unidos y en otras partes del mundo donde antes no se encontraba.

→ Modelo generado por ordenador del virus del dengue a partir de datos de cristalografía de rayos X y criomicroscopía electrónica.

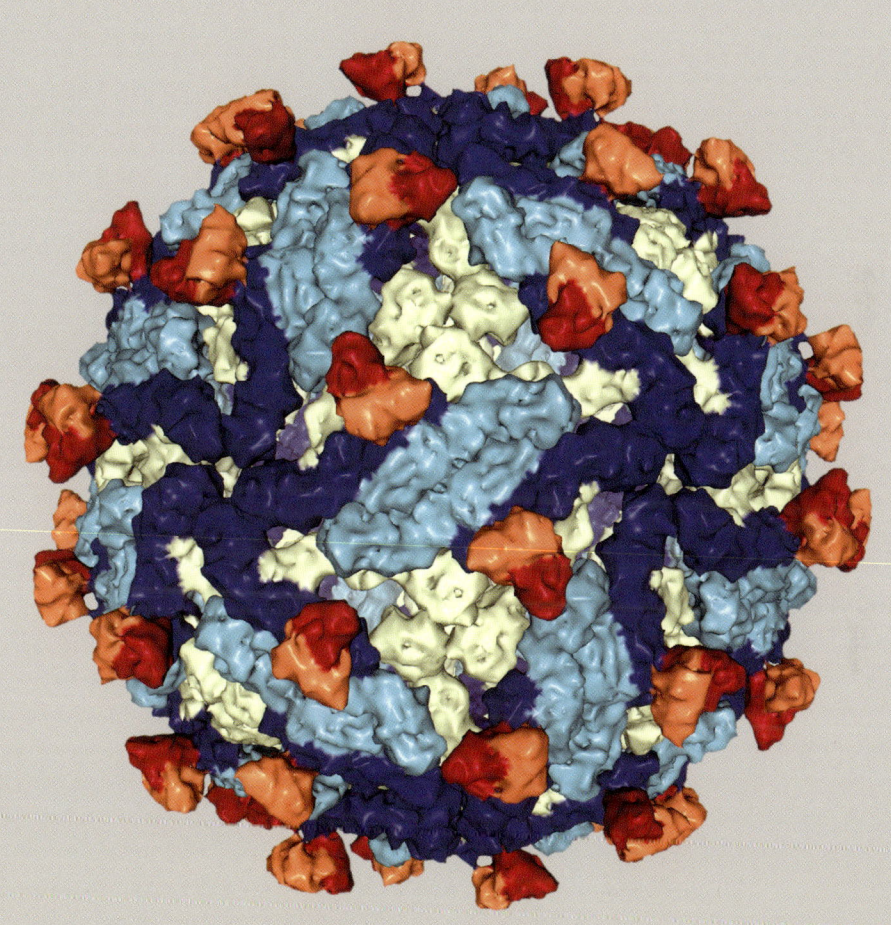

Virus de Escherichia T7

Un virus que contraataca al sistema inmunitario de su huésped

GRUPO	I
FAMILIA	Autographiviridae
GÉNERO	Teseptimavirus
GENOMA	ADN lineal, bicatenario, no segmentado, de aproximadamente 40 000 nucleótidos que codifican unas 55 proteínas
PARTÍCULA VÍRICA	Cabeza icosaédrica de unos 60 nm, con una cola contráctil corta
HUÉSPEDES	*Escherichia coli* y virus relacionados
ENFERMEDADES ASOCIADAS	Lisis celular y muerte
TRANSMISIÓN	Dispersión

El virus Escherichia T7, a menudo denominado fago T7, se ha utilizado como modelo para muchos estudios sobre biología de fagos y biología molecular. Se cree que el microbiólogo francés Félix d'Herelle (1873-1949) impulsó el descubrimiento de los virus «devoradores de bacterias», o bacteriófagos, en la década de 1920. El científico alemán Max Delbrück (1906-1981) también los estudió mucho en sus investigaciones sobre la replicación de los virus, trabajo que le valió el Premio Nobel conjunto en 1969.

El fago T7 fue una de las primeras secuencias genómicas completas que se determinó, en 1983. Cuando se cultiva a 37 °C, la temperatura de crecimiento estándar de *Escherichia coli*, tiene un ciclo de vida rápido, de solo 17 minutos, desde la infección hasta la lisis de la célula, pero puede extenderse a 30 minutos cuando la temperatura se reduce a 30 °C. El virus es muy fácil de purificar en grandes cantidades, razón por la cual ha sido muy popular en los estudios básicos sobre virus.

Las bacterias utilizan numerosas estrategias para defenderse de los virus, muchas pertenecientes a la categoría de inmunidad innata. Una de ellas, llamada sistema de restricción-modificación (R-M), utiliza enzimas para trocear el genoma vírico cuando entra en la célula. Las enzimas R-M son una de las herramientas más importantes y fundamentales de la biología molecular, ya que cortan el ADN en nucleótidos específicos y se utilizan en casi todos los experimentos de clonación y ADN recombinante. Las bacterias huésped añaden grupos metilo a sus propios genomas para evitar que el sistema R-M los degrade. El fago T7 fabrica una proteína muy al inicio de la infección que secuestra las enzimas R-M para evitar que corten su propio genoma.

→ Modelo generado por ordenador del fago T7 obtenido a partir de datos de criomicroscopía electrónica que muestra el aparato de anclaje que utiliza para adherirse a una célula bacteriana.

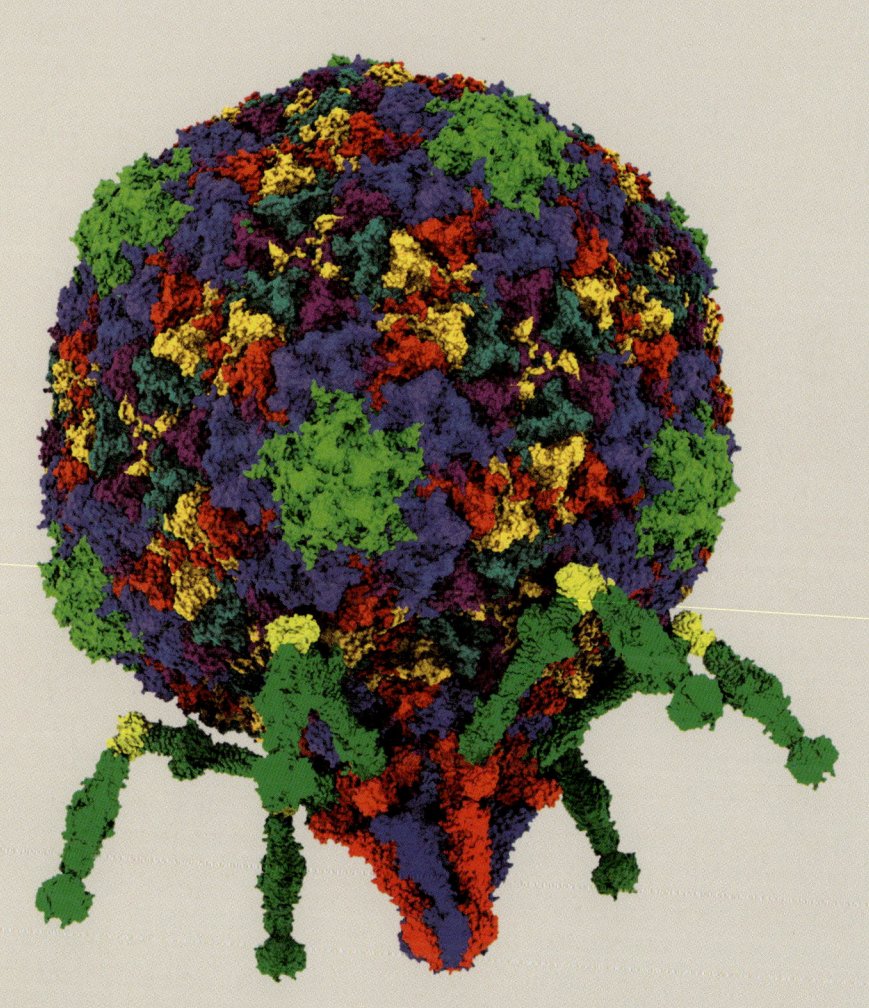

LOS VIRUS
EN EL EQUILIBRIO
DEL ECOSISTEMA

Los virus en el mar

A finales de la década de 1980, los científicos calcularon el número de virus presentes en el mar añadiendo un mililitro de agua filtrada a una placa de una cepa de laboratorio de la bacteria *Escherichia coli*. Los virus bacterianos suelen matar a sus huéspedes, y cuando un virus infecta a *E. coli* en una placa de Petri, hace un pequeño agujero en el «césped» bacteriano donde las células han muerto. Cada «agujero» o placa de lisis representa un único virus infeccioso. Utilizando este método, los investigadores calcularon que hay alrededor de un millón de virus que pueden infectar a *E. coli* en un mililitro de agua de mar.

Esta cifra no incluía ninguno de los virus que no infectan a *E. coli* ni aquellos que no matan al huésped. Posteriormente se hicieron estimaciones mediante microscopía electrónica o fluorescencia (*véase* página 36), que revelaron todos los virus presentes en una muestra de agua de mar, con independencia del huésped. La cifra de virus marinos se situó así en 10 millones de partículas virales por mililitro de agua de mar. ¿Qué hacen todos estos virus? ¿A qué organismos infectan? Son preguntas complejas y aún no tenemos todas las respuestas, pero conocemos las secuencias genómicas de muchos de estos virus marinos y sabemos que la mayoría de ellos infectan a los microbios. La comprensión de los detalles depende de sofisticadas comparaciones y análisis informáticos, que forman parte de una ciencia tan compleja como la bioinformática.

↖ El ensayo de placa es un análisis para detectar virus que puedan infectar bacterias. La muestra se filtra para eliminar las bacterias y luego se añade a un «césped» bacteriano. Cuando un virus infecta a una célula bacteriana, mata a la célula y se propaga a las células vecinas, las cuales también mueren. Esto deja un pequeño «agujero», o placa de lisis, en el césped bacteriano; cada una representa un único virus.

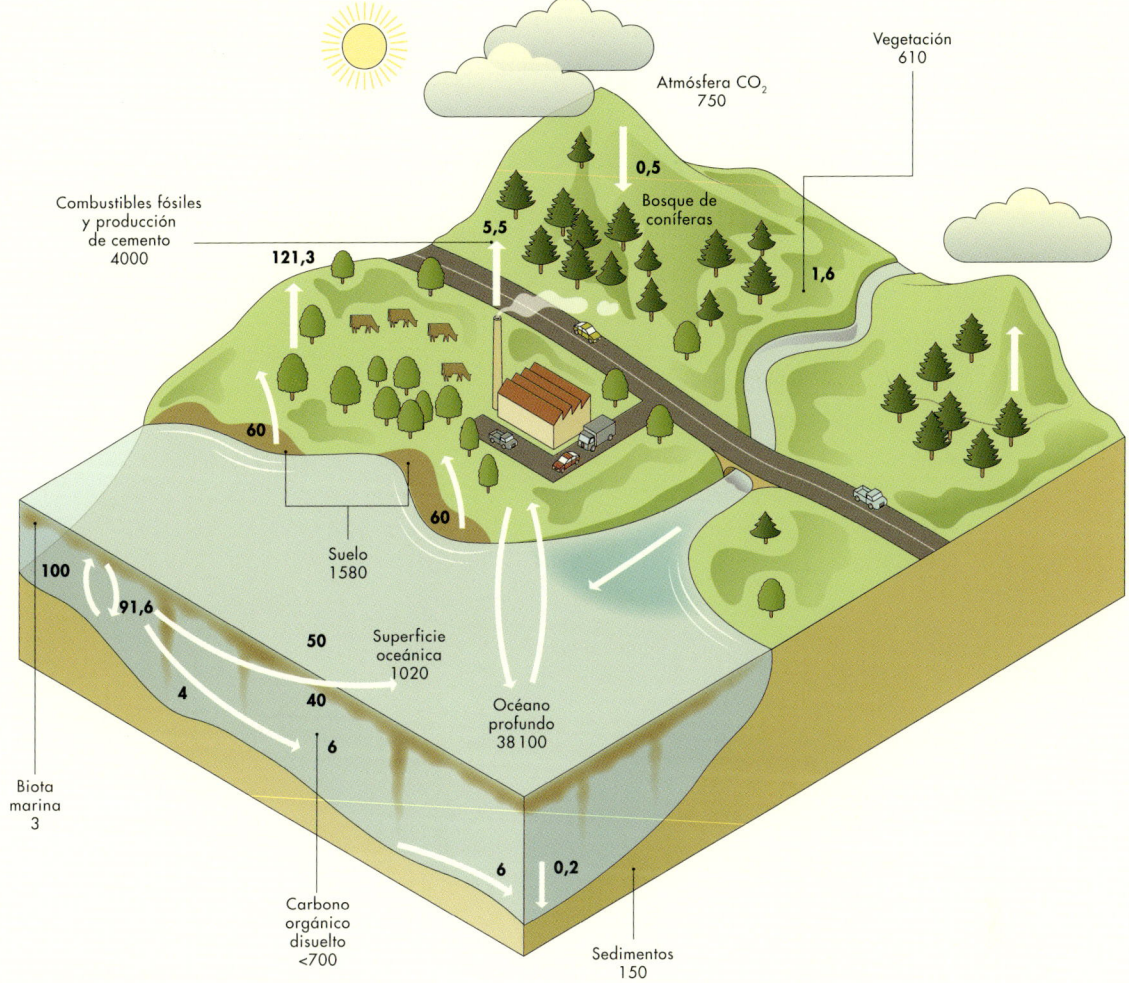

Vegetación
610

Atmósfera CO$_2$
750

0,5

Bosque de
coníferas

Combustibles fósiles
y producción
de cemento
4000

121,3

5,5

1,6

60

Suelo
1580

60

100

91,6

50

Superficie
oceánica
1020

4

40

Océano
profundo
38100

6

Biota
marina
3

Carbono
orgánico
disuelto
<700

6

0,2

Sedimentos
150

Equilibrio de carbono

El ciclo global del carbono depende en gran medida de los océanos. La lisis diaria de una gran parte de los microbios marinos por los virus contribuye a la mayor parte de la liberación de carbono de los océanos.

Las cifras en letra redonda representan el almacenamiento de carbono en gigatoneladas.

Las cifras en **negrita** representan flujos en gigatoneladas de carbono por año.

Los microbios son los principales contribuyentes a la biomasa de los océanos, y en su mayoría son bacterias. Sin embargo, en términos de número, los virus superan al resto de microbios en al menos diez veces: entre el 20 y el 40 por ciento de los microbios marinos muere cada día a causa de virus que rompen sus células mediante un proceso llamado lisis. Esto es fundamental para los ciclos de oxígeno y nitrógeno de los océanos, y para retener sus nutrientes en las capas biotróficas. Si un microbio muere sin sufrir rotura de su membrana celular, se hundirá en el fondo del océano y perderá sus nutrientes. Sin embargo, si sufre lisis, se convierte en materia orgánica disuelta que permanece en la capa biotrófica y que puede ser utilizada por otras formas de vida. Además, los virus también transfieren genes entre microbios: se calcula que en los océanos del mundo se producen 10^{29} transferencias de genes al día.

Los virus también influyen en la bioquímica de los microbios marinos. Por ejemplo, el metabolismo de las cianobacterias fotosintéticas marinas está controlado en parte por los virus que las infectan. Los virus portan genes de enzimas que afectan al ciclo del carbono, a la fotosíntesis y al ciclo de los nutrientes. A veces, estos controles favorecen a los virus, como cuando un virus detiene el metabolismo en una bacteria para inducir la inanición y desencadenar la síntesis de nucleótidos que el virus necesita para su replicación.

Los virus mantienen sanos los océanos

Sin virus que liberen la mayor parte de los nutrientes en las porciones biotróficas de los océanos, la mayoría se hundirían en las profundidades y se eliminarían del conjunto de nutrientes disponibles.

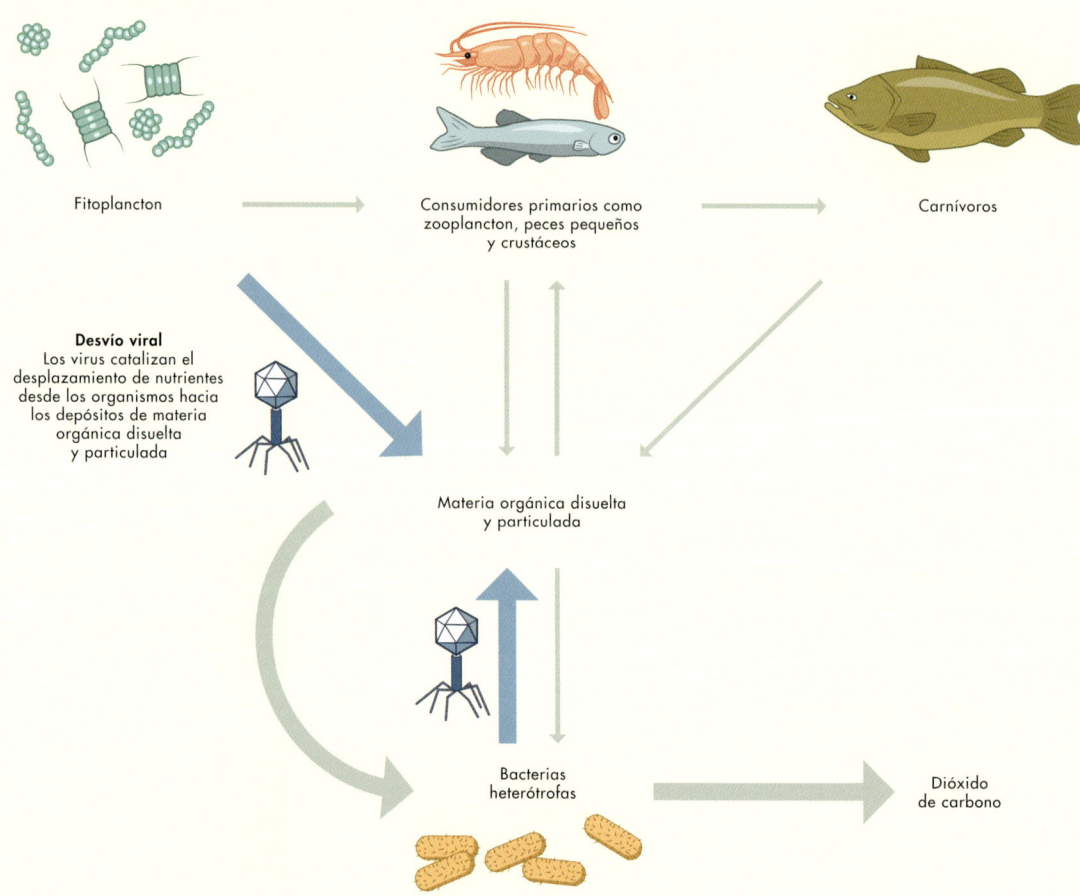

Fitoplancton

Consumidores primarios como zooplancton, peces pequeños y crustáceos

Carnívoros

Desvío viral
Los virus catalizan el desplazamiento de nutrientes desde los organismos hacia los depósitos de materia orgánica disuelta y particulada

Materia orgánica disuelta y particulada

Bacterias heterótrofas

Dióxido de carbono

Los virus, los insectos y las plantas

Las plantas y los insectos han interactuado durante eones, probablemente desde que ambos aparecieron en el suelo hace unos 480 millones de años. Los virus de las plantas dependen en gran medida de los insectos para desplazarse (*véanse páginas 117-119*), y las relaciones entre ellos son ejemplos fascinantes de los entresijos de la ecología y la evolución.

Los virus no solo manipulan a las plantas para que liberen compuestos volátiles que atraen a los insectos, sino que pueden hacerlo con precisión. En algunos casos, si un pulgón ya es portador de un virus vegetal, se sentirá menos atraído por una planta infectada que un pulgón no infectado. Esto implica que el virus manipula tanto a la planta como al insecto para mejorar su propagación general. En otro ejemplo, los pulgones que se alimentan de algunas plantas infectadas por el virus tienen más probabilidades de desarrollar alas que los que se alimentan de plantas libres de virus, lo que ayuda a la dispersión del virus a otras plantas.

Los trips o tisanópteros son insectos muy pequeños que pueden infectarse y transmitir algunos virus vegetales. Algunos causan mucho daño a las plantas y las inducen a fabricar compuestos antialimentarios. Los insectos jóvenes no prosperan en estas plantas dañadas a menos que también estén infectadas por un virus.

Si se alimentan de plantas que han sido infectadas experimentalmente y no por trips y, por tanto, no presentan daños causados por ellos, aún mejor. Los machos se alimentan más de plantas infectadas por virus que de plantas no infectadas. La alimentación de las hembras no se ve afectada por el virus, pero los machos tienen más probabilidades de transmitir la infección.

Algunas de estas interacciones planta-insecto-virus se extienden también a otros virus. Por ejemplo, si una planta está infectada por más de un virus, ambos pueden beneficiarse de los cambios en los compuestos volátiles que atraen a los insectos, aunque solo uno de los virus sea responsable de esos cambios.

→   Trips en la flor de una planta de pimiento morrón. Además de causar daño a la planta, los trips pueden transmitir virus vegetales que a menudo infectan tanto a la planta como al insecto.

Virus de plantas y hongos

Los hongos precedieron a las plantas en el paso de la vida acuática
a la terrestre, y parece probable que las plantas necesitaran
establecer relaciones con los hongos para poder colonizar el suelo.
Hoy, las plantas silvestres casi siempre están colonizadas por hongos.
Estos desempeñan muchas funciones importantes, como mejorar
la absorción de nutrientes y tolerar la sequía, la salinidad y las altas
temperaturas (*véase* página 240). Los hongos también actúan como
red de comunicación entre las plantas que crecen en los bosques.
Dado que pueden ser patógenos de las plantas domesticadas,
a menudo se excluyen de los cultivos, por lo que las relaciones
entre plantas y hongos solo se han apreciado por completo hace
relativamente poco tiempo.

Muchas familias víricas infectan tanto a los hongos como a las plantas. A medida que se van completando los análisis de las secuencias genómicas de los virus, estas relaciones se hacen cada vez más evidentes. Aunque los animales también interactúan con los hongos, y los hongos están evolutivamente más cerca de los animales que de las plantas (*véase* diagrama, página 31), hay pocos ejemplos de familias de virus que infecten tanto a animales como a hongos. Las relaciones entre las plantas de cultivo y los hongos se han estudiado en detalle, y los investigadores han descubierto que algunos hongos pueden crecer a través de las células vegetales e intercambiar pequeñas moléculas. Estas interacciones brindan amplias oportunidades para la transmisión de virus, aunque ello no ha sido bien documentado.

Gran parte de nuestros conocimientos sobre cómo han compartido sus virus plantas y hongos procede de la comparación de las secuencias de genomas víricos, pero al menos en un caso se descubrió que un virus vegetal infectaba a un hongo y podía pasar a las plantas colonizándolas con el hongo infectado.

Una interesante familia vírica que comparte plantas y hongos es Narnaviridae. Algunos de estos virus infectan mitocondrias, los orgánulos comunes en todos los *Eukarya* y derivados de antiguas bacterias. La polimerasa (la enzima que copia el genoma del virus) de estos virus se parece mucho a la de un virus bacteriano. Esto no es sorprendente, porque las mitocondrias siguen funcionando como bacterias en muchos aspectos. También hay un virus vegetal que tiene este tipo de polimerasa, pero el resto de sus genes proceden de otra familia de virus que infecta a las plantas.

← La seta aguja de oro (*Flammulina velutipes*) se encuentra en una versión marrón y otra blanca. La diferencia se debe a que las marrones están infectadas por un virus.

Control de poblaciones mediante virus

Desde mediados del siglo XIX se realizan estudios ecológicos de las poblaciones de insectos forestales. Al principio, los investigadores observaron que aumentaban y disminuían en ciclos regulares a lo largo de varios años. Sin embargo, no fue hasta un siglo más tarde que se puso de manifiesto el papel que desempeñan los virus en estos ciclos.

↓   La polilla india de la harina (*Plodia interpunctella*) es, en gran medida, una plaga de la industria del cereal, y a menudo se alimenta de harina de maíz. Como larva, puede introducirse en muchos recipientes y es difícil de controlar.

En muchos casos, una infección vírica puede acabar con un gran porcentaje de individuos de una población de insectos cuando esta se torna demasiado densa. Entonces, vuelve a crecer lentamente, hasta que alcanza una densidad crítica y el ciclo comienza de nuevo. Estos tipos de ciclos se dan en muchas especies de insectos diferentes y con una gran variedad de virus, aunque los miembros de la familia Baculoviridae son los más implicados.

Algunas de estas relaciones entre insectos y virus son complejas. Por ejemplo, las poblaciones de la polilla india de la harina (*Plodia interpunctella*) experimentan patrones cíclicos de auge y caída, aunque no estén infectadas por un virus, a pesar de que las poblaciones infectadas tengan ciclos más largos. Las caídas de la población se deben a la presión sobre los recursos alimentarios: a medida que aumenta la población, los alimentos escasean y muchos de sus miembros mueren de hambre. Los insectos infectados por el virus son más pequeños y tienen menos necesidades alimentarias, por lo que tardan más en quedarse sin comida.

Hay otros agentes implicados en las fluctuaciones de las poblaciones de insectos. Las poblaciones de lagarta peluda (*Lymantria dispar*) están controladas principalmente por ratones que se alimentan de ellas. En invierno, los ratones se alimentan de bellotas, pero cuando su producción es baja, el número de ratones disminuye y en la siguiente temporada la población de la lagarta peluda crece de forma exponencial, hasta que la infección vírica la reduce.

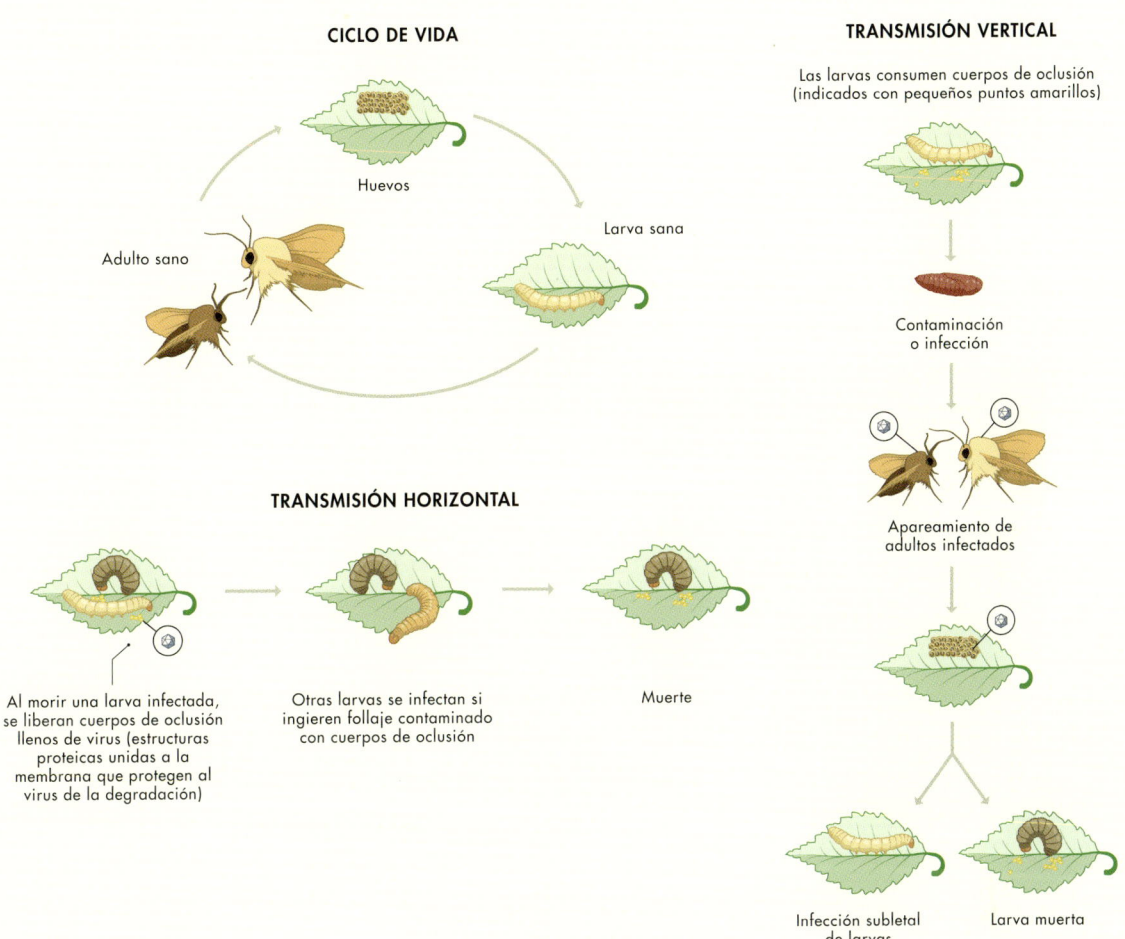

CICLO DE VIDA

Huevos

Larva sana

Adulto sano

TRANSMISIÓN VERTICAL

Las larvas consumen cuerpos de oclusión
(indicados con pequeños puntos amarillos)

Contaminación
o infección

Apareamiento de
adultos infectados

Infección subletal
de larvas

Larva muerta

TRANSMISIÓN HORIZONTAL

Al morir una larva infectada,
se liberan cuerpos de oclusión
llenos de virus (estructuras
proteicas unidas a la
membrana que protegen al
virus de la degradación)

Otras larvas se infectan si
ingieren follaje contaminado
con cuerpos de oclusión

Muerte

La transmisión de los virus en dos maneras distintas

La transmisión de los baculovirus puede ser horizontal entre individuos, a través de la contaminación ambiental, o vertical de padres a crías. La transmisión vertical puede producirse si las larvas consumen cuerpos de oclusión, pero pupan antes de morir. Los adultos infectados subletalmente cuando eran larvas podrían transmitir el virus a su descendencia, ya sea en los huevos o sobre ellos. Esto puede conducir a una infección activa, que mata a la descendencia, o a una infección encubierta que se transmite a la descendencia que sobrevivirá. Estos ciclos alternativos permiten que los virus se mantengan en la población de insectos, a la espera de que llegue el momento en que su número sea insostenible.

Algunas especies de babosas de mar también presentan patrones de población cíclicos. La babosa esmeralda (*Elysia chlorotica*) es un animal extraordinario que incorpora los cloroplastos de las algas de las que se alimenta, lo que la vuelve verde y fotosintética. Su población adulta muere anualmente, coincidiendo con un gran aumento de la concentración del retrovirus que las infecta. Aunque todavía no se haya demostrado de forma fehaciente, parece probable que el virus sea el responsable de la mortalidad anual.

El fitoplancton marino *Emiliania huxleyi* es responsable de las grandes floraciones de algas que pueden verse en las imágenes por satélite. Las algas extraen carbono de la atmósfera para formar su caparazón exterior de calcita, y son responsables de las grandes fluctuaciones de carbono en los océanos y la atmósfera. Estas enormes poblaciones se extinguen por infección de un virus de la familia Phycodnaviridae. Sin embargo, las algas también existen en una forma diferente, que no crea las conchas de calcita y no es susceptible a la infección por virus. El alga que forma caparazones es diploide (tiene dos copias de su genoma), mientras que la que no lo hace, y es resistente al virus, es haploide (solo tiene una copia). Cuando dos células haploides se fusionan, se convierten en diploides. Las células diploides se reproducen de forma asexual hasta que la población crece enormemente, momento en el que el virus las mata y solo sobreviven las haploides. Estos ciclos tienen un carácter estacional: los diploides crecen cuando la temperatura de la superficie del agua se calienta en verano.

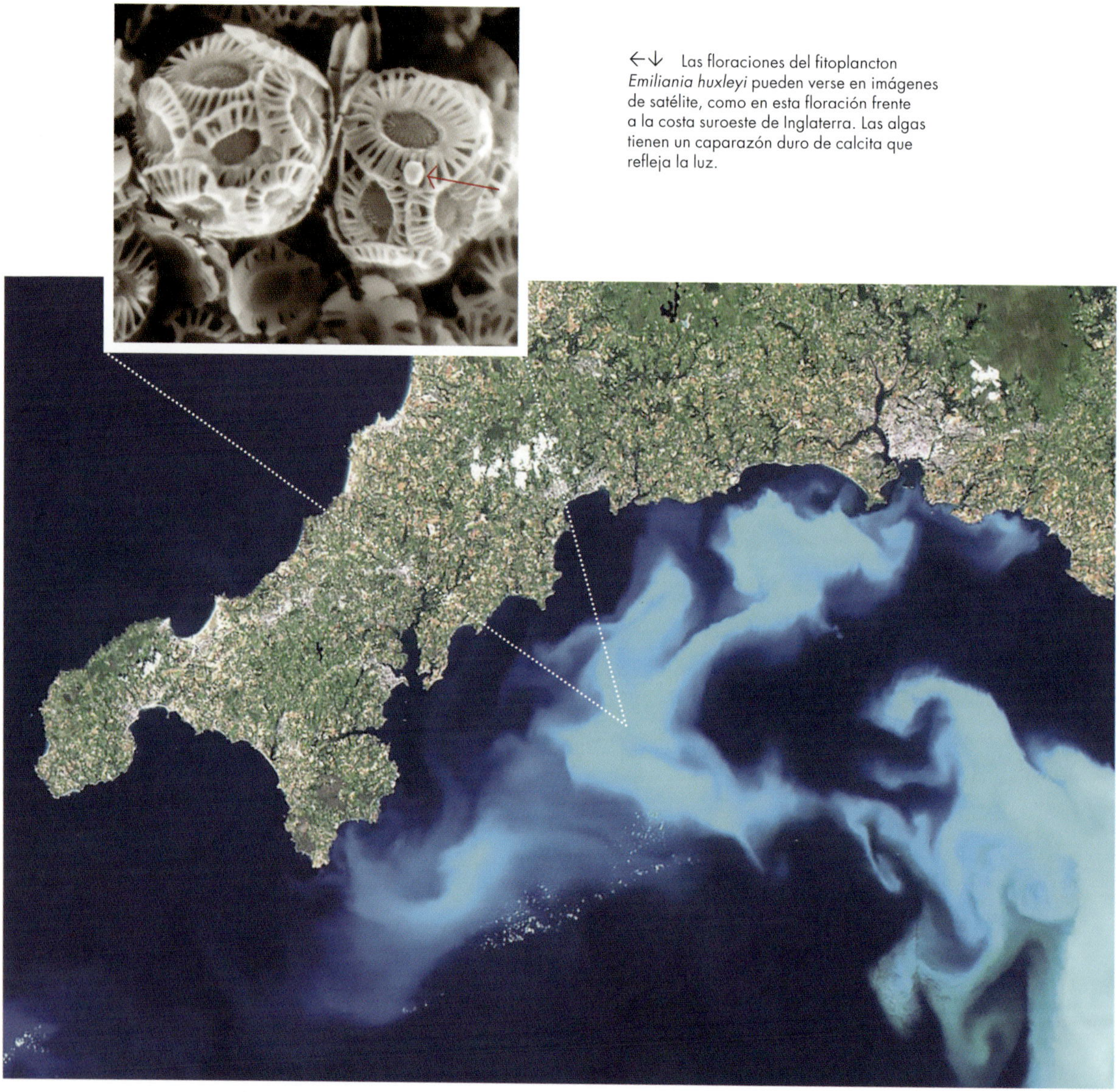

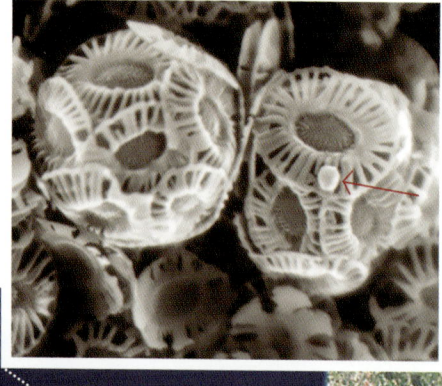

←↓ Las floraciones del fitoplancton *Emiliania huxleyi* pueden verse en imágenes de satélite, como en esta floración frente a la costa suroeste de Inglaterra. Las algas tienen un caparazón duro de calcita que refleja la luz.

Efectos de la infección vírica en el comportamiento del huésped

Muchos virus influyen en el comportamiento de sus huéspedes, lo que suele estar relacionado con un incremento de la transmisión del virus. Los bornavirus son un ejemplo de ello, ya que la infección aumenta la agresividad en varias especies de roedores y el virus se transmite durante el comportamiento asociado a la mordedura.

El virus de la rabia también aumenta la agresividad en muchas especies huésped, así como una afectación conocida como hidrofobia, o miedo al agua. Si el huésped no bebe agua, aumenta la concentración del virus en su saliva. El virus de la inmunodeficiencia de simios (a partir del cual evolucionó el VIH) infecta a muchos primates salvajes y aumenta de forma similar la agresividad en estos animales.

Algunos de los efectos más interesantes de los virus sobre el comportamiento se observan en los insectos. El virus patógeno del dengue humano y el virus de la encefalitis de La Crosse son transmitidos por mosquitos. Los virus aumentan la tasa de alimentación de los huéspedes, y los infectados por el virus de La Crosse tienen tasas mucho más altas de alimentación sobre nuevos huéspedes. Esto aumenta la transmisión del virus a nuevos seres humanos.

Existen más ejemplos de manipulación del comportamiento de los insectos por los virus, como el aumento del apareamiento en grillos infectados con un iridovirus (que, por cierto, los vuelve azules). Otro ejemplo es el de las avispas parasitoides, que ponen sus huevos dentro de un insecto: se trata de un proceso lento, pero el huevo se desarrolla en el insecto y la larva eclosionada acaba por matarlo comiéndose sus órganos

↑ Los iridovirus son los únicos virus que tienen un color natural. El color no es un pigmento, sino que se deriva de las propiedades reflectantes de la partícula vírica. Los insectos infectados por iridovirus pueden mostrar el color del virus, como esta cochinilla. En los grillos, la infección por un iridovirus aumenta su deseo de aparearse.

internos. Por lo general, los parasitoides pueden saber si su insecto huésped ya ha sido parasitado por otra avispa, y evitarán poner huevos en él, ya que las posibilidades de que el segundo huevo sobreviva son muy bajas. Sin embargo, cuando la avispa está infectada por un virus, pone sus huevos preferentemente en insectos que ya están parasitados. El segundo huevo no se desarrollará, pero la avispa transmitirá el virus a la otra larva.

Efectos de los cambios en la ecología del hospedador sobre los virus

Hace milenios que el poliovirus infecta al ser humano y puede causar una enfermedad neurológica grave, llamada poliomielitis, comúnmente conocida como enfermedad de la polio. Sin embargo, esta enfermedad era extremadamente rara hasta el siglo XX, cuando se convirtió en una epidemia, causando parálisis, deformidades y a menudo la muerte, especialmente en niños. ¿Qué cambió, entonces? La respuesta es: la gente.

El poliovirus es un virus asociado al consumo de agua que se transmite por vía fecal-oral. Antes del siglo XX, las fuentes de agua potable estaban llenas del virus y casi todas las personas se infectaban a una edad muy temprana, alrededor del momento del destete, cuando los anticuerpos maternos dejaban de protegerlas. En el lactante, la poliomielitis es muy leve, pero esta infección proporciona una inmunidad de por vida. A comienzos del siglo XX se reconoció el papel del agua contaminada como fuente de cólera, y se hicieron esfuerzos para sanear los suministros. Al principio se utilizaba la filtración, pero después de la Primera Guerra Mundial, la mayor parte del agua pasó a desinfectarse con cloro. Esto eliminó el poliovirus de los suministros de agua potable y los niños ya no contrajeron la poliomielitis. Sin embargo, seguía habiendo muchos poliovirus, porque la modernización de los sistemas de alcantarillado no empezó hasta las décadas de 1960 y 1970. Como resultado, los niños mayores y los adultos quedaban expuestos al poliovirus en el medio ambiente, a menudo mientras nadaban. Cuando el virus infecta a alguien pasada la primera infancia, los temidos efectos paralizantes de la poliomielitis son mucho más frecuentes.

↗ El pulmón de acero se utilizó durante los brotes de poliomielitis a mediados del siglo XX para ayudar a los pacientes a respirar. Esta enfermedad causa parálisis en muchas partes del cuerpo, y cuando afecta al diafragma, los pacientes mueren porque no pueden respirar. El pulmón de acero, un ventilador de presión negativa, salvó muchas vidas: los pacientes solían pasar al menos dos semanas encerrados en la máquina.

→ Una niña de diez años víctima de la polio en Bangalore, India, en 2006. El último caso de polio en la India se registró en 2011, y desde entonces se ha erradicado la enfermedad en ese país.

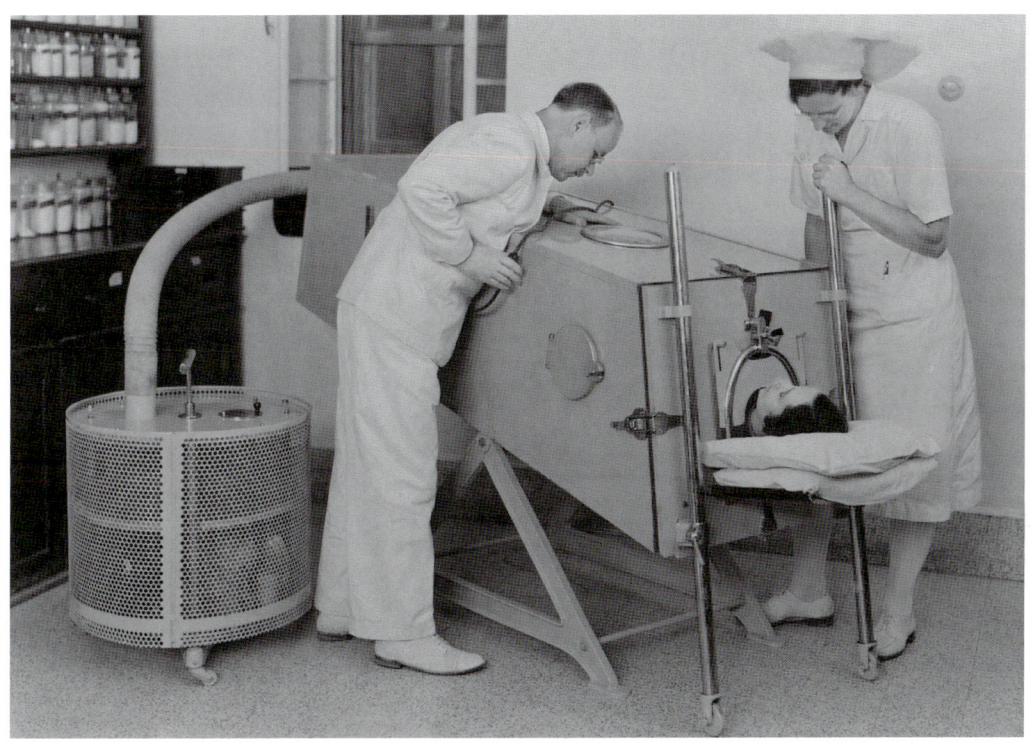

Otros cambios en la ecología humana han repercutido en enfermedades víricas como la fiebre amarilla, el dengue y el Chikungunya. La fiebre amarilla se propagó por todo el mundo con el desplazamiento de personas, mientras que el dengue y el Chikungunya se han propagado en las últimas décadas por la migración de las zonas rurales a los centros urbanos. La deforestación y el aumento de la población humana se han sumado a estos problemas. El cambio climático también es un factor influyente, sobre todo en el caso de los virus transmitidos por insectos, ya que su área de distribución está en aumento.

Los seres humanos también han propagado involuntariamente virus de plantas y animales domésticos por todo el mundo: muchos de los virus de plantas se han convertido en epidémicos al cultivarse en lugares nuevos, y los virus de plantas autóctonas se han trasladado a los cultivos.

Propagación de un virus vegetal por el mundo

El tomate (*Solanum lycopersicum*) es originario de Sudamérica, pero se cultiva en todo el mundo. Las plantas introducidas en Oriente Próximo se encontraron con un virus local que causa el virus del rizado amarillo de la hoja del tomate, una enfermedad grave. El virus se propagó por todo el mundo e infectó a las tomateras en muchos lugares.

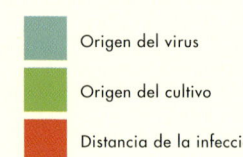

Origen del virus

Origen del cultivo

Distancia de la infección

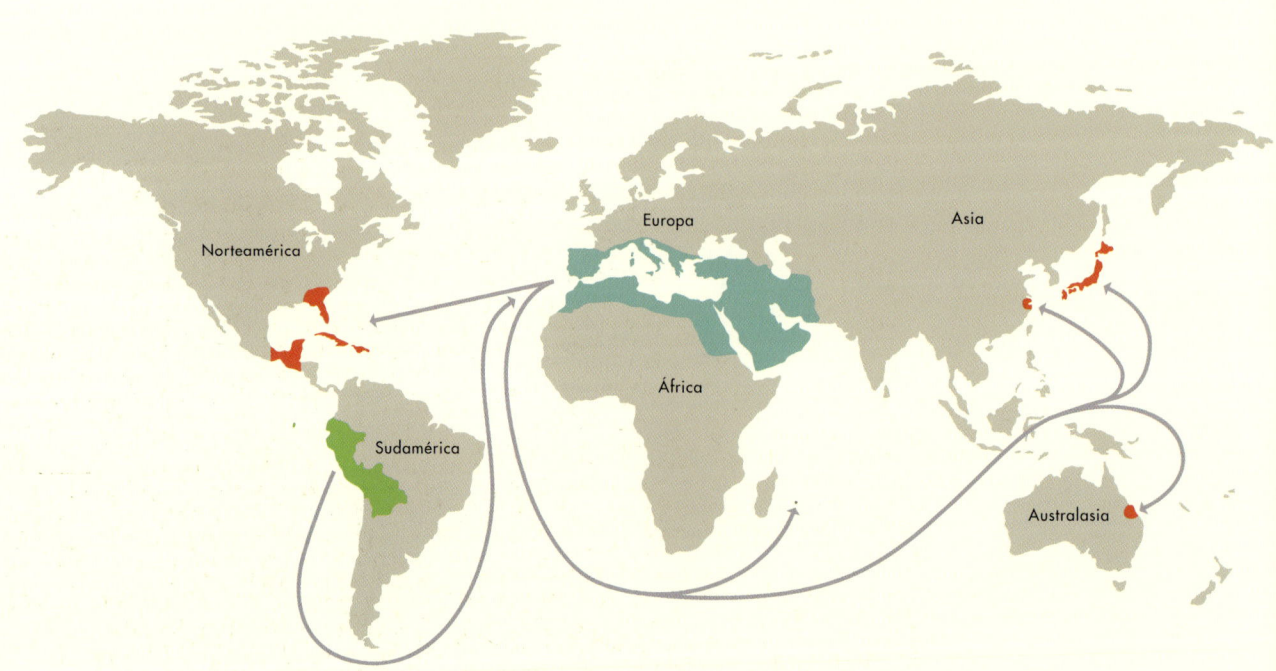

VIRUS Y ESPECIES INVASORAS

A medida que el ser humano se ha ido desplazando por el planeta, se ha llevado consigo plantas, animales y microbios, algunas veces de forma intencionada y otras, accidentalmente. Los recién llegados pueden convertirse en invasores cuando se apoderan de un nicho ocupado por una especie autóctona; los virus pueden ayudar en este proceso. Por ejemplo, en las praderas de California, la avena salvaje común (*Avena fatua*), invasora, atrae a un gran número de pulgones que son vectores de un virus. Este virus es muy perjudicial para la planta autóctona, por lo que ha contribuido al éxito de la avena exótica.

Cuando los europeos llegaron a América, trajeron consigo sus enfermedades, entre ellas varios virus que marcaron gran parte del futuro de los indígenas. La viruela fue quizá la más devastadora, ya que mató a comunidades enteras que nunca habían estado expuestas al virus y no tenían inmunidad contra él. Incluso virus normalmente menos graves, como la gripe, el sarampión y los rinovirus (virus del resfriado común), fueron a menudo letales debido a la falta de inmunidad de las poblaciones indígenas (*véase* página 232).

Los seres humanos también han utilizado virus para intentar combatir a las especies invasoras. Un ejemplo es el programa de control del conejo europeo (*Oryctolagus cuniculus*) en Australia en la década de 1950. En 1859, se introdujeron en Australia 24 conejos. Estos 24 conejos, libres de sus depredadores naturales, se reprodujeron como tales y a mediados del siglo XX se calculaba que había 600 millones de conejos en el país. Se descubrió que el virus del mixoma, que infecta al conejo brasileño (*Sylvilagus brasiliensis*) pero causa en él una enfermedad leve, provocaba mixomatosis, una enfermedad mortal para el conejo europeo. En 1950 se introdujo este virus en Australia, y en 1952 la población de conejos había disminuido a 100 millones. Sin embargo, el programa no resultó ser un éxito, porque las muertes cesaron en ese momento. Resultó que el virus se había adaptado a su nuevo huésped y había evolucionado para ser menos virulento.

↓   Unos conejos beben agua en una zona del interior remoto y semiárido de Australia, en la década de 1950.

Enterovirus humano C

Virus cuya evolución cambió cuando los humanos empezaron a potabilizar el agua que bebían

GRUPO	IV
FAMILIA	Picornaviridae
GÉNERO	Enterovirus
GENOMA	ARN monocatenario, no segmentado, de aproximadamente 7500 nucleótidos que codifican 11 proteínas
PARTÍCULA VÍRICA	No envuelta, icosaédrica, de aproximadamente 30 nm
HUÉSPEDES	Humanos
ENFERMEDADES ASOCIADAS	Poliomielitis
TRANSMISIÓN	A través del agua
VACUNA	Virus vivos atenuados, o mezcla de tres serotipos muertos por calor

El enterovirus C, también conocido como poliovirus, ha sido famoso por muchas razones, pero la mayoría de la gente lo asocia con la grave enfermedad poliomielitis (polio) o parálisis infantil, que se extendió por todo el mundo en el siglo XX.

Hoy, el poliovirus está casi erradicado gracias a la vacunación, pero todavía se producen al año unos cientos de casos de polio en el mundo. Esto se debe en gran parte a que la vacuna viva atenuada puede revertir en algunas ocasiones a una forma más virulenta (*véase* página 177). Recientemente, se han detectado cepas derivadas de la vacuna de la polio en las aguas residuales de Nueva York, Jerusalén y Londres, lo que indica cierta circulación del virus, y también se ha producido un caso de parálisis en Nueva York. La vacuna atenuada es fácil de administrar porque se suministra de forma oral, en lugar de la inyección que requiere la vacuna muerta por calor. En algunas zonas de Oriente Próximo asoladas por las guerras también se han detectado en los últimos años algunos casos de polio salvaje, el virus original. Además, la pandemia de la COVID-19 ha relajado algunas campañas de vacunación, y existe una grave amenaza de poliomielitis en gran parte de África central, así como en Palestina y Ucrania. En toda África permanece el estatus de «aún no erradicada».

Hay pruebas de restos de poliomielitis en al menos una momia egipcia, lo que indica que el virus ha estado presente en humanos durante mucho tiempo. Sin embargo, la enfermedad era muy rara hasta que se eliminó el virus del agua potable mediante la cloración.

El enterovirus humano C fue el primero en ser clonado por técnicas de ingeniería genética, de forma que el clon pudiera utilizarse para infectar células. En la actualidad, se han clonado muchos virus, lo que constituye una herramienta extremadamente útil para estudiar cómo interactúan con sus huéspedes. En 2002 se sintetizó artificialmente en un laboratorio el genoma completo del enterovirus humano C a partir de la secuencia conocida de los nucleótidos. El genoma sintético podía infectar a las células, lo que lo convertía en el primer ejemplo de vida creada artificialmente.

Los experimentos con el enterovirus humano C han demostrado que los antibióticos utilizados para combatir las bacterias también pueden tener efecto sobre una infección vírica. En general, los antibióticos no son activos contra los virus y, de hecho, pueden incluso aumentar la enfermedad en algunos virus como el de la gripe. Sin embargo, los virus que son absorbidos por el intestino son capaces de utilizar las bacterias intestinales para potenciar su infección, por lo que la eliminación de estas bacterias puede disminuir la infección por virus, aunque suele ser perjudicial para la salud global del paciente.

→ La estructura del enterovirus humano C generada mediante datos de criomicroscopía electrónica.

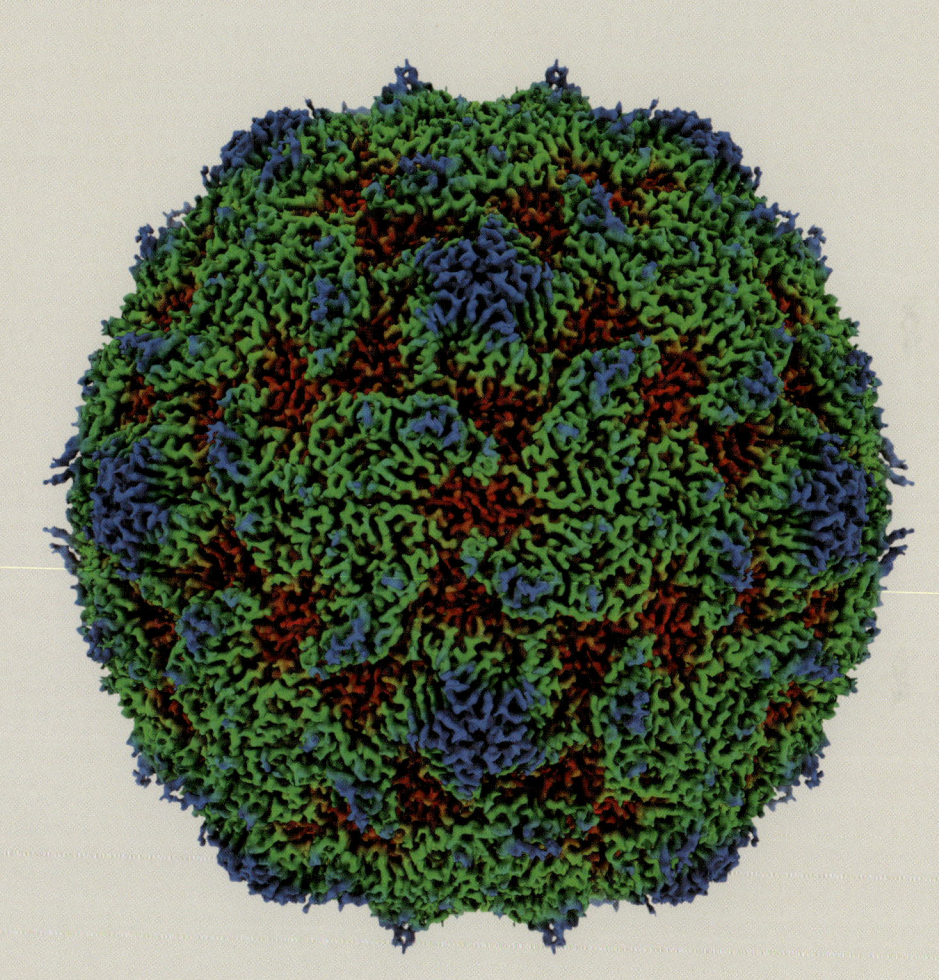

TYLCCNV

Virus de China del rizado amarillo de la hoja del tomate

Virus que ayuda a un insecto invasor

GRUPO	II
FAMILIA	Geminiviridae
GÉNERO	Begomovirus
GENOMA	ADN circular, monocatenario, no segmentado, de aproximadamente 2700 nucleótidos que codifican 6 proteínas
PARTÍCULA VÍRICA	No envuelta, doble icosaédrica, de unos 22 nm por 38 nm
HUÉSPEDES	Tomate (*Solanum lycopersicum*), tabaco (especies de *Nicotiana*)
ENFERMEDADES ASOCIADAS	Amarilleamiento, rizado de las hojas
TRANSMISIÓN	Mosca blanca

El virus de China del rizado amarillo de la hoja del tomate (TYLCCNV, por sus siglas en inglés) es uno de los 13 virus que probablemente se originaron a partir de un único virus, aislado por primera vez en Oriente Próximo. Cada especie de virus ha divergido rápidamente en su ubicación, y se designa por el país donde se aisló.

Muchos virus de plantas son sensibles al calor, y el tratamiento térmico de la punta de crecimiento de las plantas es un antiguo método utilizado para deshacerse de los virus en aquellas que se cultivan a partir de esquejes en lugar de semillas. En Oriente Próximo, las temperaturas normales para el cultivo de tomateras (*Solanum lycopersicum*) alcanzan con frecuencia los 40 °C. Sin embargo, el virus del rizado amarillo de la hoja del tomate se replica mejor a estas altas temperaturas, y también confiere tolerancia al calor a su huésped, el tomate.

La mayoría de los virus de la familia Geminiviridae son transmitidos por la mosca blanca de la hoja plateada (*Bemisia tabaci*). Estos insectos se han ido distribuyendo por todo el planeta y son una especie invasora en muchos lugares. Se alimentan de la parte inferior de las plantas y son especialmente frecuentes en los invernaderos, donde las poblaciones pueden aumentar con rapidez. Por sí solos no causan daños significativos a la planta, pero se ha descubierto que transmiten unos 60 virus vegetales diferentes, por lo que suponen una enorme amenaza para la agricultura.

En China, hay dos biotipos diferentes de mosca blanca (un biotipo es un subgrupo de una especie que comparte el mismo genotipo) que actúan como vectores del virus de China del rizado amarillo de la hoja del tomate. Uno de estos biotipos es nativo y el otro es invasor. El primero vive más tiempo y tiene más descendencia cuando coloniza plantas infectadas, mientras que el segundo no se ve afectado por el virus. Esto ha permitido que el biotipo invasor desplace al nativo, potenciando la propagación del virus. Por tanto, el virus es un mutualista indirecto de la mosca blanca invasora.

→ Estructura del virus de las venas amarillas de Ageratum, pariente cercano del TYLCCNV, determinada por datos de criomicroscopía electrónica.

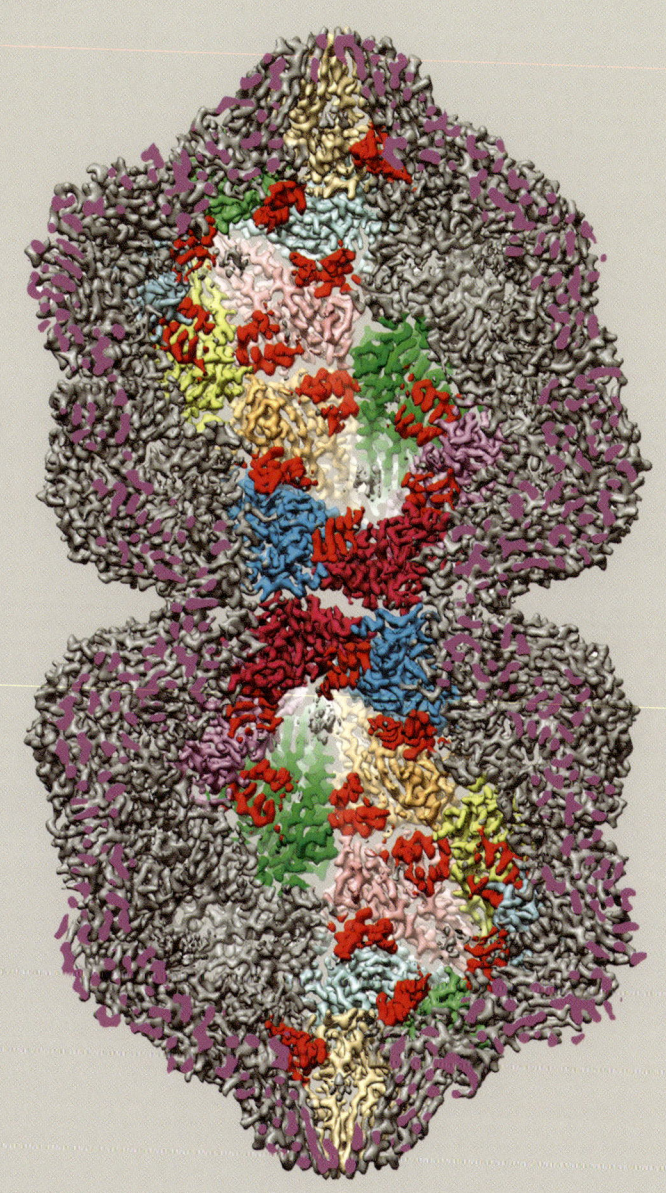

CMV

Virus del mosaico del pepino

Virus que puede infectar tanto a las plantas como a los hongos

GRUPO	IV
FAMILIA	Bromoviridae
GÉNERO	Cucumovirus
GENOMA	ARN lineal, monocatenario, 3 segmentos de aproximadamente 8500 nucleótidos que codifican 5 proteínas
PARTÍCULA VÍRICA	No envuelta, icosaédrica, de unos 28 nm
HUÉSPEDES	Más de 1200 especies de plantas
ENFERMEDADES ASOCIADAS	Mosaico, amarilleamiento, rizado de las hojas, atrofia, distorsiones foliares
TRANSMISIÓN	Áfidos

El virus del mosaico del pepino (CMV, por sus siglas en inglés) se descubrió por primera vez en una infección de pepinos, a los que causa síntomas de mosaico en las hojas y necrosis en los frutos. Desde entonces, el virus se ha descrito en 1200 especies de plantas, más huéspedes distintos que cualquier otro virus conocido, aunque probablemente existan más que aún no se han descrito. Curiosamente, casi todas las plantas de pepino que se cultivan hoy son resistentes al virus.

El CMV es uno de los virus de ARN de plantas más estudiados. Su genoma segmentado lo convierte en un buen virus modelo para estudios genéticos, y fue uno de los primeros virus de plantas que se clonó de forma que se pudieran producir virus infecciosos. Esto también lo convirtió en un excelente modelo para estudios de evolución experimental.

Uno de los descubrimientos recientes más notables del CMV es que también puede infectar a los hongos. El virus se encontró en un hongo patógeno de las plantas de patata (*Solanum tuberosum*) que causa la podredumbre del tubérculo; esta era una cepa casi idéntica a las cepas de CMV que se encuentran en las plantas. En experimentos de laboratorio, los investigadores descubrieron que el virus fúngico podía infectar plantas e inducir los síntomas típicos. Otra cepa del virus, aislada originalmente de plantas de melón, también podía infectar al hongo, y el virus lograba transmitirse entre cepas estrechamente relacionadas. Cuando los investigadores utilizaron tejido de hongo infectado para colonizar plantas, el virus se transmitió a estas. El experimento inverso también funcionó: cuando se utilizó un hongo sin virus para colonizar plantas infectadas, el virus se transfirió al hongo. Algunos otros hongos también pudieron infectarse experimentalmente con CMV.

Aunque hay varios ejemplos de virus que pueden infectar a insectos y plantas, son raros los que afectan a otros reinos. Esto tiene importantes implicaciones sobre los orígenes de los virus. Si un mismo virus puede infectar distintos reinos, los científicos no pueden saber con certeza cuál es el huésped original, pero es posible que un virus como el CMV se originara como un virus fúngico y se convirtiera en un virus epidémico vegetal tras saltar a las plantas.

→ La estructura del virus del mosaico del pepino derivado de datos de criomicroscopía electrónica.

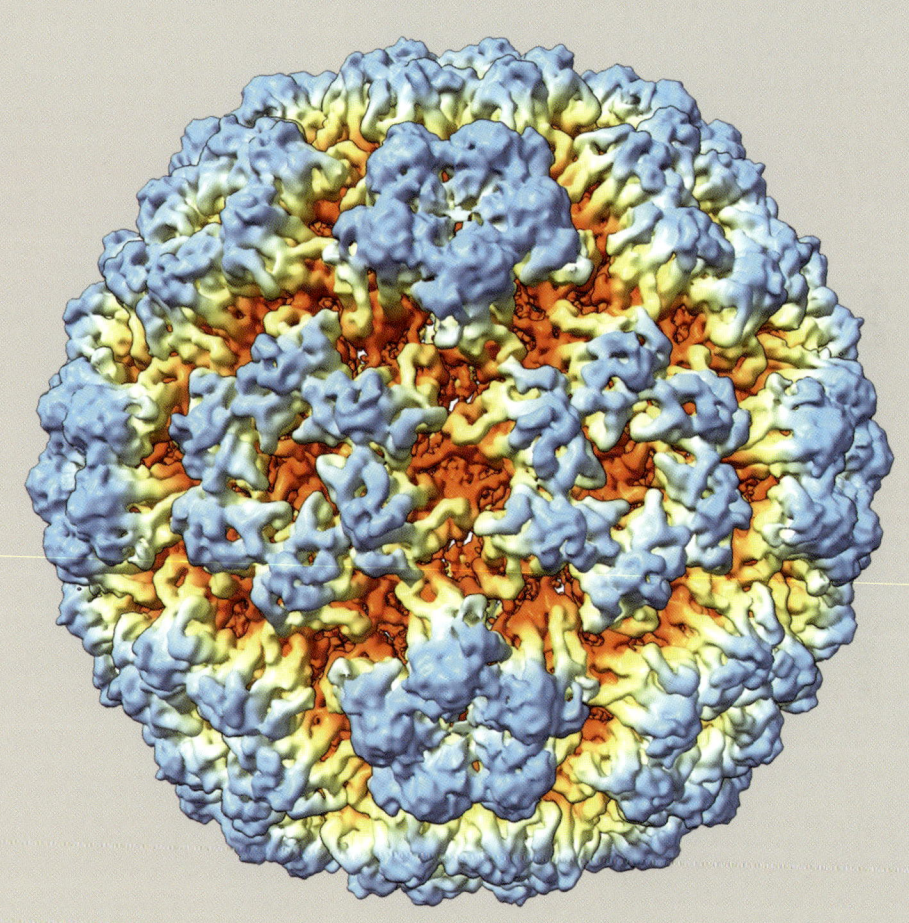

SVSYN5

Synechococcus virus Syn5

Virus esencial para el flujo de nutrientes en los océanos

GRUPO	I
FAMILIA	Autographiviridae
GÉNERO	Voetvirus
GENOMA	ADN lineal, bicatenario, no segmentado, de aproximadamente 4600 nucleótidos que codifican 61 proteínas
PARTÍCULA VÍRICA	No envuelta, icosaédrica con cola corta y fibras en ella
HUÉSPEDES	Especies de *Synechococcus*
ENFERMEDADES ASOCIADAS	Desintegración celular
TRANSMISIÓN	A través del agua

Las cianobacterias son bacterias fotosintéticas que viven en los océanos e incluyen los géneros *Synechococcus* y *Prochlorococcus*. Son responsables de gran parte de la fotosíntesis que se produce en ellos y son grandes productoras de oxígeno.

El número de cianobacterias marinas está controlado por virus como el Synechococcus virus Syn5 (SVSYN5, por sus siglas en inglés), que infecta y mata a los microbios. Si los microbios no mueren de esta forma, se hunden en el fondo del mar al morir, y se llevan consigo todos sus nutrientes. Cuando los virus desintegran las bacterias (*véase* página 197), su contenido permanece en los niveles superiores de los océanos y queda disponible para que otros organismos lo utilicen en el ciclo continuo de la vida.

Hay miles de millones de especies de virus diferentes que infectan a las cianobacterias marinas y todas participan en este reciclaje masivo, que tiene lugar a diario. Sin ellas, los océanos morirían y también el resto de la vida en la Tierra. Aunque estos virus podrían considerarse patógenos de las bacterias, también pueden ayudar a sus huéspedes, proporcionándoles genes importantes para su metabolismo, denominados genes metabólicos auxiliares. Estos genes son especialmente importantes cuando las bacterias se encuentran en entornos extremos, como los respiraderos de aguas profundas. Aunque los estudios científicos descubren cada vez más virus en los océanos, aún sabemos muy poco sobre qué virus infectan a qué huéspedes. Los virólogos desarrollan mejores herramientas para desvelar estos misterios, pero llevará tiempo resolver todas las relaciones entre virus y cianobacterias.

→ Modelo de la estructura del Synechococus virus Syn5.

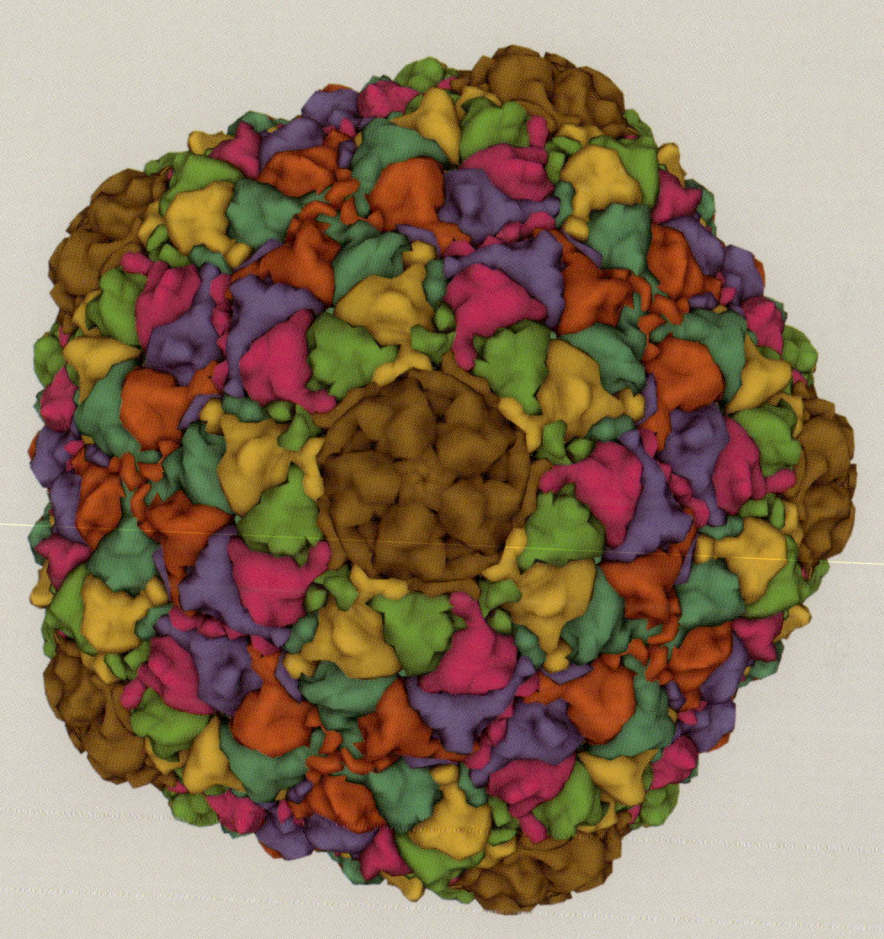

LdMNPV

Virus de la poliedrosis nuclear múltiple de *Lymantria dispar*

Virus de insectos importante para el control de las poblaciones

GRUPO	I
FAMILIA	Baculoviridae
GÉNERO	Alphabaculovirus
GENOMA	ADN circular, bicatenario, de aproximadamente 167 000 nucleótidos (167 kb) que codifican 165 proteínas
PARTÍCULA VÍRICA	Envuelta, con un núcleo en forma de cohete
HUÉSPEDES	Lagarta peluda (*Lymantria dispar*)
ENFERMEDADES ASOCIADAS	Enfermedad de las copas de los árboles
TRANSMISIÓN	Por ingesta

A mediados del siglo XIX se registraron en Europa fluctuaciones en los niveles de población de la lagarta peluda (*Lymantria dispar*), aunque se desconocía la causa de estas variaciones. En la década de 1860, la especie se introdujo en Estados Unidos, donde causó muchos daños en los bosques del noreste y se ha extendido hacia el sur y el oeste.

→ Representación gráfica del virus de la poliedrosis nuclear múltiple de *Lymantria dispar*, que muestra un corte del núcleo interno de la partícula.

El virus de la poliedrosis nuclear múltiple de *Lymantria dispar* (LdMNPV, por sus siglas en inglés) es un enemigo natural de la lagarta peluda que infecta a la larva del insecto y provoca ciclos de auge y caída de la población. El virus puede transmitirse verticalmente (*véase* página 112), cuando causa una infección no letal, lo que suele ocurrir cuando la densidad de insectos es baja. Sin embargo, cuando los insectos alcanzan una densidad elevada, es más probable que el virus se transmita horizontalmente, en cuyo caso la enfermedad se vuelve letal.

El virus también modifica el comportamiento de la especie de dos maneras. En primer lugar, retrasa la muda, por lo que el insecto pasa más tiempo alimentándose en las frondosas copas de los árboles. En segundo lugar, en vez de esconderse durante el día, los insectos se alimentan continuamente y suben a las copas de los árboles. El aumento de la biomasa por el retraso en la muda y la alimentación continua proporcionan conjuntamente más material para la formación de cuerpos de oclusión, la forma infecciosa del virus. Tras la muerte las lagartas peludas infectadas en las copas de los árboles, sus cuerpos llenos de virus se licúan y millones de ellos caen en forma de lluvia a través del dosel arbóreo y sobre el suelo del bosque. Las larvas recién nacidas los ingieren y el ciclo vuelve a empezar.

El Departamento de Agricultura de Estados Unidos utiliza el LdMNPV de forma comercial, el Gypchek, para controlar la población de *Lymantria*. Este método de biocontrol funciona bien porque el virus es muy específico para este insecto y no infecta a ningún otro (aunque los virus relacionados de la familia Baculoviridae sí infectan a otros insectos).

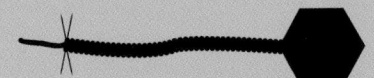

LOS VIRUS
BUENOS

Simbiosis y simbiogénesis

¿Pueden realmente los virus ser beneficiosos para la especie humana? Aunque las noticias suelen hablar de virus dañinos, la mayoría no causan ninguna enfermedad a sus huéspedes y algunos son claramente beneficiosos o incluso necesarios para su supervivencia. En el capítulo anterior se analizaron algunas de las formas en que los virus son necesarios para mantener el equilibrio de los ecosistemas del planeta. Este capítulo abordará algunas de las formas más directas en que los virus benefician a sus huéspedes.

El término simbiosis se acuñó en el siglo XIX para describir el liquen como una mezcla de células fúngicas y bacterianas que conviven. A menudo se confunde con mutualismo, pero son conceptos distintos. Los simbiontes son entidades diferentes que viven en una relación íntima, que puede ser beneficiosa para ambas partes (mutualista), pero también puede ser neutra o antagónica, como ocurre con los patógenos. Todos los virus son simbiontes; la mayoría son probablemente neutros, algunos son mutualistas y unos pocos son patógenos.

La simbiogénesis se produce cuando los simbiontes se fusionan para formar una nueva entidad, como la aparición de células eucariotas tras la fusión de una célula prototipo con una bacteria que se convirtió en la mitocondria celular. Los virus también pueden ser simbiogénicos: existen numerosos ejemplos de genes de virus que se fusionan con el genoma de su huésped. Solo los retrovirus, fácilmente reconocibles, representan alrededor del 8 por ciento del genoma humano, es decir, unas cinco veces más grande que la cantidad de genoma que codifica proteínas.

El retrovirus endógeno humano K (*véase* página 56) es un virus simbiótico del genoma humano necesario para la formación de la placenta. Otros retrovirus endógenos también son esenciales: en algunos casos, el virus transporta un gen para una proteína crítica, mientras que en otros afecta a diferentes genes cercanos en el genoma. Por ejemplo, la amilasa es una enzima necesaria para la digestión de almidones. Se encuentra en el intestino, pero en los humanos también está en la saliva gracias a un retrovirus endógeno que permitió fabricarla en las glándulas salivales. En algunos casos, un retrovirus endógeno puede proteger al huésped de otros virus relacionados. Esto ocurre en mamíferos, plantas, insectos y hongos.

↖ Los líquenes fueron las primeras entidades descritas como simbiontes, un hongo y un alga que crecen juntos. Este ejemplar, *Umbilicaria phaea*, se utilizó en un estudio para encontrar virus, y se identificaron varios virus nuevos relacionados con virus vegetales y bacterianos.

La placenta de los mamíferos

La mayoría de los mamíferos desarrollan una placenta durante la gestación del feto mediante la fusión de múltiples células maternas. Esta estructura, el sincitiotrofoblasto, proporciona alimento al feto en desarrollo y una barrera a la transmisión de la mayoría de los agentes infecciosos. La proteína crítica para que pueda producirse esta fusión celular es la sincitina-1, codificada por un retrovirus endógeno. Las vellosidades proporcionan superficies celulares extendidas para los intercambios entre el tejido materno y el fetal.

Árbol genealógico de los mamíferos placentarios

Todos los mamíferos placentarios tienen un retrovirus endógeno que proporciona la sincitina, pero no todos tienen el mismo. Hay cuatro linajes claros (*véase* recuadro inferior) de los virus que codifican la sincitina, lo que indica la posibilidad de que los mamíferos placentarios evolucionaran más de una vez, o que un retrovirus endógeno ancestral haya sido sustituido en algunos linajes.

Vaso fetal

Vellosidades maternas

Vaso materno

Vaso fetal

Citotrofoblasto

Sincitiotrofoblasto

Glóbulos rojos maternos

Vaso materno

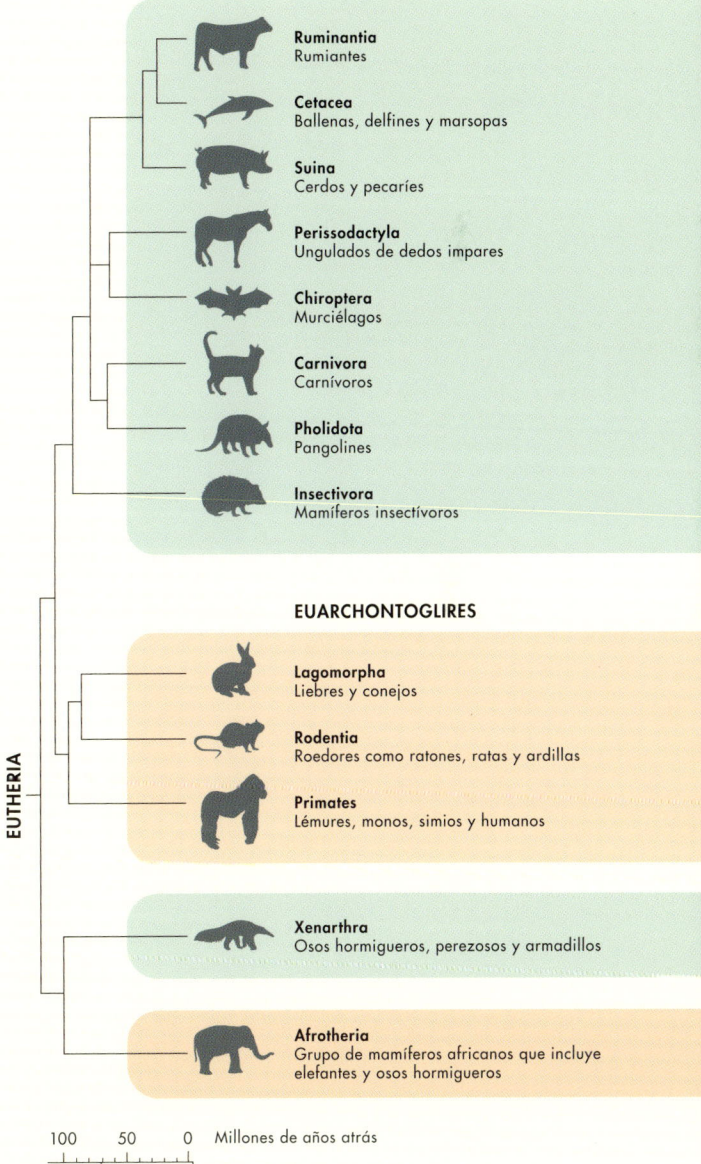

LAURASIATHERIA

Ruminantia
Rumiantes

Cetacea
Ballenas, delfines y marsopas

Suina
Cerdos y pecaríes

Perissodactyla
Ungulados de dedos impares

Chiroptera
Murciélagos

Carnivora
Carnívoros

Pholidota
Pangolines

Insectivora
Mamíferos insectívoros

EUARCHONTOGLIRES

Lagomorpha
Liebres y conejos

Rodentia
Roedores como ratones, ratas y ardillas

Primates
Lémures, monos, simios y humanos

Xenarthra
Osos hormigueros, perezosos y armadillos

Afrotheria
Grupo de mamíferos africanos que incluye elefantes y osos hormigueros

EUTHERIA

100   50   0   Millones de años atrás

Cretáceo   Cenozoico

No es sorprendente que se encuentren tantos retrovirus en los genomas, ya que estos deben integrarse en un genoma como parte de su ciclo vital (*véanse* páginas 84 y 85). Sin embargo, en los genomas pueden encontrarse secuencias de todas las clases de virus. En la mayoría de los casos no se sabe cómo han llegado hasta ahí ni si tienen alguna actividad, pero en unos pocos casos pueden proteger al huésped de otros virus relacionados.

Un virus mutualista que infecta a avispas parasitoides que utilizan orugas para criar a su descendencia está en proceso de convertirse en simbiogénico. Los genes de la mayoría de las proteínas normales del virus, como las proteínas estructurales y las enzimas de replicación, se han trasladado al genoma de la avispa. La avispa utiliza las partículas del virus como sistema de transmisión de sus propios genes, que suprimen el sistema inmunitario de la oruga. Las partículas víricas se depositan cuando la avispa pone su huevo en la oruga. Sin la capacidad de suprimir el sistema inmunitario de la oruga, el huevo de la avispa sería expulsado por el cuerpo de la oruga y, por tanto, sería incapaz de desarrollarse. Existen miles de estos virus mutualistas, asociados a sus avispas huésped desde hace mucho tiempo.

La vida de un virus simbionte

Los polidnavirus y las avispas parasitoides son un ejemplo de simbiogénesis, o fusión, para formar una nueva entidad, en acción. Los genes víricos se encuentran en su mayor parte en el genoma de la avispa, y esta utiliza el virus para empaquetar y liberar sus propios genes que suprimen el sistema inmunitario de su oruga huésped.

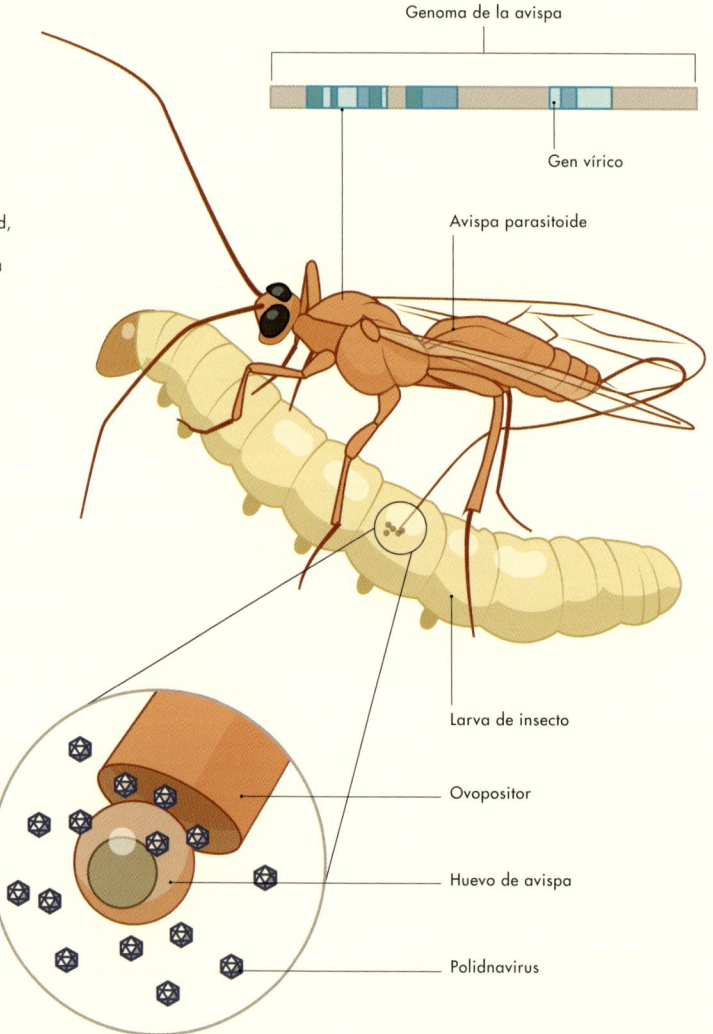

Genoma de la avispa

Gen vírico

Avispa parasitoide

Larva de insecto

Ovopositor

Huevo de avispa

Polidnavirus

↑   Capullos de avispas
bracónidas parasitarias
en la oruga de una polilla
halcón parasitada.

Los virus en la salud humana y animal

En la década de 1980, el diagnóstico de infección por el virus de la inmunodeficiencia humana (VIH) se consideraba una sentencia de muerte, ya que provocaba un efecto catastrófico en el sistema inmunitario que desembocaba en el síndrome de inmunodeficiencia adquirida (sida). Sin embargo, algunas personas contrajeron el virus sin que la infección les causara nunca la enfermedad. En algunos casos, esto pudo deberse a que también estaban infectados por el pegivirus humano (antes conocido como virus de la hepatitis G), que no causa ninguna enfermedad en los humanos, pero puede retrasar la aparición del sida.

→ Las aguas de la bahía de Chesapeake contienen altos niveles de *Vibrio cholerae*, pero las bacterias no causan el cólera porque los virus productores de toxinas no están presentes.

↓ Esta miniatura de la Biblia de Toggenburg (1411) muestra a unas personas que sufren lo que se cree que es una plaga de peste bubónica. Los ratones están protegidos de la plaga por la infección de un herpesvirus y es posible que un virus parecido proteja a los seres humanos modernos.

Otros virus humanos pueden suprimir la enfermedad causada por distintos virus, como el citomegalovirus, un tipo de herpesvirus que puede suprimir la infección por VIH y la gripe. También hay algunos virus en ratones, utilizados como modelos de enfermedades humanas, que las suprimen. Por ejemplo, un herpesvirus de ratón relacionado con los virus humanos puede suprimir la bacteria que causa la peste bubónica, la temida peste negra que diezmó la población europea en la Edad Media.

El viroma humano incluye gran cantidad de virus producidos por los microbios que viven en el intestino. En muchos animales, los bacteriófagos del microbioma normal se instalan en los puntos de entrada de las mucosas al organismo. Estos fagos reducen la capacidad de las bacterias de adherirse a las membranas, impidiendo así la infección por bacterias patógenas.

Los bacteriófagos son mutualistas muy importantes de muchas bacterias. Aunque no benefician a los huéspedes humanos de las bacterias, permiten a sus huéspedes bacterianos invadir el cuerpo humano. Aunque ahora es poco frecuente gracias a la vacunación, la difteria fue en su día una enfermedad que sembraba el terror, sobre todo en comunidades muy pobladas. No todos los casos eran severos, y la gravedad dependía de la producción de una toxina que permitía a la bacteria invadir el tejido del huésped en las vías respiratorias. Sin embargo, en realidad no son las propias bacterias las que codifican la toxina, sino un bacteriófago mutualista. Una situación similar ocurre con el cólera (*véase* página 244). La bacteria del cólera tiene que infectarse con dos virus mutualistas para producir la toxina que le permite invadir el tejido intestinal humano. Los fagos también codifican otras toxinas; por ejemplo, las temidas *Escherichia coli* contaminantes de los alimentos son en realidad las bacterias normales que viven en el intestino humano, que han sido infectadas con un fago portador de un gen de toxina de la bacteria *Shigella*.

La importancia del microbioma en el funcionamiento del intestino humano es bien conocida hoy en día, pero no hace mucho tiempo se consideraba que todas las bacterias eran gérmenes malignos. La diversidad del microbioma es una parte importante; en el intestino infantil en desarrollo los fagos eliminan las bacterias más abundantes, lo que permite que se desarrollen otras e incrementan la variedad. Aunque las bacterias intestinales son fundamentales para muchos aspectos de la digestión y el metabolismo, un experimento con ratones descubrió que el virus Norwalk, relacionado con la gastroenteritis en los cruceros, podía sustituir las funciones de las bacterias al establecer una actividad intestinal normal.

Salvar a un huésped del estrés

Una relación entre dos organismos diferentes que solo es beneficiosa en determinadas circunstancias se denomina mutualismo condicional. Varios virus de plantas pueden ser patógenos en condiciones normales, pero cuando las que están infectadas sufren sequía, sobreviven más tiempo sin agua que las plantas no infectadas.

↓ La hierba del pánico de Hot Springs (*Dichanthelium lanuginosum*) crece en los suelos geotérmicos del Parque Nacional de Yellowstone, en Wyoming. Sin embargo, la hierba no tolera las altas temperaturas del suelo a menos que sea colonizada por un hongo que, a su vez, esté infectado por un virus. El hongo se encuentra en otras plantas en suelos no termales de Yellowstone, pero, en estos lugares, no está infectado por el virus.

Los virus también son capaces de proteger a las plantas de afectaciones por frío, lo que les permite sobrevivir a heladas ligeras que de otro modo las matarían. En el Parque Nacional de Yellowstone, situado en Wyoming, crece la hierba del pánico en los suelos geotérmicos, que a menudo alcanzan temperaturas de hasta 55 °C. La planta es capaz de tolerar estas altas temperaturas porque está colonizada por un hongo infectado por un virus (*véase* página 240).

Mutualismo condicional en una simbiosis planta-virus

Las plantas infectadas por un virus (simbióticas) pueden
presentar síntomas en condiciones normales; sin embargo,
cuando se produce una situación de estrés por sequía, las
plantas infectadas por el virus obtienen mejores resultados
que las plantas sin virus (no simbióticas).

Los pulgones son pequeños insectos que se alimentan de las plantas. Son perjudiciales para las plantas por dos motivos: se alimentan del tejido vegetal y absorben los azúcares destinados a nutrir a la planta, y son portadores de virus y otros microbios que pueden causar enfermedades. Los pimientos (*Capsicum annuum*) están infectados por un virus persistente que solo se transmite verticalmente (*véase* página 238). Las plantas portadoras del virus no son tan atractivas para los pulgones como las plantas libres de él, y los pulgones que se alimentan de ellas no se replican tan bien como los que se alimentan de plantas no infectadas. El virus no provoca ninguna enfermedad en la planta, por lo que se trata de una relación puramente mutualista.

El pulgón rojo del manzano (*Dysaphis plantaginea*) está afectado por un virus que hace que al insecto le crezcan alas. El pulgón alado infectado por el virus es más pequeño que su homólogo sin virus y no se reproduce tan bien, por lo que en general el virus es un patógeno. Sin embargo, cuando una colonia de pulgones en una planta crece de forma notable, las alas suponen una ventaja, ya que permiten a los insectos desplazarse con mayor facilidad a otras plantas. Cuando un pulgón alado se posa sobre otra planta, deposita parte del virus en el tejido vegetal. El virus no se replica en la planta y no se transmite a la descendencia del pulgón, pero cuando aumenta la población de pulgones en la planta, se incrementan las probabilidades de que una nueva ninfa de pulgón adquiera el virus del tejido vegetal. Esto hace que le crezcan las alas para poder desplazarse a una nueva fuente de alimento, y así el ciclo vuelve a empezar.

↖ Una población del pulgón rojo del manzano (*Dysaphis plantaginea*) con morfos alados y no alados. Los pulgones alados (infectados por el virus) son más abundantes en otoño, cuando las colonias dejan las manzanas para pasar el invierno en los plátanos.

↑ El pulgón verde del guisante (*Acyrthosiphon pisum*) mantiene una relación mutualista con un bacteriófago.

Los pulgones pueden mantener otras relaciones mutualistas complejas con los virus. El pulgón verde del guisante (*Acyrthosiphon pisum*) es portador de una bacteria intestinal que produce una toxina. Esta toxina lo protege de una avispa parasitoide que pone sus huevos en el pulgón, matando a la larva de la avispa. Sin embargo, en realidad no es la bacteria la que produce la toxina, sino un bacteriófago que la infecta.

LOS VIRUS EN LA GUERRA MICROBIOLÓGICA NATURAL

Los virus bacterianos suelen integrarse en el genoma del huésped, y las bacterias con los virus integrados son inmunes a ser infectadas por el mismo virus o por otros relacionados. En muchas ocasiones, estos virus salen del genoma para replicarse y matar al huésped, como ocurre cuando las bacterias encuentran competidores en su entorno. El virus permanece en estado integrado en la mayoría de las bacterias de una población, pero unas pocas lo eliminan de su genoma para producir cientos de copias de este, que pueden infectar y matar a sus competidores. Esto permite al huésped invadir nuevos territorios. Las arqueas utilizan una estrategia similar para deshacerse de sus competidores.

Las levaduras también se ven afectadas por virus asesinos, pero estos no infectan directamente a las competidoras. En su lugar, los virus producen una toxina letal. La levadura infectada por el virus es inmune a la toxina, pero las levaduras no infectadas mueren rápidamente y dejan todos los nutrientes del medio a disposición de la levadura infectada (*véase* página 246).

Los virus también han participado en la expansión de las poblaciones humanas a nuevos entornos: cuando los europeos colonizaron otros continentes, como Australia y América, se llevaron consigo sus virus. Las poblaciones indígenas de estos lugares eran completamente susceptibles a estos virus porque nunca se los habían encontrado antes y no habían desarrollado inmunidad contra ellos. El virus del resfriado común, el sarampión, la gripe y otros virus resultaron letales para las poblaciones locales. Se calcula que el 90 por ciento de los pueblos indígenas de América murieron en la década siguiente a la llegada de los españoles a causa de las guerras y las enfermedades.

↓   Muchos indígenas americanos murieron a causa de la viruela tras la llegada de los europeos.

Un virus bacteriano asesino

Los fagos asesinos ayudan a sus huéspedes bacterianos a invadir nuevos territorios. Las bacterias pueden tener el genoma de un virus oculto en su propio genoma y, si son invadidas por otras bacterias, un pequeño número liberará el virus en su genoma para acabar con los invasores. La mayoría de las bacterias originales sobreviven, pero las invasoras mueren.

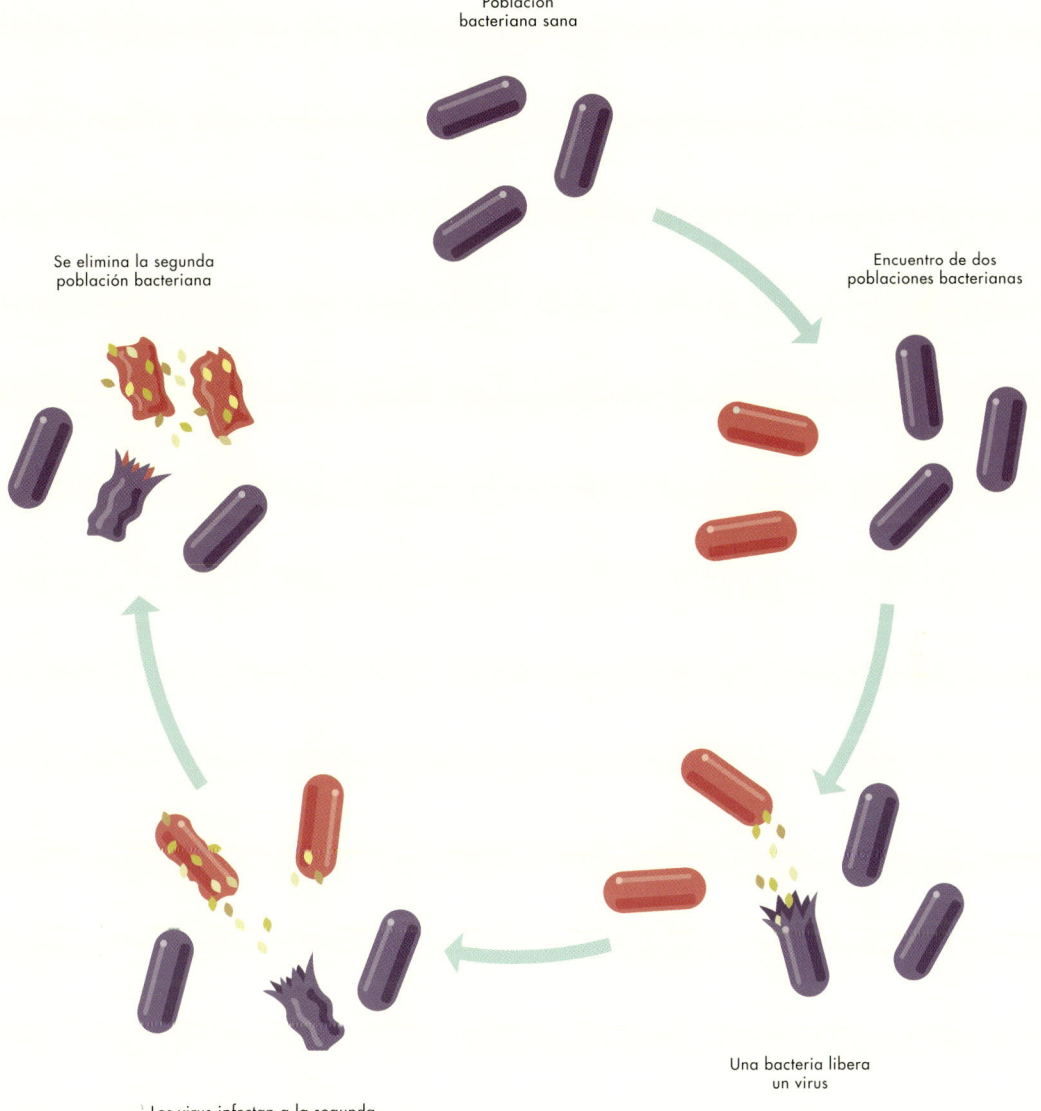

Población
bacteriana sana

Encuentro de dos
poblaciones bacterianas

Se elimina la segunda
población bacteriana

Una bacteria libera
un virus

Los virus infectan a la segunda
población bacteriana

Aprovechar los virus para controlar a los patógenos

En el pasado, la región oriental de Estados Unidos estuvo cubierta de bosques en los que predominaba el castaño estadounidense (*Castanea dentata*). Estos árboles enormes y majestuosos no solo eran hermosos, sino que también eran importantes como fuente de madera para la construcción. La madera de castaño es extremadamente duradera y puede encontrarse en la mayoría de las casas de la región, construidas hacia finales del siglo XIX.

VIRUS Y CASTAÑOS

Hacia 1904, un hongo patógeno importado accidentalmente en un castaño asiático se encontró en un castaño americano del Jardín Zoológico de Nueva York. En pocos años, los poderosos bosques de castaños estadounidenses empezaron a morir, y en 1950 la mayoría había desaparecido, arrasada por la letal plaga del castaño. La enfermedad se introdujo en Europa en la década de 1930, pero en 1960 ya se habían redactado informes de castaños europeos (*Castanea sativa*) en Italia que se recuperaban de la enfermedad. Los árboles en recuperación seguían infectados por el hongo, pero este no los mataba. ¿Cuál era la diferencia? Resultó que el hongo europeo estaba infectado por un virus. Este virus podía transferirse a hongos no infectados en cultivo, siempre que estuvieran estrechamente emparentados, y el hongo infectado experimentalmente no mataba a los árboles. Esta pareja virus-hongo se liberó en los bosques europeos y, gracias a ello, el chancro del castaño está prácticamente controlado en el continente.

De vuelta a Estados Unidos, los científicos han realizado muchos experimentos con el virus y el hongo con la esperanza de restaurar los bosques de castaños estadounidenses, pero hasta ahora no han tenido éxito. Solo han podido salvar a los árboles tratados directamente,

en los que se aísla el hongo del árbol infectado, se cultiva en un laboratorio y se le introduce el virus, para que luego lo devuelva infectado por el virus al árbol. El virus se propaga entonces a través del hongo del árbol, y este se salva. El problema es que, a diferencia de Europa, donde todos los hongos son muy parecidos, en Estados Unidos hay muchas cepas diferentes y el virus no puede transmitirse entre ellas en los bosques. Todavía hay esperanzas de que una versión modificada del virus que se transmita más fácilmente pueda restaurar la población de castaño estadounidense, pero todavía no se ha generalizado en los bosques. Como los castaños asiáticos son resistentes a la enfermedad, los botánicos han desarrollado programas de cultivo para introducir la resistencia en el castaño estadounidense, pero los árboles tienen un largo tiempo de generación y los programas de cultivo son lentos.

↗ El hongo del chancro del castaño (*Cryphonectria parasitica*) acabó con enormes bosques de castaños en el este de Estados Unidos. La devastación se aprecia en esta fotografía de 1930 de un bosque del Chattahoochee National Forest, en Georgia.

→ Un castaño estadounidense sano en Tennessee en 1915, antes de la plaga.

BACTERIÓFAGOS

A principios del siglo xx, dos científicos independientes que estudiaban bacterias descubrieron que a veces sus cultivos desarrollaban «agujeros» o placas de lisis en el césped bacteriano que crecía en placas de Petri (*véase* página 196). Observaron que si extraían líquido de los agujeros y lo añadían a otras bacterias, se producían los mismos tipos de placas. Resultó que habían descubierto a los bacteriófagos, los virus de las bacterias. En realidad, no se comen a las bacterias (el significado literal de bacteriófago), pero pueden matarlas, como ya se ha comentado. Los científicos reconocieron que el uso de virus capaces de matar bacterias era una forma potencial de combatir las infecciones bacterianas. Introdujeron un virus en un niño para curarle de disentería y, más tarde, para tratar el cólera, la peste bubónica y otras enfermedades bacterianas. Sin embargo, la política y el descubrimiento de la penicilina eclipsaron la idea de utilizar fagos para curar enfermedades bacterianas, aunque el trabajo siguió en marcha en la Unión Soviética. Recientemente, esta idea ha resurgido, impulsada por la creciente aparición de bacterias resistentes a los antibióticos. El uso de la terapia de fagos en agricultura podría ayudar a controlar patógenos vegetales como el marchitamiento bacteriano, o infecciones animales como la salmonela en aves de corral. Se han realizado numerosos estudios experimentales sobre el uso de fagos para combatir a los patógenos de las plantas, y también se han llevado a cabo con éxito trabajos experimentales con terapia de fagos en seres humanos infectados con bacterias letales resistentes a los antibióticos. En el futuro, podría convertirse en un tratamiento estándar de las infecciones bacterianas.

→ *Rhizoctonia solani* es un hongo patógeno de los cereales, aquí observado en el arroz (izquierda), mientras que el fuego bacteriano (*Erwinia amylovora*) es una enfermedad bacteriana de los manzanos (derecha). Cada una de estas enfermedades puede ser controlada por un virus.

↓ Representación artística de un bacteriófago que infecta a una célula bacteriana. El virus aterriza y se ancla sobre la bacteria, inyecta su genoma, se replica rápidamente y acaba con la lisis de la célula bacteriana y la liberación de cientos de virus progenie.

LOS VIRUS Y EL TRATAMIENTO DEL CÁNCER

El uso de virus como vacunas ya se ha tratado en la página 152, pero también se está estudiando para tratar varios tipos de cáncer. Los virus benignos pueden servir para transportar genes que ayuden a combatir el cáncer, o pueden diseñarse para matar solo células cancerígenas, pero no las sanas. En los últimos años, los virus también se han utilizado para liberar otros genes, como aquel que produce un pigmento retiniano en personas con un trastorno genético que provoca ceguera. Se espera que también puedan liberar genes para combatir otras enfermedades genéticas, como la anemia falciforme y la fibrosis quística.

El conocimiento sobre los virus beneficiosos va muy a la zaga de lo que sabemos sobre los patógenos. Aunque no es sorprendente que los patógenos se hayan estudiado con más detalle debido a su impacto negativo en la salud humana, así como en plantas y animales domésticos, también puede haber un elemento de fascinación por parte de los humanos por las malas noticias que haya provocado el descuido de los virus «buenos».

PCV-1

Virus críptico del pimiento 1

Un virus enigmático con un impacto visible

GRUPO	III
FAMILIA	Partitiviridae
GÉNERO	Deltapartitivirus
GENOMA	ARN lineal, bicatenario, 2 segmentos, de aproximadamente 3000 nucleótidos que codifican dos proteínas
PARTÍCULA VÍRICA	No envuelta, icosaédrica
HUÉSPEDES	Chile jalapeño y otros (*Capsicum annuum*)
ENFERMEDADES ASOCIADAS	Ninguna
TRANSMISIÓN	Estrictamente vertical

El virus críptico del pimiento (PCV-1, por sus siglas en inglés) es un virus vegetal de transmisión vertical que infecta a todos los chiles jalapeños. Estos virus suelen denominarse crípticos, de la palabra latina que significa «oculto», porque no causan ningún síntoma en las plantas infectadas y suelen encontrarse en niveles muy bajos. Infectan a sus huéspedes durante muchas generaciones, transmitiéndose a toda la descendencia.

A pesar de ser un virus críptico, el PCV-1 tiene un impacto importante y muy visible en sus huéspedes vegetales: disuade a los pulgones. Estos insectos son una amenaza para las plantas, ya que son portadores de muchas enfermedades víricas y causan daño a las plantas al alimentarse de los azúcares que fabrican para su propio crecimiento. Muchos virus de plantas tienen una estrecha relación con los insectos que los transmiten e inducen a sus huéspedes a fabricar compuestos que atraen a estos insectos. El efecto del PCV-1 de disuadir a los pulgones no se ha encontrado en ningún otro virus vegetal. Otra característica única de este virus es que los pulgones que se alimentan de plantas infectadas con PCV-1 no se reproducen tan bien como los que se alimentan de plantas no infectadas. De ahí que el virus tenga un doble efecto, y reduzca el número de pulgones dañinos.

El chile jalapeño es una variedad de la especie *Capsicum annuum*, que incluye muchos pimientos domésticos. Se estima que *C. annuum* se domesticó hace 10 000 años a partir del pimiento chiltepín silvestre. El chiltepín se encuentra en todo México, y los aislados silvestres también están infectados por el PCV-1. Dado que el virus solo se transmite verticalmente a través del polen o del óvulo, es probable que el virus haya estado presente en los pimientos durante al menos 10 000 años. El PCV-1 tiene la tasa de mutación más lenta de todos los virus conocidos, y casi no hay variación entre las cepas de jalapeño y de chiltepín.

→ Imagen del virus críptico del pimiento obtenido mediante criomicroscopía electrónica. Como el virus tiene un número de copias tan bajo en las plantas infectadas, fue necesario más de 1 kg de hojas para obtener virus suficientes para generar esta imagen.

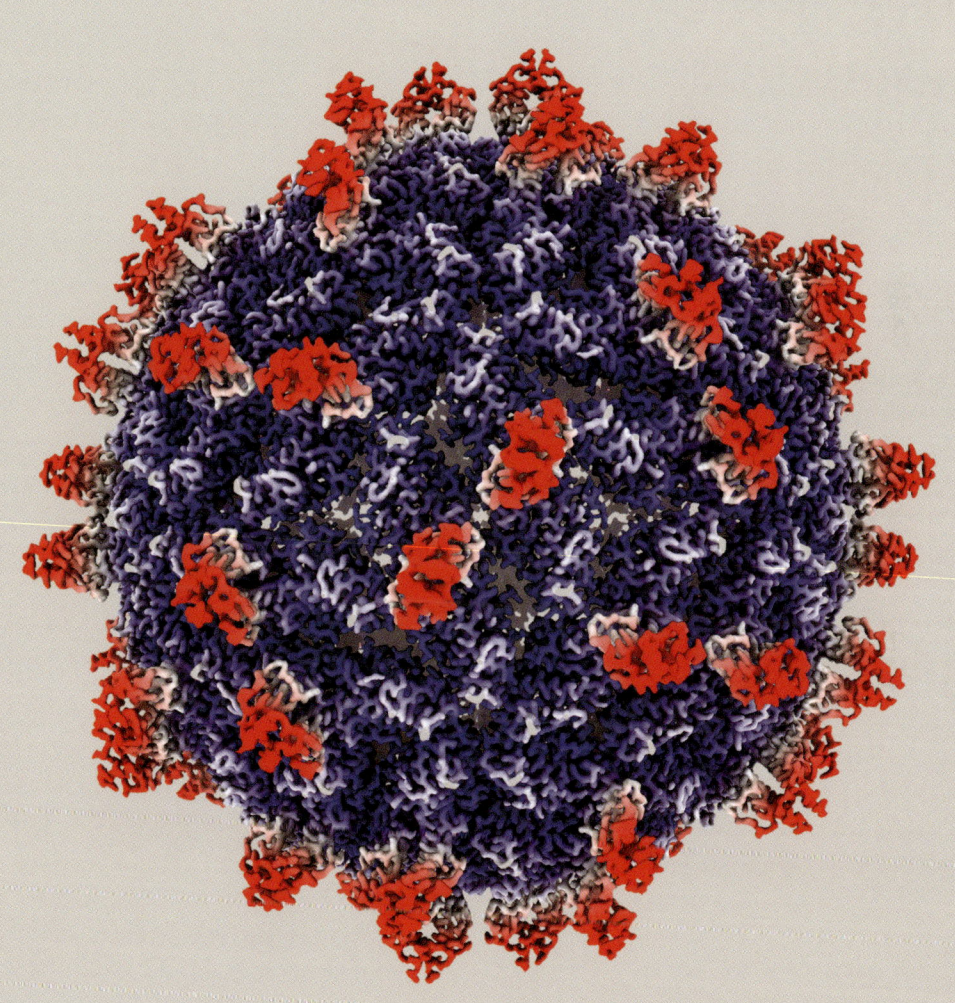

Curvularia orthocurvulavirus 1

Virus que proporciona tolerancia al calor
a su hospedador y a los hospedadores
de su hospedador

GRUPO	III
FAMILIA	Curvulariviridae
GÉNERO	Orthocurvulavirus
GENOMA	ARN lineal, bicatenario, 2 segmentos de aproximadamente 4100 nucleótidos que codifican 5 proteínas
PARTÍCULA VÍRICA	No envuelta, pequeño icosaedro
HUÉSPEDES	*Curvularia protuberata*
ENFERMEDADES ASOCIADAS	Ninguna-beneficioso
TRANSMISIÓN	Vertical

Curvularia orthocurvulavirus 1 es más conocido como virus de tolerancia termal de *Curvularia* (CThTV, por sus siglas en inglés) y fue el responsable de un renovado interés por los virus beneficiosos. Es un ejemplo importante de las múltiples capas de interacciones entre los virus y sus huéspedes.

El CThTV se descubrió en el Parque Nacional de Yellowstone, en Wyoming, en un hongo que colonizaba la hierba del pánico de Hot Springs (*Dicanthelium lanuginosum*), que crece en suelos geotérmicos. La mayoría de las plantas no tolera temperaturas muy altas del suelo, pero la hierba del pánico se ha adaptado al calor porque está colonizada por el hongo endófito *Curvularia protuberata*. A su vez, el hongo está infectado con CThTV; los tres asociados son necesarios para que esta tolerancia térmica funcione. El hongo puede crecer en cultivo, pero no a altas temperaturas, y la planta puede ser colonizada por un aislado del hongo libre de virus, pero entonces pierde su tolerancia térmica. En experimentos realizados en el laboratorio, esta tolerancia térmica también funcionó cuando el hongo infectado por el virus se transfirió a tomateras (*Solanum lycopersicum*), lo que demuestra que el virus tiene un efecto muy amplio.

Desde el descubrimiento de CThTV en 2007, se han encontrado varios virus relacionados en hongos, aunque ninguno tiene su propiedad única de tolerancia térmica. Las plantas de otras partes de Yellowstone están colonizadas por hongos similares, pero a menos que crezcan en suelos geotérmicos, el virus no está presente. Esta relación mutualista es un ejemplo de cómo evolucionan este tipo de interacciones. La propiedad de tolerancia al calor fue una casualidad: el virus afectó de algún modo (accidental) a la expresión de genes en el hongo y en la planta para aumentar la tolerancia al calor. Una vez establecida la relación, hubo una fuerte presión selectiva para que las plantas mantuvieran el hongo infectado por el virus.

→ La hierba del pánico de Hot Springs (*Dichanthelium lanuginosum*) crece en suelos geotérmicos a temperaturas muy superiores a las que las plantas pueden tolerar normalmente.

MHV

Gammaherpesvirus 4 múrido

Herpesvirus latente que impide la infección
por patógenos bacterianos

GRUPO	I
FAMILIA	Herpesviridae
GÉNERO	Rhadinovirus
GENOMA	ADN lineal, bicatenario, no segmentado, de aproximadamente 180 000 nucleótidos (180 kb) que codifican más de 75 proteínas
PARTÍCULA VÍRICA	No envuelta, con un gran núcleo icosaédrico
HUÉSPEDES	Ratones (especies de *Mus*)
ENFERMEDADES ASOCIADAS	Ninguna en infecciones latentes
TRANSMISIÓN	Contacto directo

**La cepa gammaherpesvirus 68 murino (MHV-68, por
sus siglas en inglés) del gammaherpesvirus 4 múrido
(MHV, por sus siglas en inglés) se utiliza a menudo
como modelo de los gammaherpesvirus patógenos
humanos. Los ratones son excelentes modelos para
estudios que no pueden llevarse a cabo con humanos.**

El MHV-68 es un modelo para varios herpesvirus humanos,
como el virus de Epstein-Barr, causante de la mononucleosis,
y el herpesvirus asociado al sarcoma de Kaposi, que provoca
cáncer en personas inmunodeprimidas. También está
estrechamente relacionado con el citomegalovirus humano
(HCMV). Los herpesvirus suelen causar infecciones latentes;
el virus se encuentra en el tejido neural del huésped y solo
se replica lentamente. La mayoría de los herpesvirus no son
patógenos cuando se encuentran en este estado latente.

Los ratones con una infección latente de MHV-68 son
resistentes a la infección por las bacterias de la peste bubónica,
Yersinia pestis y *Listeria monocytogenes,* un patógeno bacteriano de
origen alimentario de los seres humanos. Hoy no se oye hablar
mucho de la peste bubónica, pero sigue siendo un problema

en algunas partes del mundo. La peste negra fue un tipo
de peste bubónica que mató hasta el 60 por ciento de la
población europea en el siglo XIV. En Norteamérica suele
haber unos pocos casos de peste bubónica al año, pero
la mayoría de las personas descienden de supervivientes
de la peste y son resistentes a la enfermedad bacteriana.

El MHV-68 induce una respuesta inmunitaria innata
(*véase* página 163) en ratones, que probablemente sea
importante para prevenir la infección por estos patógenos
bacterianos. Los niveles de interferón (proteína que induce
la inmunidad innata) y los macrófagos (células sanguíneas que
devoran a los invasores) son elevados en los ratones infectados.
En los seres humanos, el HCMV previene la infección
por el VIH, causante del sida.

→ Diagramas de cinta del
ORF 52 (extremo superior) y de la
proteína de la cápside (inferior) del
gammaherpesvirus 68 murino. El ORF
52 está implicado en el desarrollo de
la estructura del virus dentro de las
células infectadas.

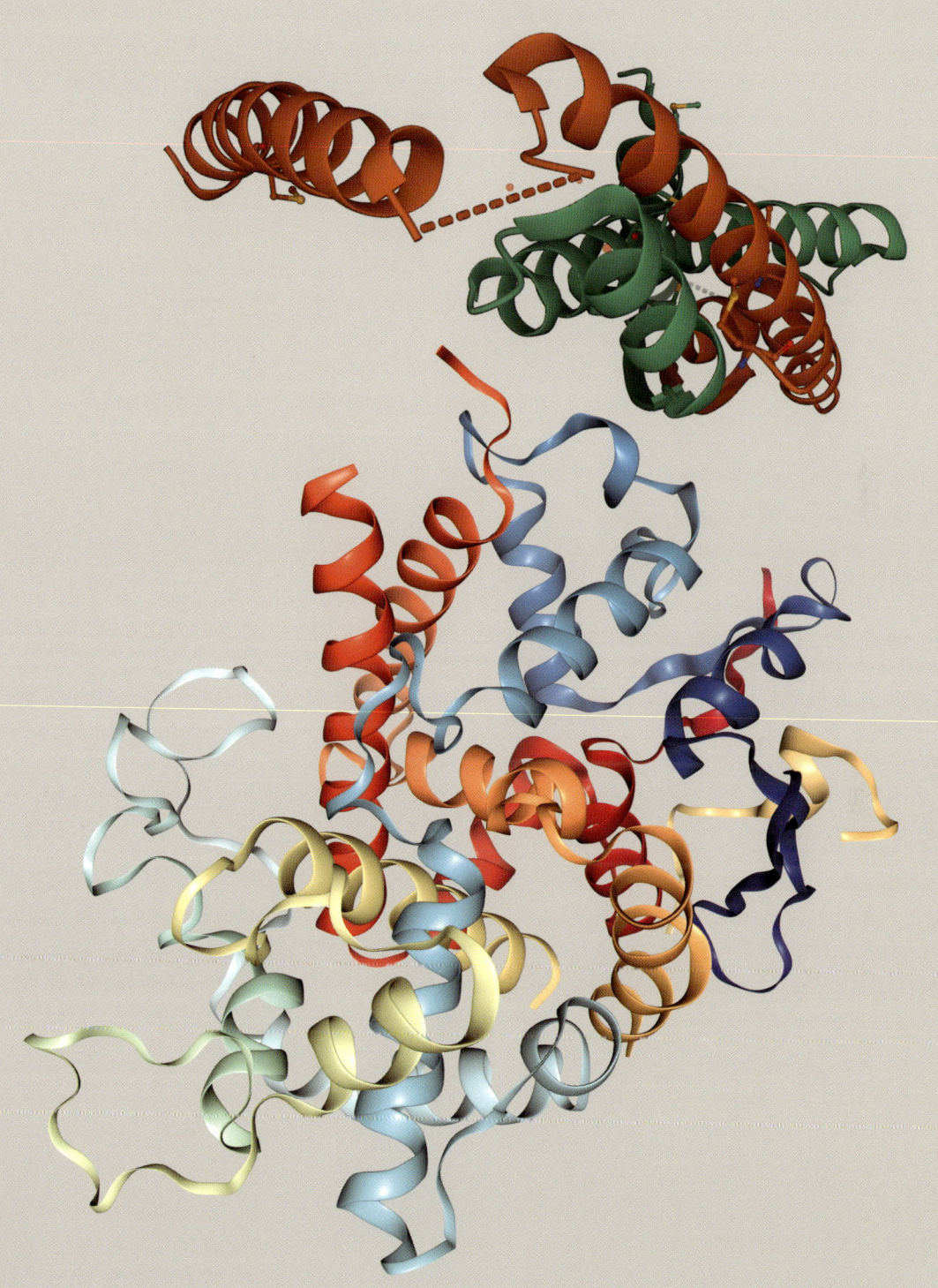

Bacteriófago CTXφ

CTXφ

Virus responsable de la patogenicidad
de la bacteria del cólera

GRUPO	II
FAMILIA	Inoviridae
GÉNERO	Affertcholeramvirus
GENOMA	ADN circular, monocatenario, no segmentado, de aproximadamente 6700 nucleótidos que codifican 9 proteínas
PARTÍCULA VÍRICA	Vástago flexuoso no envuelto
HUÉSPEDES	Vibrio cholerae
ENFERMEDADES ASOCIADAS	Cólera
TRANSMISIÓN	A través del agua

El cólera es una enfermedad bacteriana que ha sido un grave azote para los seres humanos durante siglos. Provoca una diarrea líquida que causa en las personas infectadas una deshidratación severa. El cólera fue la primera enfermedad ampliamente reconocida que se transmitía a través del agua, y la limpieza de los suministros de agua potable la ha eliminado en gran medida en muchas partes del mundo. Sin embargo, se puede encontrar en el marisco crudo y aún aparece en zonas donde no se dispone de agua apta para el consumo humano.

Vibrio cholerae, la bacteria responsable del cólera, no funciona sola y causa la enfermedad únicamente cuando está infectada por el bacteriófago CTXphi (CTXφ). El virus codifica la toxina necesaria para que la bacteria invada el intestino humano y cause la enfermedad. Esta relación es claramente beneficiosa para la bacteria, ya que le permite invadir el nuevo nicho del intestino humano. En muchas masas de agua, incluida la bahía de Chesapeake en Estados Unidos, se encuentran poblaciones aisladas de *Vibrio cholera* que no causan enfermedades, pero estas no contienen el virus y, por tanto, no pueden infectar el intestino humano.

El CTXφ no suele encontrarse como virus libre. En su lugar, suele estar integrado en el genoma bacteriano en un estado denominado lisogenia. Muchos virus bacterianos permanecen en este estado integrado, en el que se replican con el genoma del huésped y expresan niveles relativamente bajos de sus proteínas. Cuando se activan para abandonar el genoma y comenzar una infección lítica, se replican a altos niveles y suelen provocar que la célula huésped estalle y libere los virus infecciosos al medio ambiente, en este caso al agua.

→ Modelo generado por ordenador de una interacción entre una proteína viral CTXφ y una proteína de *Vibrio cholera*.

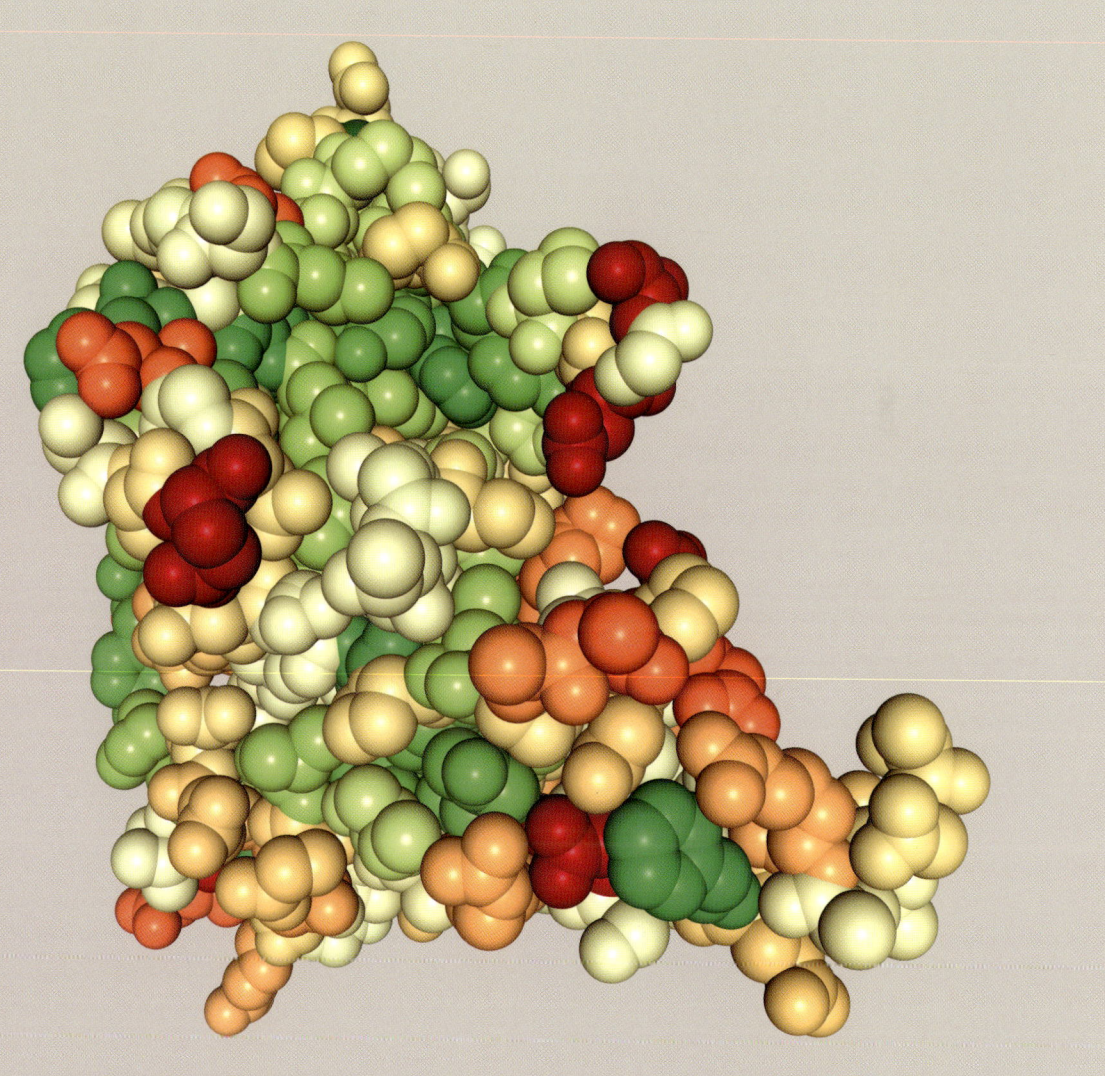

ScV-L-A

Virus saccharomyces cerevisiae L-A

Virus que permite a su huésped
acabar con la competencia

GRUPO	III
FAMILIA	Totiviridae
GÉNERO	Totivirus
GENOMA	ARN lineal, bicatenario, no segmentado, de aproximadamente 4600 nucleótidos que codifican dos proteínas
PARTÍCULA VÍRICA	No envuelta, icosaédrica
HUÉSPEDES	Levadura *Saccharomyces cerevisiae*
ENFERMEDADES ASOCIADAS	Ninguna
TRANSMISIÓN	Vertical, apareamiento de la levadura

En la naturaleza, las levaduras suelen encontrarse en un entorno de competidores. Sin embargo, si la levadura *Saccharomyces cerevisiae* está infectada por el virus saccharomyces cerevisiae L-A (ScV-L-A, por sus siglas en inglés) y uno de sus ARN satélites, puede matar a sus competidores con una potente toxina, y permanecer inmune.

ScV-L-A es un virus auxiliar para un ARN satélite (*véase* página 49), que codifica todos los genes para replicarlo y encapsidarlo. La toxina está codificada en el ARN satélite como una única poliproteína con cinco componentes. El primer componente le indica a la toxina dónde ubicarse en la célula y luego se escinde. Los cuatro componentes restantes se pliegan, de modo que dos de ellos se unen mediante una estructura química denominada enlace disulfuro; seguidamente, se separan los demás componentes. Los dos componentes enlazados restantes salen de la célula como una toxina que mata a las células de levadura. Cuando la toxina entra en una célula de levadura sensible, se dirige al núcleo, donde detiene el ciclo celular, matando a la célula al impedir que se replique.

La toxina puede entrar en cualquier célula de levadura, pero en las células infectadas por el virus se une a la poliproteína fabricada por el ARN satélite. Esto desactiva la toxina, de modo que la célula de levadura infectada es inmune a ella.

Los virus como el ScV-L-A, con genomas de ARNbc, mantienen su genoma oculto dentro de las células huésped. Esto es así para todos los virus de ARNbc conocidos, probablemente porque el ARNbc suele ser un desencadenante de muchas actividades antivirales. En lugar de liberarse de la partícula vírica, estos genomas víricos nunca abandonan su escondite seguro, sino que simplemente exudan ARNmc que actúa como ARNm y pregenoma dentro de las células. La segunda cadena del genoma se fabrica dentro de la partícula vírica.

→ Modelo estructural del virus saccharomyces cerevisiae L-A obtenido a partir de datos de cristalografía de rayos X.

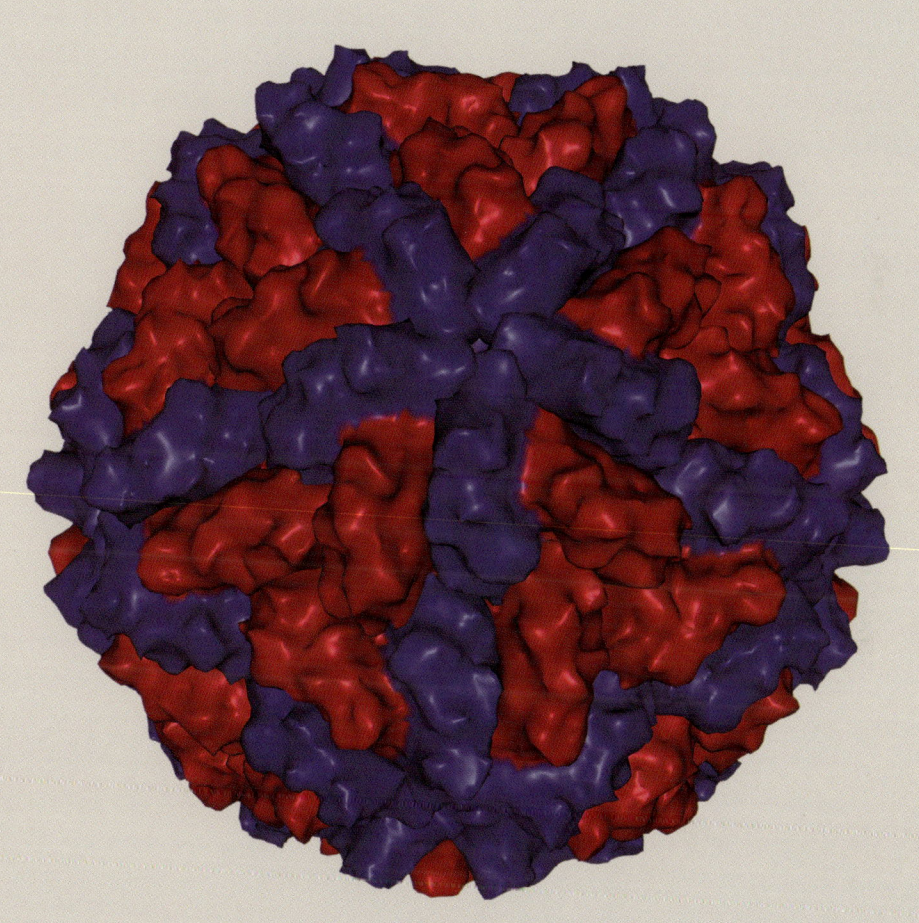

LOS
PATÓGENOS

Introducción

¡Pandemia! En 2020, esta palabra se convirtió en una de las más comunes del mundo, y el diccionario Merriam-Webster la declaró palabra del año. Una pandemia es una enfermedad infecciosa muy extendida y se diferencia de una epidemia en que se propaga por todo el planeta. Desde la pandemia de gripe de 1918, los humanos no habían visto una pandemia letal en cien años. Los cambios en el comportamiento humano, especialmente el enorme aumento de los viajes internacionales, hacen que las pandemias sean ahora más probables que nunca. Al desplazarnos, llevamos nuestros virus con nosotros, y a menudo también transportamos virus de otros animales o plantas. En este capítulo se describen tres grandes pandemias víricas humanas, así como los virus que han saltado de especies y se han propagado por todo el mundo.

Especies saltadoras

Los virus pueden ser endémicos en su especie hospedadora nativa y a menudo en esa especie son asintomáticos. Este diagrama ilustra cómo los virus de las plantas silvestres pueden pasar ocasionalmente a un hospedador doméstico cuando la agricultura está cerca de zonas silvestres. En la mayoría de los casos se trata de una infección «sin salida», pero en raras ocasiones, el virus puede propagarse en el huésped doméstico o saltar a otras especies.

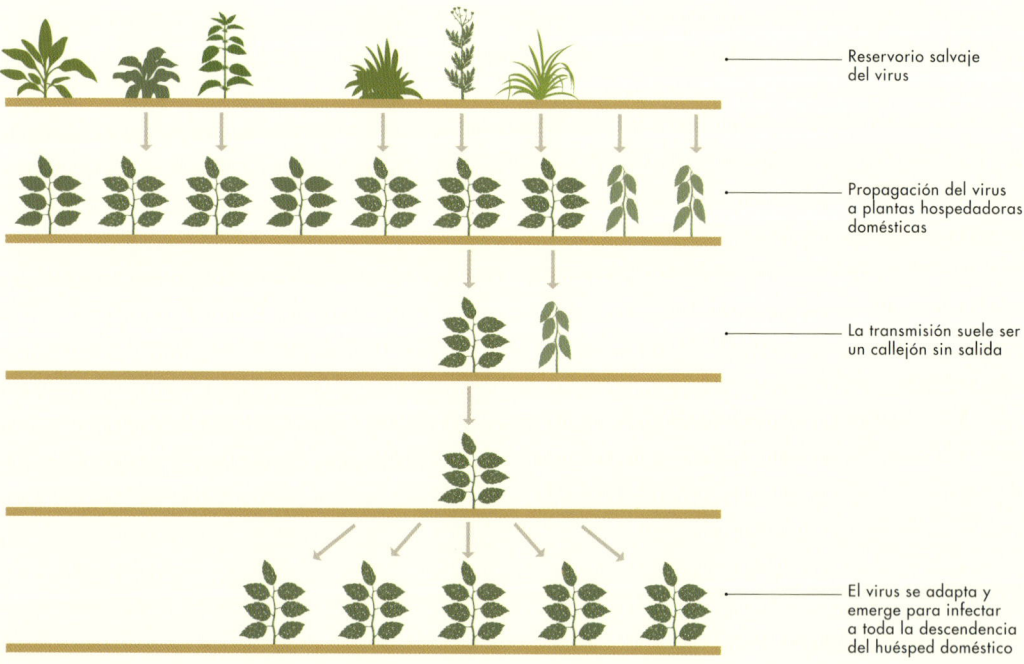

Reservorio salvaje del virus

Propagación del virus a plantas hospedadoras domésticas

La transmisión suele ser un callejón sin salida

El virus se adapta y emerge para infectar a toda la descendencia del huésped doméstico

VIRUS	APARICIÓN GEOGRÁFICA	PRIMER CASO DOCUMENTADO	ORIGEN DE LA PLANTA DE CULTIVO	FUENTE DEL VIRUS
Virus del mosaico africano de la yuca	África oriental	1894	Sudamérica	Desconocida
Virus del rayado del maíz	África	1928	Centroamérica	Pastos silvestres autóctonos
Virus del rizado amarillo del tomate	Israel	Década de 1930	Sudamérica	De origen desconocido, infecta a muchos huéspedes salvajes
Virus de la hoja amarilla de la caña de azúcar	Sur de Norteamérica, Centroamérica y Sudamérica	1994	Asia meridional	Originada en Colombia, aunque de huésped desconocido
Virus del mosaico del pepino	Perú, pero ha aparecido en solanáceas de todo el mundo	1980	Sudamérica	Pepino autóctono (*Solanum muricatum*)
Virus del cribado del tomate	España	1996	Sudamérica	Desconocida; infecta a muchas solanáceas
Virus de las manchas amarillas del iris	Brasil	1981	Mundial	Desconocida, pero común en malas hierbas
Virus de la viruela del ciruelo	Estados Unidos[a]	1999	China	Desconocida; puede haber llegado de Europa en ejemplares de viveros
Virus del mosaico estriado del trigo[b]	Estados Unidos	1993	Turquía	Desconocida, también se encuentra en cultivos nativos de maíz (*Zea mays*)

EJEMPLOS DE VIRUS VEGETALES EN CULTIVOS DE REGIONES NO AUTÓCTONAS

[a] Muy extendida en Europa, apareció en el este de Estados Unidos en 1999.
[b] También llamado virus de las Altas Llanuras.

La mayoría de los virus se adaptan a sus huéspedes y llegan a un equilibrio entre su propia supervivencia y la respuesta inmunitaria del huésped. Sin embargo, de vez en cuando un virus infecta a un organismo que no es su huésped normal. Suele tratarse de un único individuo, que puede enfermar, pero no transmite el virus a ningún otro huésped. Para saltar a una nueva especie completamente diferente, un virus tiene que evolucionar para superar numerosas barreras que le permitan infectar al nuevo huésped y, a continuación, atravesar un conjunto adicional de barreras para abandonarlo y transmitirse a otros (*véase* página 148). Es posible que los virus salten de una especie a otra con más frecuencia porque los humanos se trasladan a zonas que antes estaban habitadas principalmente por animales salvajes. En el caso de los virus de las plantas, muchos saltos de especie ocurren cuando las plantas se trasladan de su entorno nativo a una nueva parte del mundo, donde se encuentran con nuevos virus. Tras un salto de especie, pueden producirse pandemias, en virus de plantas, animales y humanos.

Gripe

Aunque la pandemia de gripe de 1918 es la más conocida, hubo varias epidemias y pandemias de gripe anteriores. La primera vez que se utilizó la palabra «influenza» para describir una enfermedad fue en la Italia del siglo XIV, y deriva del latín *influentia*, que significa «influencia». La primera pandemia de gripe documentada comenzó en 1580 en Asia, se extendió a Europa y, finalmente, a América. Hubo dos pandemias de gripe en el siglo XVII y dos en el siglo XVIII, pero fue la de 1918 la que adquirió especial notoriedad, hasta que la desplazó la enfermedad por coronavirus 2019 (COVID-19) .

PANDEMIA DE GRIPE DE 1918

Aunque los virus ya se habían reconocido unos veinte años antes de la pandemia de 1918, la naturaleza viral de la gripe seguía siendo desconocida. A pesar del nombre popular de gripe española, el brote no empezó en España. Es probable que este país tuviera una cobertura más completa de los casos en la prensa de la época porque no estaba implicada en la Primera Guerra Mundial, y esto puede haber llevado a una idea errónea. Los primeros casos se registraron a principios de marzo de 1918 en Fort Riley, Kansas, entre reclutas del Ejército. Desde allí se propagó por los campamentos militares del Medio Oeste y el sureste de Estados Unidos. Los soldados se dirigieron a Europa para luchar, y llevaron el virus a Francia en abril de 1918; desde allí se propagó por toda Europa. La oleada inicial del virus no fue tan letal como las posteriores. El inicio de la segunda oleada se registró en la ciudad portuaria de Brest, Francia, en agosto de 1918, y desde allí se propagó a muchas partes del mundo. Ese mismo mes llegó a los estibadores de Sierra Leona en un barco británico, desde donde se extendió por África y Asia, y finalmente llegó a Australia, en 1919. La segunda oleada regresó a Norteamérica desde Europa y se propagó allí durante el otoño y el invierno de 1918. Esta variante fue mucho más letal. El virus pudo haber llegado a Sudamérica de Europa o África.

La propagación del virus se vio muy favorecida por el movimiento de tropas que luchaban en la Primera Guerra Mundial, por la reciente construcción de ferrocarriles y por el uso generalizado de barcos de vapor en todo el mundo. El ferrocarril transiberiano fue responsable de gran parte del movimiento de Europa a Asia, mientras que el transporte marítimo llevó el virus al resto del mundo. En enero de 1919 casi ningún lugar del planeta estaba libre de gripe.

↗ El ferrocarril transiberiano contribuyó a la propagación de la gripe por Europa oriental en la pandemia de 1918.

→ Durante la pandemia de gripe de 1918, los hospitales se llenaron de pacientes afectados por la enfermedad y hubo que crear unidades improvisadas para alojar a los enfermos.

Moscú
Yaroslavski
Kírov
Perm-Zaimki
Ekaterimburgo
Tiumén
Omsk
Novosibirsk
Krasnoyarsk
Taishet
Irkutsk
Ulán-Udé
Chitá
RUSIA
Skovorodinó
Belogorsk
Jabárovsk
Vladivostok

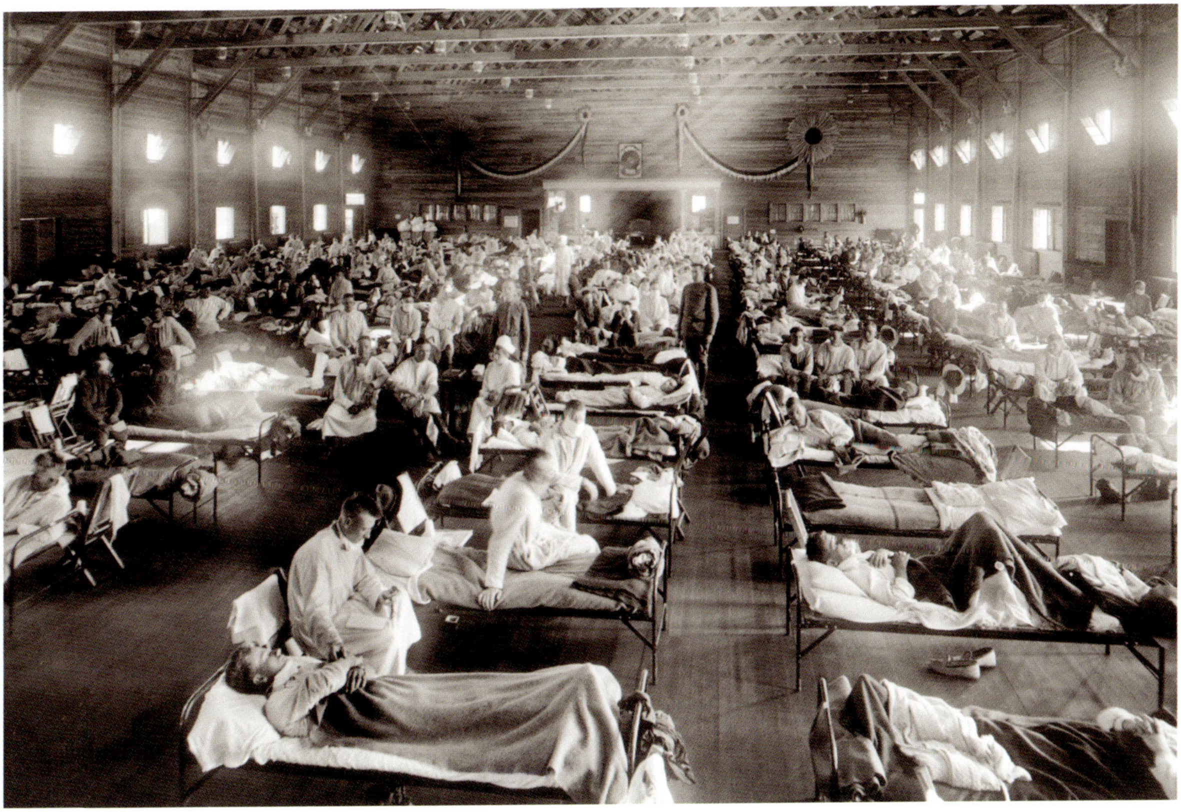

Se calcula que al menos 500 millones de personas se infectaron en todo el mundo, es decir, aproximadamente una de cada tres, y que murieron más de 20 millones de personas, aunque es casi seguro que estas cifras son inferiores a la realidad. Una estimación de la India sugiere que murieron 15 millones de personas solo en ese país, y otros cálculos elevan la tasa de mortalidad mundial a 50 millones. En Estados Unidos murieron más personas a causa de la gripe que en la Primera y Segunda Guerra Mundial juntas. En muchas familias no había nadie para cuidar a los enfermos porque todos estaban infectados, aunque los niños más pequeños solían tener síntomas más leves.

↖↑ A pesar de que la naturaleza vírica de la gripe no fue descubierta hasta 1918, sí se comprendía el carácter respiratorio de la infección. En los carteles y diarios se recomendaba no escupir y muchas personas se ponían mascarillas.

↗ La estación de emergencia de la Cruz Roja en Washington, D. C., durante la pandemia de gripe de 1918.

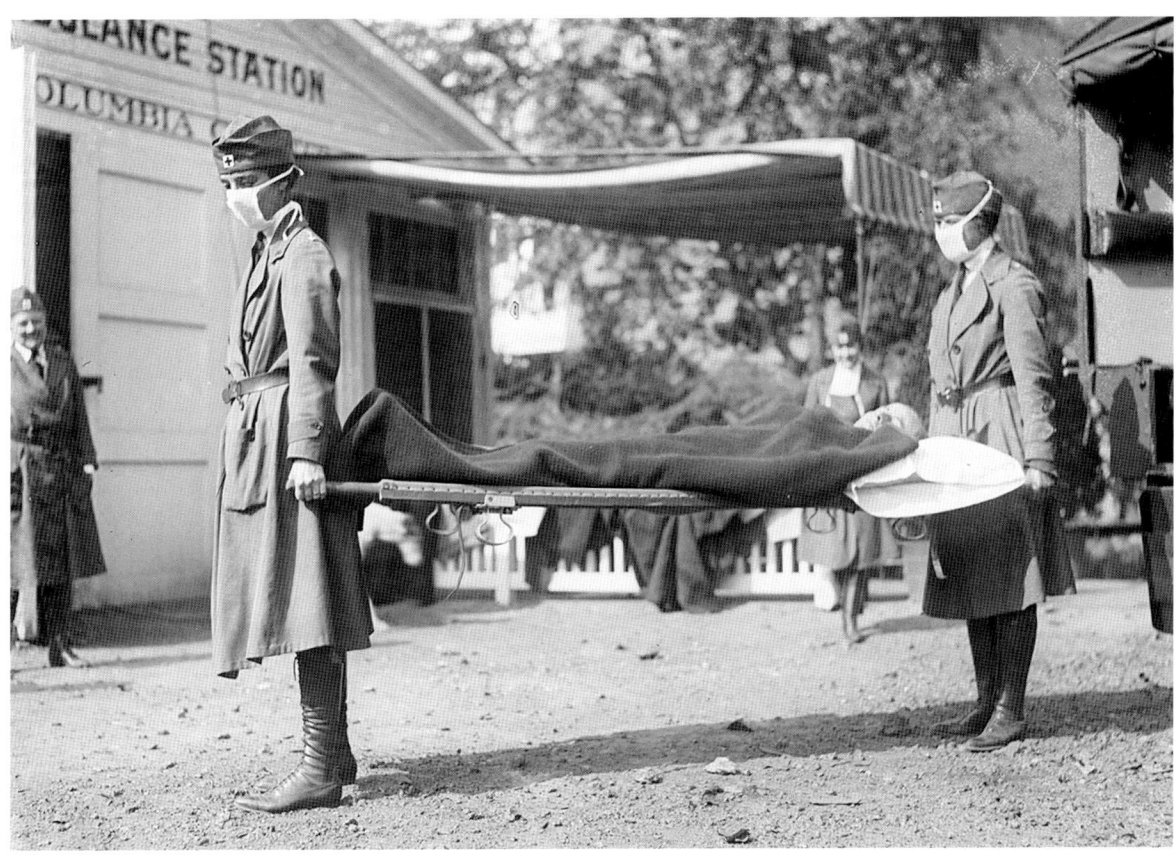

La madre de la autora tenía cinco años cuando la segunda oleada azotó Estados Unidos, y recordaba que solo uno de sus parientes adultos se salvó. Se pasaba todo el tiempo yendo de una casa a otra, repartiendo comida y prestando cuidados, y al final, cuando los demás por fin se recuperaban, también enfermó. Muchas personas de entre 20 y 40 años se vieron afectadas, y hubo muchas más muertes que en pandemias anteriores. ¿Por qué este brote fue tan letal? Una de las razones puede ser que se trataba de una cepa nueva, frente a la cual la población de la época no tenía inmunidad. Muchas personas contrajeron infecciones bacterianas secundarias, como neumonía, y murieron a causa de ellas porque aún no se habían descubierto los antibióticos. Las dos pandemias de gripe posteriores del siglo XX, en 1957 y 1968, fueron mucho más leves.

La pandemia de 1918 no tuvo un final dramático. Hubo un pico de casos en el invierno de 1920, pero después no hubo muchos más. La mayoría de las pandemias terminan cuando un número suficiente de personas es inmune al virus y este no encuentra suficientes huéspedes para seguir propagándose. Esto se denomina a veces inmunidad de rebaño, pero los detalles y matices del fenómeno no se conocen en toda su extensión.

GRIPE DE 1918

Virus de la gripe H1N1

Transmisión del virus H1N1 de aves a humanos

Hemaglutinina (H)

Neuraminidasa (N)

Los ocho segmentos genéticos que se especula que proceden del virus de la gripe aviar

GRIPE ASIÁTICA DE 1957

Virus de la gripe H2N2

Virus humano H1N1 — Virus aviar H2N2

Reordenamiento

Tres nuevos segmentos genéticos (HA, NA y PB1) introducidos a partir del virus de la gripe aviar; se conservan cinco segmentos de ARN del virus original de 1918

GRIPE DE HONG KONG DE 1968

Virus de la gripe H3N3

Virus humano H2N2 — Virus aviar H3

Reordenamiento

Dos nuevos segmentos genéticos (HA, PB1) introducidos a partir del virus de la gripe aviar; se conservan cinco segmentos de ARN del virus original de 1918

GRIPE H1N1 DE 2009

Virus de la gripe H1N1

Virus humano H3N2 — Virus aviar

Virus porcino euroasiático

Reordenamiento

Segmentos genéticos de al menos tres orígenes diferentes con N1 de cerdos euroasiáticos; se conservan tres segmentos de ARN del virus original de 1918

Reordenamiento del virus de la gripe para producir cepas pandémicas

La genética del virus de la gripe es compleja: tiene ocho segmentos diferentes, cada uno de los cuales codifica una proteína distinta. Como todos los virus de ARN, el de la gripe evoluciona gradualmente con el tiempo, dando lugar a variaciones de cepas cada año. Es lo que se denomina derivación genética. Cuando dos cepas diferentes de gripe infectan a un mismo huésped, puede producirse un cambio genético y un reordenamiento de los ocho segmentos. Estas nuevas cepas tienen el potencial de causar una pandemia porque la población humana puede carecer de inmunidad frente a ellas. Las cepas de la gripe suelen denominarse solo por dos segmentos, H y N. Esto se debe a que las proteínas H y N están en la superficie del virus y la mayor parte de la respuesta inmunitaria del huésped es contra ellas.

COMPRENDER EL VIRUS DE LA GRIPE

En 2005 se determinó la secuencia completa de nucleótidos del virus de la gripe de 1918. Esto proporcionó mucha información sobre la historia temprana de la cepa pandémica. Todos los segmentos del virus se originaron en aves, pero el virus infectó a un huésped mamífero durante varios años antes de aparecer en humanos. El candidato más probable es el cerdo. También infectó a humanos durante algún tiempo, quizás unos pocos años, antes de emerger como cepa pandémica.

↓ Un alcatraz común (*Morus bassanus*) afectado por la gripe aviar en el Reino Unido. En 2022, decenas de miles de aves marinas del Atlántico Norte murieron a causa de esta enfermedad, sobre todo en las densas colonias del norte del Reino Unido.

Las proteínas más importantes para la respuesta inmunitaria a la gripe son la hemaglutinina (H) y la neuraminidasa (N). Estas proteínas se encuentran en la superficie del virus y son importantes para permitir su entrada en las células. La mayoría de las cepas de la gripe se designan por estas dos proteínas; la gripe de 1918 fue la H1N1, y las dos cepas pandémicas de mediados del siglo XX fueron la H3N2 y la H2N3, que sigue en circulación. En 2009 surgió una nueva cepa pandémica que también era H1N1. La mayoría de los segmentos procedían de las cepas en circulación, pero el H y el N procedían de un virus de la gripe porcina. Al principio hubo mucha preocupación porque la cepa tenía los mismos serotipos H y N que la gripe de 1918, pero resultó ser más leve que las otras cepas que circulaban en ese momento, y no las desplazó.

GRIPE EN LAS AVES

Todos los virus de la gripe se originan en las aves. El virus es endémico en las aves acuáticas migratorias, pero estas cepas no suelen infectar a los humanos y necesitan pasar por otro huésped. Sin embargo, en unos pocos brotes, el virus ha infectado a humanos directamente a partir de aves domésticas, lo que se conoce como gripe aviar. Esta variante es muy grave, con tasas de mortalidad extremadamente altas, pero ninguna de estas cepas ha adquirido la capacidad de transmitirse entre humanos, y es poco probable que lo haga. Son especialmente graves porque infectan células muy profundas de los pulmones. La ubicación profunda de la infección es también la razón por la que no pueden transmitirse: para la transmisión, un virus respiratorio necesita estar presente en niveles elevados en las vías respiratorias altas.

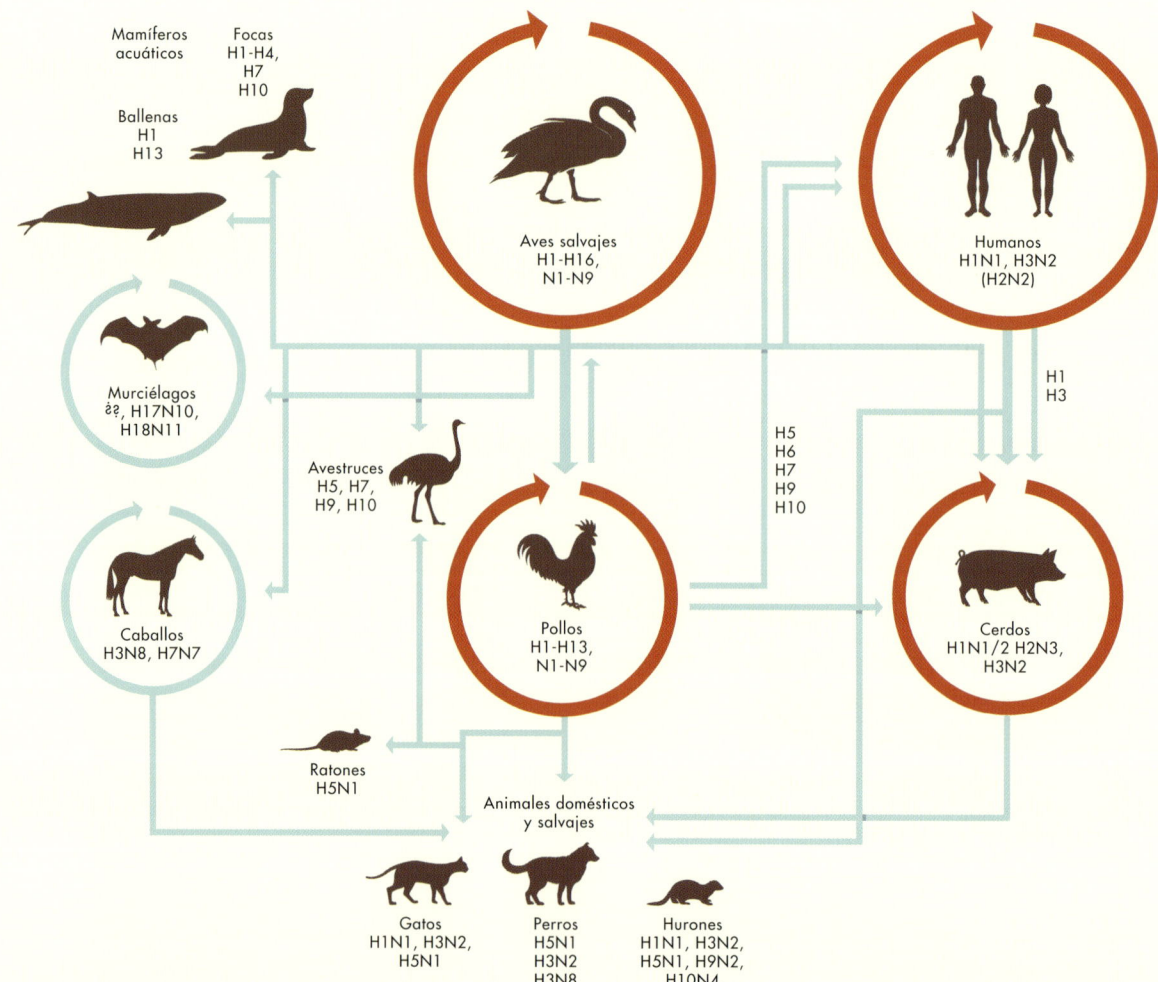

Ciclos de transmisión del virus de la gripe

Todos los virus de la gripe se originan en aves acuáticas silvestres, que carecen de síntomas cuando se infectan. El virus puede infectar a las aves domésticas y a muchos mamíferos, con diferentes serotipos que se encuentran en distintos huéspedes. Los huéspedes humanos no pueden contraer la gripe directamente de las aves, sino que el virus les llega a través de otros animales. Los cerdos son el huésped intermediario más común, y lo han sido para todas las cepas pandémicas de gripe de los últimos 100 años.

Síndrome respiratorio agudo grave (SARS)

A finales de 2002 se registró un nuevo tipo de neumonía en Guangdong (China). A principios de 2003 se declaró otro caso en Hanói, Vietnam; el funcionario de la Organización Mundial de la Salud (OMS) que examinó a este paciente falleció a las seis semanas: la enfermedad era grave y la tasa de mortalidad, elevada. A principios de marzo de 2003, el virus apareció en un hotel de Hong Kong y desde allí se propagó por todo el mundo. La OMS emitió una alerta mundial. En abril, un grupo de investigación canadiense publicó la secuencia del virus, denominado coronavirus del síndrome respiratorio agudo grave (SARS-CoV).

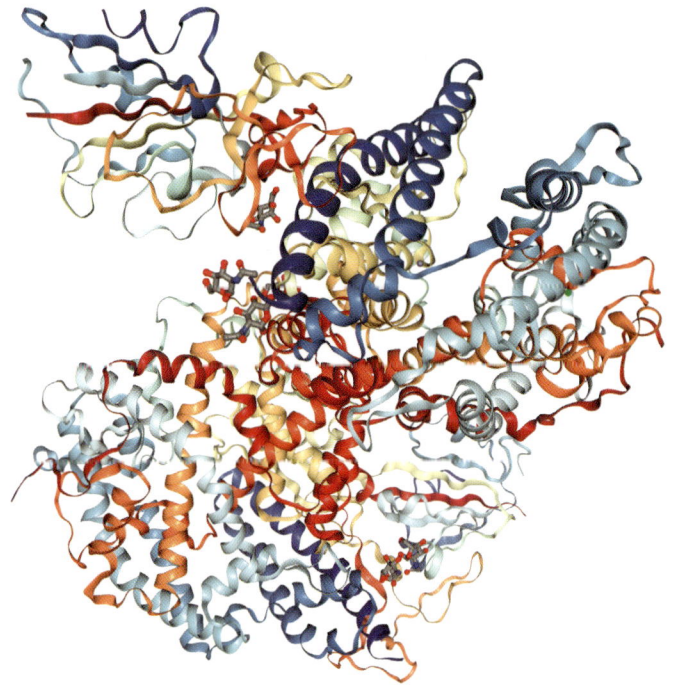

Los análisis genéticos del virus indicaron que se había originado en murciélagos y había pasado por un hospedador intermediario, las civetas, antes de infectar a los humanos. En junio, la pandemia había terminado. Al final, algo más de 8000 personas se habían infectado y casi 700 murieron, una tasa de mortalidad de alrededor del 9 por ciento.

← Estructura cristalina del dominio de unión al receptor de la proteína de la espícula (*spike*) de la cepa de civetas del SARS-CoV de 2002-2003 en complejo con el receptor quimérico NGL humano-civeta.

El hotel Metropole de Hong Kong

Propagación del virus del SARS desde el primer paciente infectado (habitación roja) a otros huéspedes del hotel Metropole de Hong Kong.

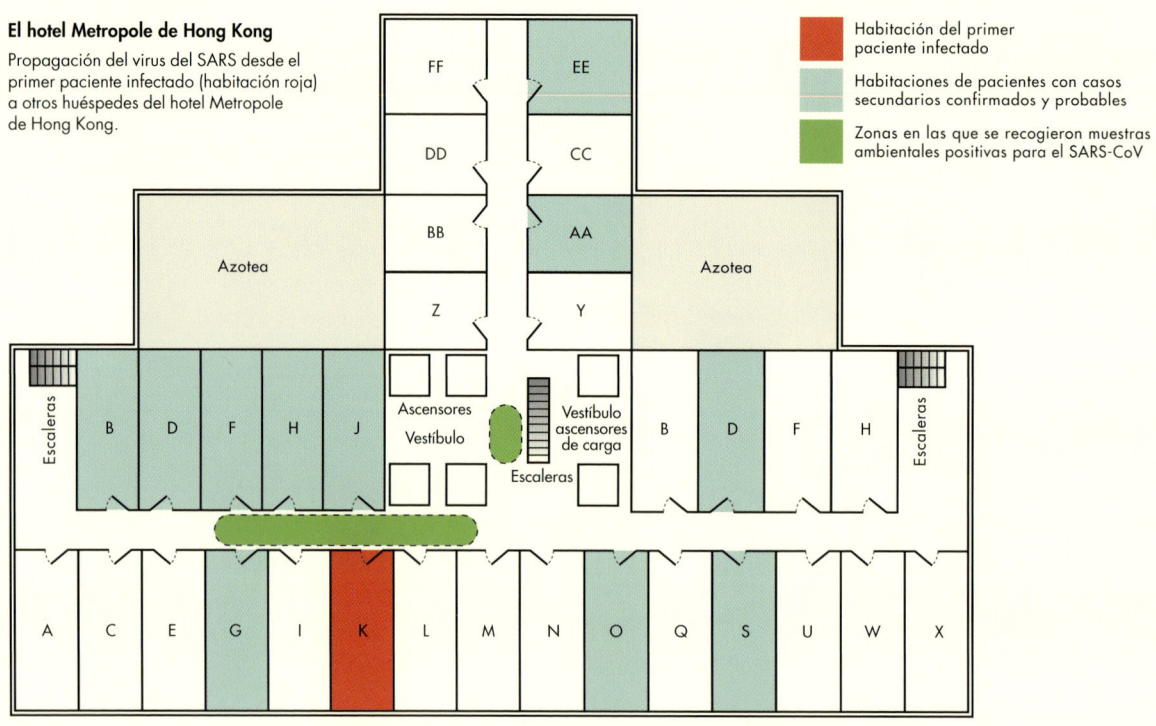

Habitación del primer paciente infectado
Habitaciones de pacientes con casos secundarios confirmados y probables
Zonas en las que se recogieron muestras ambientales positivas para el SARS-CoV
FF
EE
DD
CC
BB
AA
Z
Y
Azotea
Azotea
Escaleras
B
D
F
H
J
Ascensores
Vestíbulo
Vestíbulo ascensores de carga
Escaleras
B
D
F
H
Escaleras
A
C
E
G
I
K
L
M
N
O
Q
S
U
W
X

Propagación inicial del SARS-CoV por todo el mundo

La propagación del SARS-CoV desde el hotel Metropole de Hong Kong por todo el mundo.

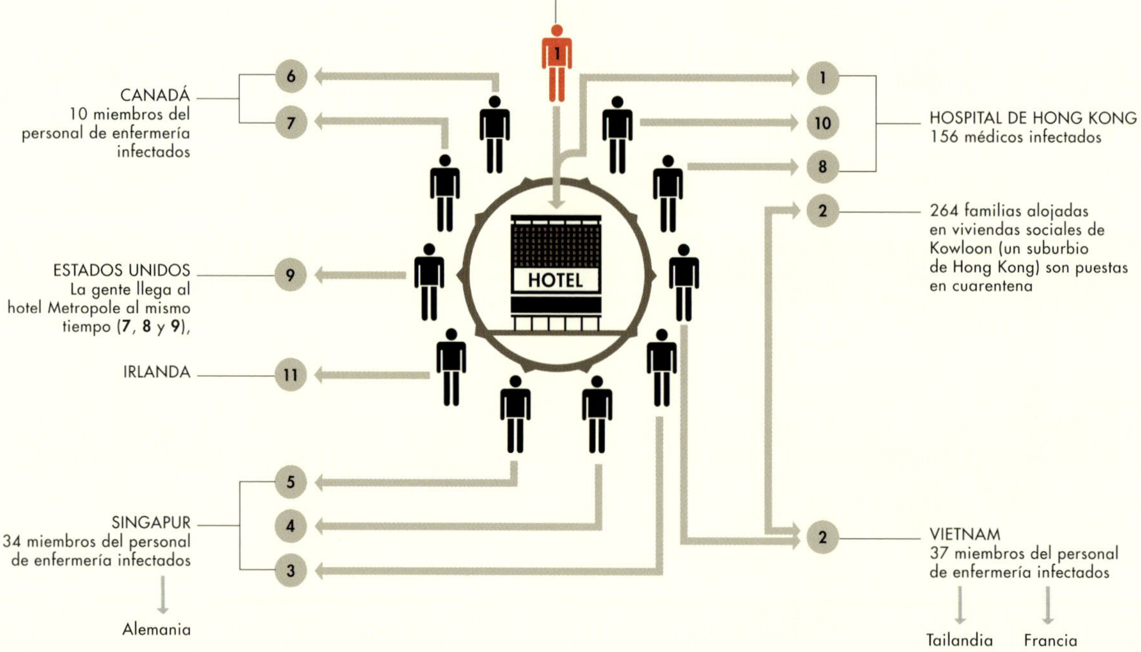
PROVINCIA DE GUANDONG, CHINA
1 es el primer caso en el hotel Metropole de Hong Kong
1
CANADÁ
10 miembros del personal de enfermería infectados
6
7
HOSPITAL DE HONG KONG
156 médicos infectados
1
10
8
2
264 familias alojadas en viviendas sociales de Kowloon (un suburbio de Hong Kong) son puestas en cuarentena
ESTADOS UNIDOS
La gente llega al hotel Metropole al mismo tiempo (**7**, **8** y **9**),
9
HOTEL
IRLANDA
11
5
4
3
SINGAPUR
34 miembros del personal de enfermería infectados
Alemania
2
VIETNAM
37 miembros del personal de enfermería infectados
Tailandia
Francia

En 2012 surgió otra enfermedad por coronavirus, denominada síndrome respiratorio de Oriente Medio (MERS). Esta enfermedad se propagó lentamente y se han detectado algunos casos esporádicos en viajeros, pero no se ha generalizado. Sin embargo, tiene una tasa de mortalidad superior al 25 por ciento por lo que sigue siendo motivo de preocupación. Este virus también se originó en murciélagos, siendo los camellos el hospedador intermediario más común.

COVID-2019

A finales de 2019, surgió otra nueva enfermedad por coronavirus, denominada COVID-19 y causada por el virus SARS-CoV-2. Este virus está relacionado con el SARS-CoV, pero es casi seguro que no evolucionó directamente de él. También tiene un presunto origen en los murciélagos, pero los hospedadores intermediarios, aunque es muy probable que existan, se desconocen.

El SARS-CoV-2 puede infectar a un amplio espectro de animales, tanto salvajes como domésticos, que pueden actuar como reservorios. A principios de 2022, la tasa de mortalidad global asociada a esta enfermedad había descendido casi al 1,5 por ciento, aunque era más alta al principio de la pandemia, sobre todo antes de que se dispusiera de vacunas. Aun así, esta cifra es inferior a la de muchas pandemias humanas del siglo pasado, e inferior a la de la pandemia de gripe de 1918, que tuvo una tasa de mortalidad de entre el 4 y el 10 por ciento.

En poco tiempo, el SARS-CoV-2 se ha convertido en el virus más estudiado del mundo debido a sus características únicas. En la superficie del virus se encuentra la proteína de la espícula (*spike*) que le permite adherirse a las células huésped, pero también hay una cantidad inusual de azúcares. A veces, los virus utilizan moléculas de azúcar para ocultarse del sistema inmunitario del huésped. Una vez que la *spike* se ha unido a su receptor

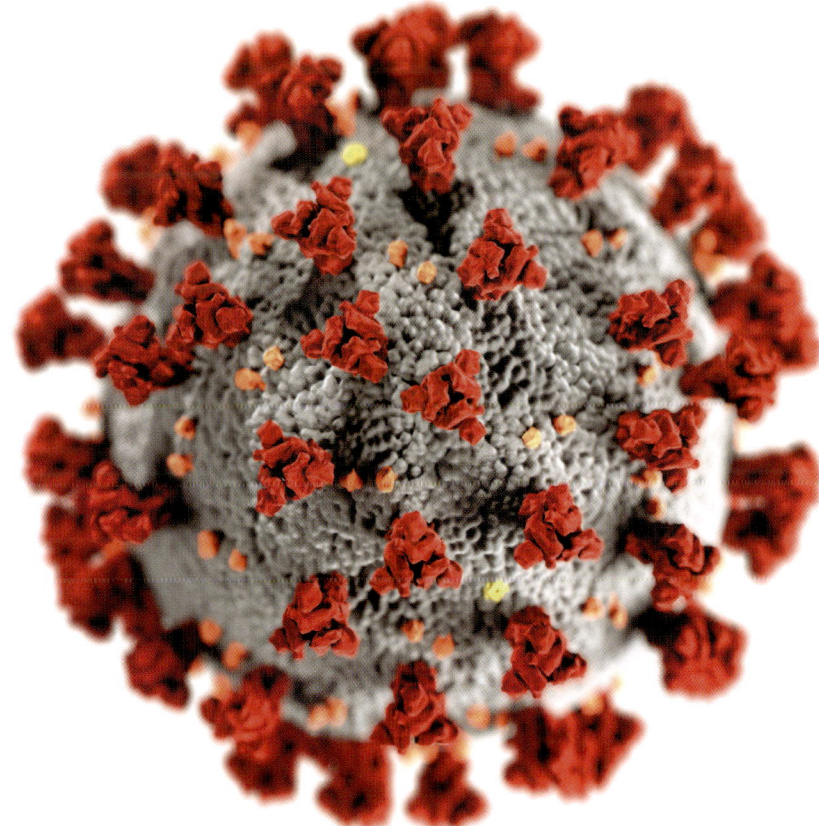

↙ Modelo de la estructura del SARS-CoV-2 que muestra en rojo las proteínas de la espícula (*Spike*).

en la célula huésped, utiliza proteínas del huésped para fusionarse con la membrana plasmática de la célula y entrar en ella. Una vez dentro, suprime la capacidad de la célula para producir ARN y se apodera de la maquinaria celular para copiar su propio genoma. Además, suprime aproximadamente el 70 por ciento de la capacidad de la célula para sintetizar proteínas, forzándola a fabricar proteínas víricas. Las células infectadas pierden su capacidad de alertar al sistema inmunitario.

Una vez que el virus SARS-CoV-2 se ha apoderado de la célula huésped, la induce a formar una capa lipídica que hace que las células se fusionen. Esta clase de fusión celular es normal en algunos tipos de células como los músculos, pero es un problema en las células pulmonares, donde se forman grandes estructuras a partir de muchas células fusionadas. Es probable que estas estructuras permitan al virus replicarse de manera aún más eficaz. La mayoría de estos acontecimientos ocurren con otros virus, pero el SARS-CoV-2 parece combinarlos todos

en una sola infección, y parecen producirse a un ritmo mucho más rápido. En su camino hacia el exterior de la célula, el virus utiliza un mecanismo diferente al de otros coronavirus, saliendo a través de estructuras que existen en las células que normalmente exportan residuos celulares. No se trata de un mecanismo eficaz y no sabemos por qué lo utiliza.

Ha habido varias oleadas de SARS-CoV-2, y las cepas más importantes se han designado con letras griegas. Estas variantes parecen haber surgido de forma independiente. Cabría esperar que Delta evolucionara a partir de Beta, y Omicron a partir de Delta, pero no parece ser así. La evolución favorece la propagación de un virus más que su capacidad para enfermar, y es poco probable que las futuras cepas de SARS-CoV-2 sean más patógenas.

↑ Un tren en Bangkok, Tailandia, en marzo de 2020, que muestra a personas con mascarillas para protegerse de la COVID-19.

Infección y ciclo de la enfermedad del SARS-CoV-2

El virus entra en la célula cuando la proteína *spike* se une al receptor ACE2 de la superficie celular. La envoltura vírica y la célula huésped se fusionan y el ARN vírico se libera en la célula. Las proteínas víricas se fabrican rápidamente a partir de su genoma de ARN y actúan suprimiendo la traducción de los ARN del huésped en proteínas. El virus remodela la red de membranas de la célula y se sintetizan más proteínas víricas.

A continuación, se replica en asociación con las membranas celulares. Las glicoproteínas víricas *spike* pasan a través del aparato de Golgi, un orgánulo importante para el traslado de proteínas a la membrana plasmática de la célula. El virus abandona la célula a través de dicho orgánulo o de los lisosomas, que normalmente proporcionan una salida para los desechos celulares.

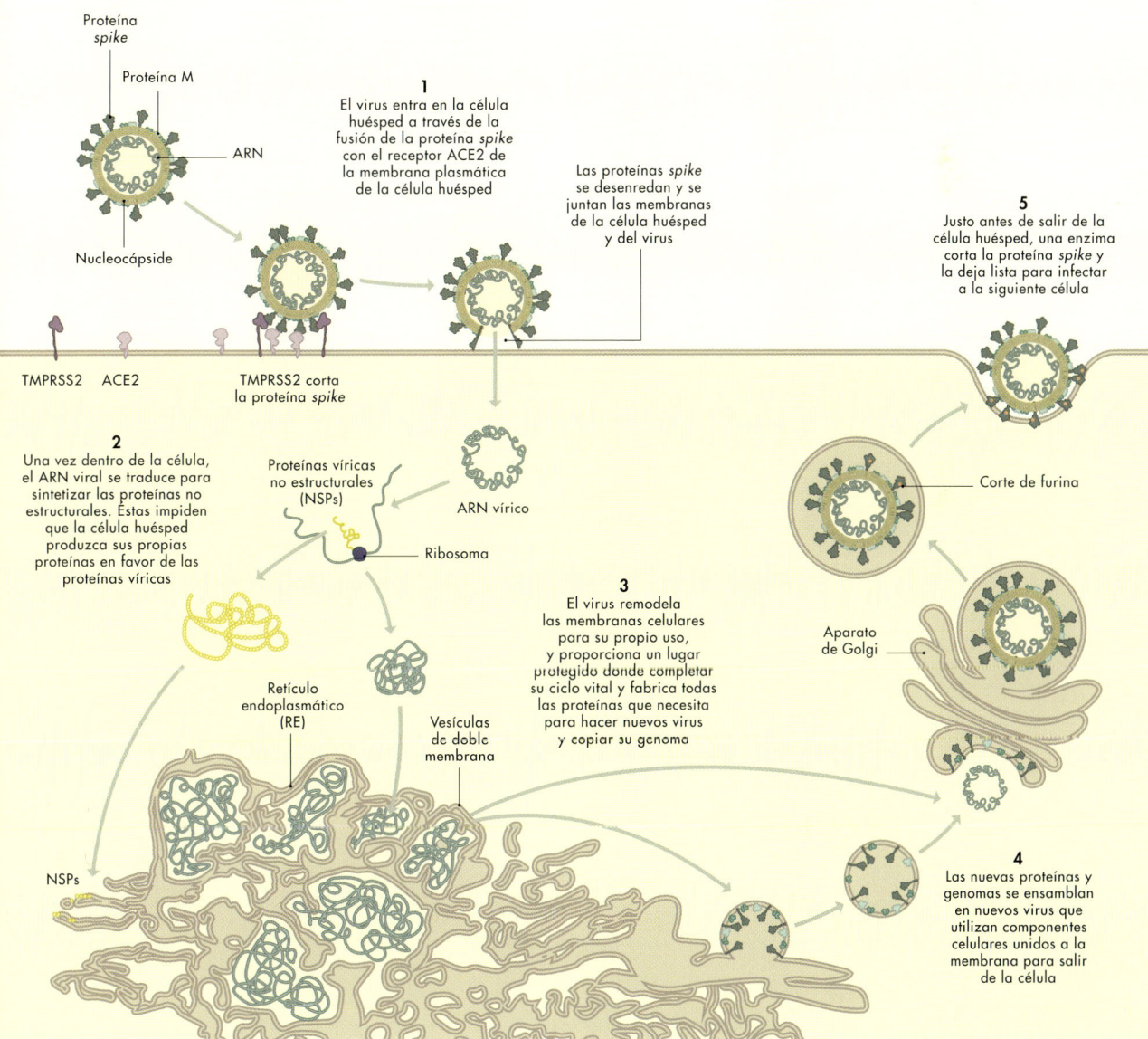

Proteína *spike*

Proteína M

ARN

Nucleocápside

1
El virus entra en la célula huésped a través de la fusión de la proteína *spike* con el receptor ACE2 de la membrana plasmática de la célula huésped

Las proteínas *spike* se desenredan y se juntan las membranas de la célula huésped y del virus

5
Justo antes de salir de la célula huésped, una enzima corta la proteína *spike* y la deja lista para infectar a la siguiente célula

TMPRSS2   ACE2

TMPRSS2 corta la proteína *spike*

2
Una vez dentro de la célula, el ARN viral se traduce para sintetizar las proteínas no estructurales. Estas impiden que la célula huésped produzca sus propias proteínas en favor de las proteínas víricas

Proteínas víricas no estructurales (NSPs)

ARN vírico

Ribosoma

Corte de furina

Retículo endoplasmático (RE)

Vesículas de doble membrana

3
El virus remodela las membranas celulares para su propio uso, y proporciona un lugar protegido donde completar su ciclo vital y fabrica todas las proteínas que necesita para hacer nuevos virus y copiar su genoma

Aparato de Golgi

NSPs

4
Las nuevas proteínas y genomas se ensamblan en nuevos virus que utilizan componentes celulares unidos a la membrana para salir de la célula

Virus de la tristeza de los cítricos

En el último siglo se han producido muchas pandemias de virus vegetales, pero reciben mucha menos cobertura en la prensa que las pandemias humanas. Esto no es sorprendente ni quita importancia a los virus vegetales, básicamente por dos razones: de manera directa o indirecta, los alimentos humanos proceden casi en su totalidad de plantas; y los virus vegetales pueden proporcionar sistemas experimentales y modelos pandémicos que no son posibles con virus humanos u otros virus animales.

↙ Un árbol de cítricos muere por infección del virus de la tristeza de los cítricos.

↓ Los limones Meyer suelen estar infectados por el virus de la tristeza de los cítricos, pero no muestran ningún síntoma. Esta tolerancia fue en parte la causa de que la enfermedad se propagara por otros cítricos de América.

↘ Hojas de cítricos infestadas por el pulgón negro de los cítricos (*Toxoptera citricida*), que es un vector muy eficaz del virus de la tristeza de los cítricos.

Las enfermedades de las plantas han cambiado el curso de la historia de la humanidad en varios ejemplos, como el fin de la producción de arroz en algunas partes del mundo y de patatas, en otras. En América, la desaparición de los cítricos debido al virus de la tristeza de los cítricos comenzó a principios del siglo XX.

El género *Citrus* es originario de Asia, y la mayoría de las variedades cultivadas allí son resistentes o tolerantes al virus de la tristeza de los cítricos. Cuando su cultivo se extendió primero a la región mediterránea y después por todo el mundo, la propagación se produjo a partir de las semillas. Este virus no se transmite a través de las semillas, por lo que en la mayor parte del mundo no existía. Sin embargo, cuando la podredumbre de la raíz se convirtió en un problema mundial en los cítricos durante el siglo XIX, pasó a utilizarse un portainjerto de una variedad de naranjo amargo (*Citrus × aurantium*), que se empleó en gran parte del mundo. La mayoría de las plantas de cítricos fuera de Asia se cultivaron a partir de la progenie de un único portainjerto. En la década de 1930 se detectó por primera vez en Sudamérica una grave enfermedad, llamada tristeza por la miseria que causaba. Millones de árboles murieron y muchos más quedaron inutilizados. A mediados de la década de 1940, se descubrió que se trataba de una enfermedad vírica y que el portainjertos del naranjo amargo era especialmente sensible. El virus se extendió por todo el mundo y se calcula que ha causado la muerte de 100 millones de árboles.

¿De dónde procede este virus? El limón Meyer (*Citrus × meyeri*) llegó a California desde China en 1908 y se introdujo en Florida y Texas en la década de 1920. Una vez que los científicos desarrollaron las herramientas para detectar el virus, analizaron los limoneros Meyer y descubrieron que estaban infectados, pero sin síntomas. Es probable es que el limón Meyer fuera el portador de la enfermedad y contribuyera a su propagación hasta convertirla en pandemia.

El virus de la tristeza de los cítricos se transmite a través de los áfidos. Los investigadores han comprobado experimentalmente la transmisión en muchas especies diferentes de pulgones, y han descubierto que el pulgón de los cítricos (*Toxoptera citricida*), que se introdujo en Sudamérica a principios del siglo XX, es el más eficaz y probablemente contribuyó a las infecciones generalizadas en la región. El pulgón se desplazó hacia el norte a través de Centroamérica a principios de la década de 1990 y llegó a Florida en 1995, donde se estableció. Esta especie invasora provocó una nueva oleada de tristeza de los cítricos. El pulgón aún no se encuentra en California, y las autoridades han trabajado a conciencia para mantenerlo así, incluso prohibiendo la importación de plantas de cítricos de otros estados.

El virus de la tristeza de los cítricos sigue siendo un grave problema para las plantas de cítricos de muchas partes del mundo. Las enfermedades en los árboles son especialmente difíciles de tratar debido a la longevidad y los largos períodos de generación de los árboles. En cambio, las enfermedades de los cultivos anuales pueden evitarse con la plantación de distintos cultivos en años alternos o diferentes variedades resistentes al virus.

↓ Síntomas del virus
de la tristeza de los cítricos
en hojas de lima.

EL POTENCIAL DE FUTURAS PANDEMIAS

La mayoría de las pandemias víricas se han producido en seres humanos, plantas y animales domésticos. Se alimentan de monocultivos, donde conviven grandes cantidades de una sola especie huésped, a menudo en condiciones de hacinamiento. En la agricultura, esto suele incluir una única raza o variedad, por lo que hay muy poca variación genética en el hospedador.

Sin duda habrá más pandemias en el futuro, en humanos y en sus cultivos o en animales domésticos. Los desplazamientos por todo el planeta son un factor importante, ya que no solo se trasladan las enfermedades humanas, sino también las plantas y animales domésticos. y los vectores portadores de enfermedades. El cambio climático es otro factor que muy probablemente incrementará las pandemias. Provocará más migraciones humanas y diferentes zonas de acogida para muchos insectos vectores de enfermedades.

Los científicos generan conocimiento de forma rápida, mientras intentan comprender cómo se inició y propagó la pandemia de la COVID-19. Es de esperar que a partir de este catastrófico suceso se desarrollen nuevas herramientas que permitan predecir y prevenir sucesos similares en el futuro.

→ Síntomas de diversas
infecciones por virus vegetales.
Superior izquierda, virus del
mosaico africano de la yuca;
superior derecha, virus del
rayado del maíz en hojas
de maíz; inferior izquierda,
síntomas del virus de la viruela
del ciruelo en un melocotón
infectado; inferior derecha,
virus del mosaico estriado
del trigo en hojas de trigo.

CPPV-1

Protoparvovirus carnívoro 1

Virus que salta de una especie a otra, en perros y gatos

GRUPO	II
FAMILIA	Parvoviridae
GÉNERO	Protoparvovirus
GENOMA	ADN lineal, monocatenario, no segmentado, de aproximadamente 4600 nucleótidos que codifican 4 proteínas
PARTÍCULA VÍRICA	No envuelta, icosaédrica
HUÉSPEDES	Gatos domésticos y salvajes, otros carnívoros
ENFERMEDADES ASOCIADAS	Enfermedades gastrointestinales, neurológicas e inmunes
TRANSMISIÓN	Por contacto, respiratorio, fecal-oral
VACUNA	Virus muerto, virus vivo atenuado

El protoparvovirus carnívoro 1 (CPPV-1, por sus siglas en inglés) se conoce con otros nombres, aunque el más común es el de virus de la panleucopenia felina o parvovirus felino. La enfermedad está descrita desde la década de 1920 y es una infección muy grave en los gatos, especialmente en los gatitos, en los que suele ser mortal.

Los síntomas de la infección por CPPV-1 incluyen apatía seguida de diarrea, fiebre y vómitos. Los gatitos no suelen sobrevivir sin intervención veterinaria. Los animales infectados excretan grandes cantidades de virus, que es extremadamente estable y permanece en las superficies y en el medio ambiente hasta un año. Se cree que los gatos callejeros se infectan en el primer año de vida y, si sobreviven, tienen una inmunidad robusta de por vida.

Afortunadamente, existe una vacuna excelente contra el CPPV-1, y la mayoría de los gatos domésticos están vacunados. Los gatitos tienen anticuerpos maternos hasta que son destetados, pero hay un periodo de espera tras el destete hasta que se pueda administrar la vacuna, porque cualquier resto de anticuerpos maternos la destruiría. Por tanto, hay un pequeño margen en el que los gatitos son muy vulnerables a la infección.

El CPPV-1 está estrechamente relacionado con el CPPV-2, también conocido como parvovirus canino. El CPPV-2 apareció en perros en la década de 1970, casi con toda seguridad a través del salto desde los gatos. Causa una enfermedad muy similar en los perros, y del mismo modo, la vacunación no puede administrarse antes de que se eliminen los anticuerpos maternos. Los gatos también pueden infectarse con CPPV-2, con un curso similar de la enfermedad.

Se encuentran virus afines en muchas especies salvajes, como visones, mapaches (*Procyon lotor*), zorros y lobos (*Canis lupus*).

→ Estructura del protoparvovirus carnívoro 1, obtenida mediante datos de criomicroscopía electrónica, que muestra la estructura de la cápside en alta resolución.

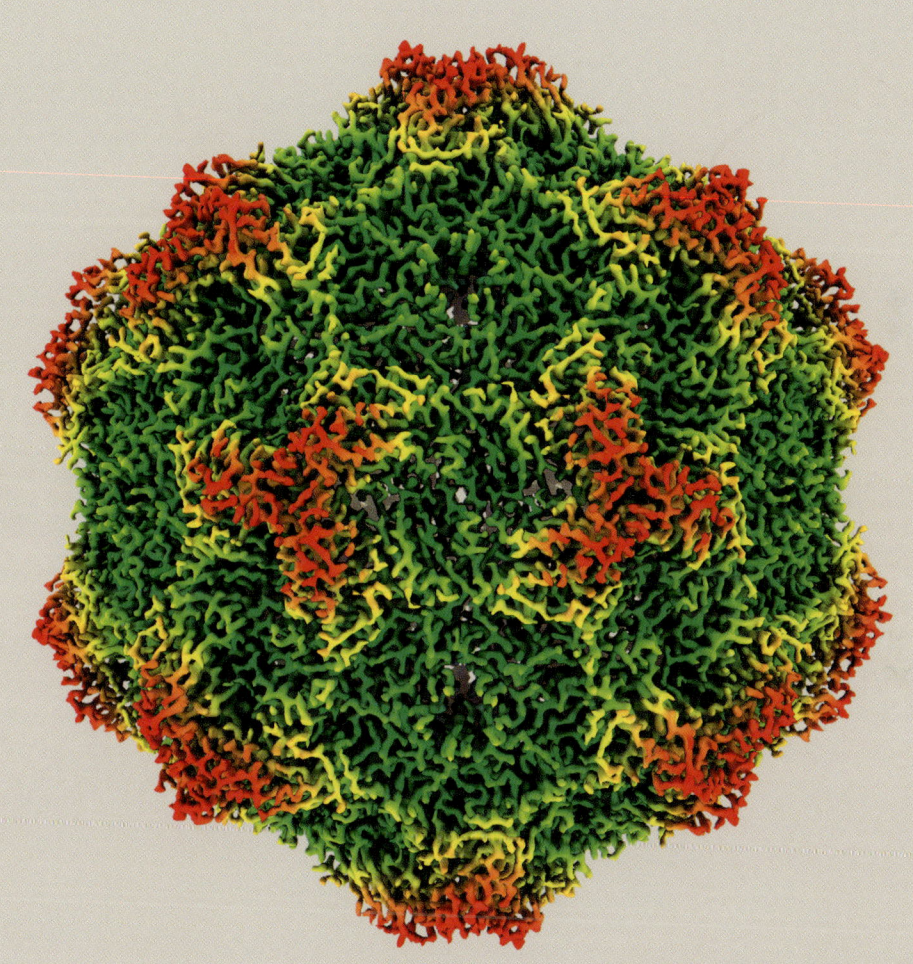

VIS

Virus de la inmunodeficiencia en simios

Virus benigno en su huésped natural,
pero patógeno letal tras saltar de especie

GRUPO	VI
FAMILIA	Retroviridae
GÉNERO	Lentivirus
GENOMA	ARN monocatenario, no segmentado, de aproximadamente 9600 nucleótidos que codifican 7 proteínas
PARTÍCULA VÍRICA	Envuelta, con un núcleo esférico que alberga dos copias del genoma
HUÉSPEDES	Numerosas especies de primates
ENFERMEDADES ASOCIADAS	Suele ser asintomática; causa inmunodeficiencia en macacos, chimpancés (*Pan troglodytes*) y gorilas
TRANSMISIÓN	Vertical, horizontal por contacto íntimo
VACUNA	No disponible

El virus de la inmunodeficiencia simia (VIS) es un retrovirus típico, que convierte su genoma de ARN en ADN y luego se integra en el genoma de la célula que infecta. El genoma permanece en el ADN de la célula infectada mientras esta sobrevive, y se transmite a sus células hijas.

El VIS es un virus común en los primates salvajes africanos y lleva milenios infectando a sus huéspedes; se encuentra en los primates de la isla de Bioko, separada del continente africano desde hace unos 11 000 años. Se ha estudiado más intensamente en los monos verdes africanos (*Chlorocebus sabaeus*) y los mangabeyes grises (*Cercocebus atys*), donde la infección es frecuente, pero hay pocas evidencias acerca de si produce enfermedad. El VIS también puede infectar a los chimpancés (*Pan troglodytes*), y en algunos casos provoca una enfermedad inmunosupresora similar al SIDA en humanos. En primates cautivos se encuentra en macacos Rhesus (*Macaca mulatta*), donde también causa enfermedad. Se cree que los macacos adquirieron el virus de los mangabeyes que estaban alojados en la misma instalación.

El VIS es el progenitor del virus de la inmunodeficiencia humana (VIH). La evolución VIH a partir del VIS es un ejemplo clásico de un virus que salta de especie y se convierte en un patógeno grave en la nueva especie. Comparando los genomas de las cepas del VIH y del VIS, los científicos dedujeron que el virus ha saltado a la especie humana en más de una ocasión. El VIH-1, la cepa más común en todo el mundo, está estrechamente relacionada con una cepa de chimpancé, mientras que el VIH-2 procede de los mangabeyes grises.

→ Estructura recortada generada por ordenador del virus de la inmunodeficiencia en simios a partir de datos de criomicroscopía electrónica.

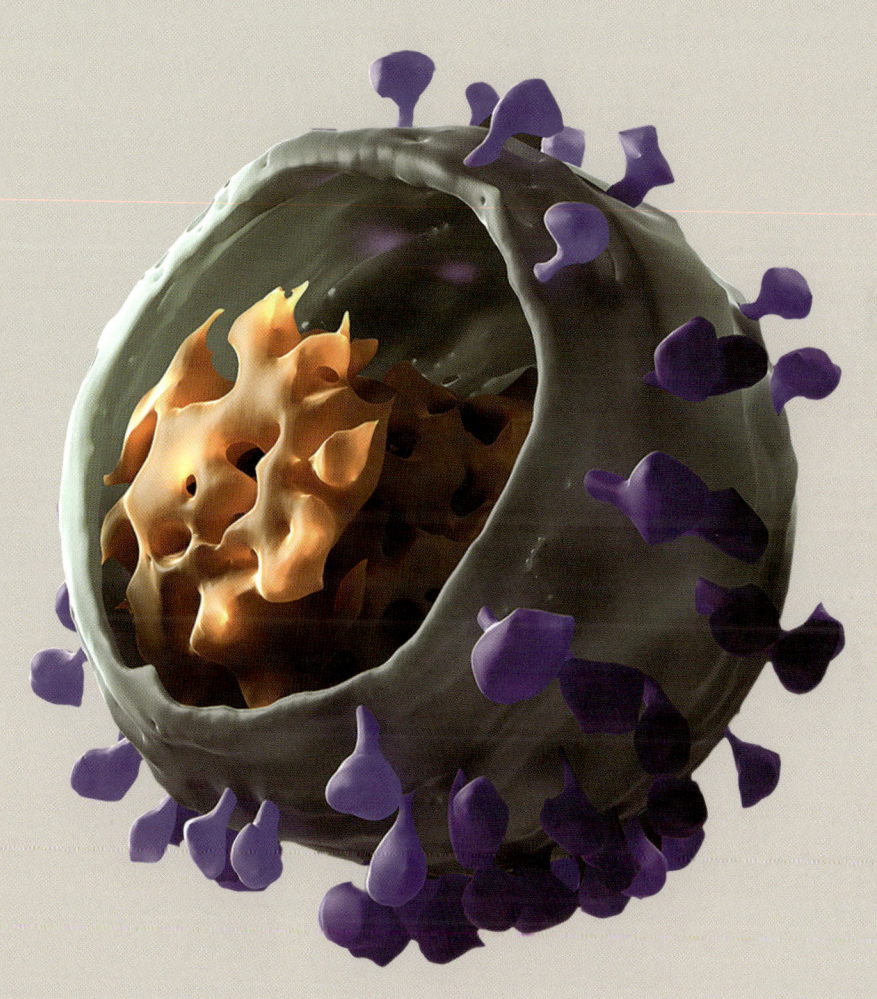

ACMV

Virus del mosaico africano de la yuca

Virus devastador para un importante cultivo alimentario

GRUPO	II
FAMILIA	Geminiviridae
GÉNERO	Begomovirus
GENOMA	ADN circular, monocatenario, dos segmentos de aproximadamente 5200 nucleótidos que codifican 8 proteínas
PARTÍCULA VÍRICA	No envuelta, doble icosaédrica
HUÉSPEDES	Yuca (*Manihot esculenta*)
ENFERMEDADES ASOCIADAS	Virus del mosaico africano de la yuca, mosaico común de la yuca
TRANSMISIÓN	Mosca blanca de la hoja plateada (*Bemesia tabaci*)

El virus del mosaico africano de la yuca (ACMV, por sus siglas en inglés) es uno de los 10 virus relacionados que causan enfermedades graves en la yuca (*Manihot esculenta*), un cultivo básico en gran parte del mundo tropical. La enfermedad se detectó por primera vez en África a finales del siglo XIX, pero su naturaleza vírica no se conoció hasta la década de 1930.

En los últimos años, el ACMV y otros virus afines también se han detectado en Asia. Son transmitidos por la mosca blanca de las hojas plateadas (*Bemesia tabaci*), que se ha extendido por todo el mundo, aumentando el riesgo de que la enfermedad llegue a más lugares donde se cultiva la yuca.

El ACMV es un geminivirus, llamado así porque la partícula se parece a dos icosaedros gemelos. Los geminivirus son una importante amenaza fitosanitaria, ya que infectan a muchos cultivos diferentes, como judías, tomates, remolachas, maíz, nabos y espinacas, así como diversas plantas ornamentales. A menudo inducen patrones de mosaico de colores brillantes en las hojas, algunos de los cuales se consideran rasgos deseables. Todos los geminivirus se transmiten por insectos y, en algunos casos, aportan beneficios a sus insectos vectores.

Aunque la yuca es originaria de Sudamérica y su cultivo sigue estando muy extendido allí, el ACMV no se ha detectado en el continente americano. Es de suponer que el virus se originó en África, en alguna planta no identificada, y se propagó a la yuca después de que esta especie se introdujera en África en el siglo XVI. La yuca se ha convertido en una importante fuente de hidratos de carbono en gran parte del mundo en desarrollo, debido a su capacidad para adaptarse bien a suelos pobres y su tolerancia a las condiciones de sequía. Procesada se conoce como tapioca, excelente para favorecer la buena digestión.

→ Modelo de la estructura de partículas gemelas del virus del mosaico africano de la yuca. Estas partículas gemelas dieron lugar al nombre de la familia Geminiviridae.

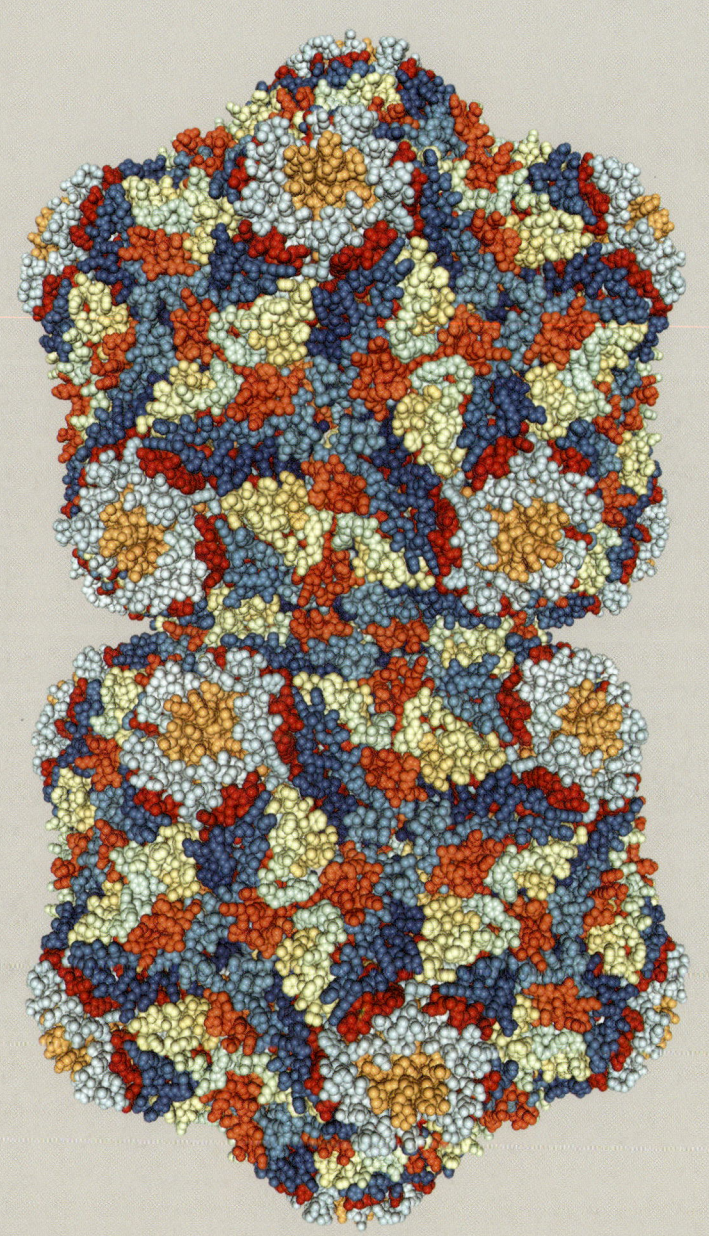

BBTV

Virus del cogollo racimoso del banano

La principal amenaza para la producción de plátanos

GRUPO	II
FAMILIA	Nanoviridae
GÉNERO	Babuvirus
GENOMA	ADN circular, monocatenario, 6 segmentos y aproximadamente 7000 nucleótidos que codifican 6 proteínas
PARTÍCULA VÍRICA	No envuelta, partículas pequeñas icosaédricas
HUÉSPEDES	Plátanos y bananas (especies de *Musa*)
ENFERMEDADES ASOCIADAS	Enfermedad del cogollo racimoso
TRANSMISIÓN	Pulgón del banano (*Pentalonia nigronervosa*), verticalmente a través de los explantes

El virus del cogollo racimoso del banano (BBTV, por sus siglas en inglés) es una amenaza para la producción de bananos y plátanos en gran parte del mundo, con la excepción de la América continental. El vector del virus, el pulgón del banano (*Pentalonia nigronervosa*), no se encuentra en las zonas del mundo donde el virus no existe.

El BBTV es muy difícil de erradicar debido a que las plantas de plátano se propagan a través de retoños que surgen de una planta madre y no por semillas. Cuando se hereda de esta forma, la enfermedad suele ser grave y hace que los frutos se retuerzan y se atrofien, por lo que estas plantas no se utilizan para la propagación. El virus también se transmite horizontalmente por efecto del áfido vector, pero las plantas infectadas de esta forma presentan síntomas más leves que pueden pasar desapercibidos, continuando el ciclo de infección entre la transmisión vertical y horizontal. Las reservas de plantas madre sin virus son importantes para continuar con éxito la propagación del plátano.

El BBTV y otros nanovirus tienen partículas muy pequeñas y empaquetan cada segmento de sus genomas por separado. Un genoma muy dividido tiene algunas ventajas para un virus vegetal, porque el pequeño tamaño de los componentes individuales les facilita el movimiento entre las células vegetales.

Sin embargo, esto también es una desventaja, ya que para infectar completamente a una sola célula, todas las partículas tienen que estar presentes a la vez. Otros nanovirus parecen haber superado este inconveniente intercambiando las proteínas producidas por cada tipo de partícula entre las células de una planta, de modo que una célula puede producir un subconjunto de proteínas mientras que otra produce un subconjunto diferente. Sin embargo, no está claro si el BBTV también utiliza esta estrategia. El virus se limita al floema de la planta, tejido con estructuras tubulares que transportan nutrientes. Las células del floema están muy interconectadas, por lo que es probable que la estrategia del virus sea muy beneficiosa para facilitar su propagación.

→ Plantas de plátano infectadas con el virus del cogollo racimoso del banano: muestran retraso en el crecimiento y todas las hojas emergen de un punto, formando un «racimo».

VPPA

Virus de la peste porcina africana

Pandemia de virus animal que puede cambiar las dietas tradicionales

GRUPO	I
FAMILIA	Asfaviridae
GÉNERO	Asfivirus
GENOMA	ADN lineal, bicatenario, de aproximadamente 170 000 nucleótidos (170 kb) que codifican 160 proteínas
PARTÍCULA VÍRICA	Doble envoltura con núcleo icosaédrico
HUÉSPEDES	Cerdo doméstico (*Sus domesticus*), jabalís, potamoquero de río (*Potamochoerus larvatus*), garrapatas (especies de *Orthinodorus*).
ENFERMEDADES ASOCIADAS	Fiebre
TRANSMISIÓN	Vectorial (garrapatas), contacto directo
VACUNA	No disponible

La peste porcina africana es una enfermedad muy grave de los cerdos que se ha extendido a muchas partes del mundo en las últimas décadas. Su transmisión horizontal a través de productos animales utilizados como pienso ha aumentado los problemas con esta enfermedad.

La peste porcina africana es endémica en el África subsahariana, con un ciclo entre cerdos domésticos y salvajes, pero en 2007 el virus de la peste porcina africana (VPPA) se introdujo accidentalmente en Georgia. Desde allí se propagó por el Cáucaso hasta Rusia, desde donde se introdujo en Europa en 2014. En 2018, el virus se propagó a China y otras partes de Asia. Actualmente sigue propagándose y es probable que llegue a nuevas partes del mundo, ya que la vigilancia para contenerlo se ha visto afectada por la pandemia humana de la COVID-19.

Existen diversas cepas del VPPA, algunas de las cuales son más letales que otras. Las más graves tienen una tasa de letalidad del 100 por ciento, mientras que las más leves solo producen síntomas mínimos. El virus se transmite de los cerdos salvajes a los domésticos a través de una garrapata que actúa como vector, pero, una vez en las poblaciones domésticas, se propaga rápidamente por contacto directo entre cerdos.

El impacto del VPPA ha sido devastador en China, donde la carne de cerdo constituye un componente esencial de la dieta y es especialmente importante durante las fiestas y celebraciones. Sin embargo, el impacto no se limita a la dieta humana: el suministro de heparina, un importante fármaco utilizado en el tratamiento de los trastornos de la coagulación, también se ve afectado, porque la mayor parte del medicamento tienen un origen porcino. Se han hecho esfuerzos para crear una vacuna contra el virus, pero hasta ahora no han tenido éxito.

→ Modelo en alta resolución de la estructura del virus de la peste porcina africana obtenido mediante datos de criomicroscopía electrónica.

GLOSARIO

anastomosis Fusión entre hifas fúngicas (filamentos).

ARN de transferencia ARN muy estructurado que utiliza el ribosoma para poner un aminoácido en la posición correcta para sintetizar proteínas.

asexual Sin género.

bacteriófago Virus que infecta bacterias.

biodiversidad Conjunto de todas las entidades biológicas diferentes.

bioinformática Estudios de datos biológicos por ordenador.

biotipo Grupo dentro de una especie que tiene el mismo genotipo.

brotadura Reproducción asexual por expulsión de un brote en una porción de la célula; en los virus, a través de una parte de la membrana celular.

cloroplasto Orgánulo de las células vegetales responsable de la fotosíntesis.

cola de poli-A Cadena de nucleótidos de adenosina que suele encontrarse en el extremo 3' de un ARNm.

concatémero Molécula larga de ADN o ARN formada por varias copias de una secuencia encadenadas.

cuerpo de oclusión Cuerpo lleno de proteínas unido a la membrana que algunos virus utilizan para proteger las partículas víricas.

desoxirribonucleótido Componentes básicos del ADN que comprenden una molécula de azúcar (desoxirribonucleótido) y una base nucleotídica.

encapsidación Proceso que utiliza un virus para empaquetar su genoma dentro de una cápside proteica.

endémico Virus que se encuentra regularmente en una población.

endocitosis Proceso que utilizan las células para absorber materiales desde el exterior a su interior.

endógeno Dentro del genoma.

envoltura En los virus, la capa de membrana externa que deriva de las membranas celulares del huésped.

enzima Catalizador biológico, generalmente de proteínas.

eucariota Entidad con células que tienen un núcleo.

exón Parte de un ADN o un ARN que contiene las secuencias codificantes de una proteína.

extremo Estructura nucleotídica modificada que se encuentra en el extremo 5' de un ARNm.

fitoplancton Diversos microbios fotosintéticos en el mar.

fosfato Grupo molecular del ARN y el ADN formado por átomos de fósforo y oxígeno.

grupo hidroxilo Grupo molecular del ARN y el ADN formado por un átomo de hidrógeno y un átomo de oxígeno.

helicasa Enzima que desenrolla la doble hélice del ADNbc, separando las dos cadenas de nucleótidos mediante la ruptura de los enlaces de hidrógeno que las mantienen unidas.

histamina Pequeña molécula que forma parte de la respuesta inmunitaria innata, induciendo la inflamación.

histonas Complejos proteínicos alrededor de los cuales se envuelve el ADN en el núcleo celular.

inmunidad adaptativa Inmunidad específica para un agente patógeno.

inmunidad de rebaño Situación en la que la mayor parte de la población es inmune a un virus, por lo que la infección vírica se extingue al no haber nuevos huéspedes susceptibles a la infección.

inmunidad innata Respuesta inespecífica del organismo a los agentes patógenos.

integración Incorporación del ADN vírico al genoma del huésped.

interferón Pequeña molécula que forma parte de la respuesta inmunitaria innata que induce la inflamación.

intrón Parte de un ADN o un ARN que contiene secuencias no codificantes para proteínas y que se elimina mediante el proceso de *splicing*.

lisis Ruptura de una célula que provoca su muerte.

lisosoma Orgánulo celular envuelto por membrana, llena de enzimas digestivas.

membrana plasmática Membrana externa de una célula, formada por lípidos e importante en la regulación de la entrada y salida de la célula.

metagenómico Estudio del material genético recuperado directamente de muestras ambientales o clínicas mediante técnicas de secuenciación.

mitocondria Centro energético de la célula, presente en todas las eucariotas.

monocultivo Gran población de individuos idénticos o muy parecidos, que suele encontrarse en la agricultura.

mutación Cambio en la secuencia genética.

mutágeno Cualquier sustancia que induce una mutación; puede ser de naturaleza química o física.

mutualismo Relación beneficiosa para todos los participantes.

núcleo Orgánulo central de las células eucariotas donde se almacena el genoma.

oncogén Gen implicado en el desarrollo del cáncer.

orgánulo Cuerpo membranoso dentro de una célula, con una función específica.

paleovirología Estudio de los virus integrados en los genomas como fósiles genéticos.

pared celular Estructura exterior de las células de varios reinos de la vida. Las células animales no tienen paredes.

plasmodesma Conexiones entre células vegetales que atraviesan la pared celular y están recubiertas por una membrana.

polimerasa Enzima que se utiliza para copiar ARN o ADN.

pregenoma Copia del genoma vírico que requiere un procesamiento posterior para ser un genoma completamente maduro.

procariota Entidad cuyas células no tienen núcleo ni otros orgánulos.

protocélula Hipotética primera forma de vida en la Tierra antes de que evolucionaran las células eucariotas.

provirus Virus que se integra en el genoma de su huésped.

resistencia Cualquiera de los estados que hacen que un huésped no pueda ser infectado por un virus.

ribonucleótido Componentes básicos del ARN, formados por una molécula de azúcar y una base nucleotídica.

ribosoma Máquina celular formada por proteínas y ARN que traducen el ARNm en proteínas.

ribozima Molécula de ARN con actividad enzimática para cortar el ARN.

selección natural Fuerza impulsora de la evolución, en la que los individuos mejor adaptados al entorno son los que se reproducen.

sésil Organismo que permanece fijo en un lugar.

simbiogénesis Fusión de dos especies separadas para formar una nueva especie.

simbiosis Relación íntima entre dos o más entidades distintas.

splicing Eliminación de una parte de una molécula de ARN.

susceptibilidad Estado de un huésped que lo hace vulnerable a la infección vírica.

terapia génica Aportación de genes mediante edición génica o un virus, con el fin de corregir un defecto genético.

tolerancia Estado en el que la enfermedad no se manifiesta, aunque pueda producirse una infección.

tolerancia inmunitaria Proceso que tiene lugar justo antes y después del nacimiento en los animales y que instruye al sistema inmunitario para que se reconozca a sí mismo.

topoisomerasa Enzima que permite que una cadena de ADN desenrede sus espirales de doble cadena.

transmisión Movimiento de un huésped a otro.

vacuna Preparado que confiere inmunidad frente a una enfermedad infecciosa.

variolización Precursor de la vacunación; proceso de infectar intencionadamente a un individuo con viruela para prevenir una enfermedad más grave.

vector Algo que traslada un virus entre huéspedes, a menudo un insecto, pero puede incluir muchos otros agentes biológicos y no biológicos.

viroma El total de todos los virus de un organismo o entorno específico.

virulencia Habilidad de causar enfermedades.

virus entérico Virus que infecta el tracto gastrointestinal.

zoonosis Virus que se transmite desde los animales a los humanos.

FUENTES

LIBROS

Acheson, N. *Fundamentals of Molecular Virology* (Wiley, 2011)

Bamford, D. H. y M. Zuckerman, eds. *Encyclopedia of Virology. Vols. 1-5* (Elsevier, 2021)

Flint, J., V. R. Racaniello, G. F. Rall, T. Hatziioannou, y L. M. Skalka. *Principles of Virology. Vols. 1 y 2.* Quinta edición (ASM Press, 2020)

Hull, R. *Matthews' Plant Virology* (Academic Press, 2002)

Quaman, D. *The Chimp and the River: How AIDS Emerged from an African Forest* (Norton, 2015)

Rohwer, F., M. Youle, y H. Nao. *Life in Our Phage World* (Wholon, 2014)

Roossinck, M. J. *Virus: An Illustrated Guide to 101 Incredible Microbes* (Princeton University Press, 2016)

Zimmer, C. e I. Schoenherr. *A Planet of Viruses.* Tercera edición (University of Chicago, 2021)

ARTÍCULOS DE REVISTAS CIENTÍFICAS

Chow, C.-E. T. y C. A. Suttle. «Biogeography of viruses in the sea». *Annual Reviews of Virology* 2: 41-66 (2015)

Farell, P. J. «Epstein-Barr virus and cancer». *Annual Review of Pathology: Mechanisms of Disease* 14: 29-53 (2019)

Grubaugh, N. D., J. T. Ladner, P. Lemey, O. G. Pybus, A. Rambaut, E. Holmes y K. G. Andersen. «Tracking virus outbreaks in the 21st century». *Nature Microbiology* 4: 10-19 (2019)

Letko, M., S. N. Seifert, K. J. Olival, R. K. Plowright, y V. J. Munster. «Bat borne virus diversity, spillover y emergence». *Nature Reviews Microbiology* 18: 461-471 (2020)

Nadège, P., M. Legendre, G. Doutre, Y. Couté, O. Poirot, M. Lescot, *et.al.* «Pandoraviruses: Amoeba viruses with genomes up to 2.5 Mb reaching that of parasitic eukaryotes». *Science* 341: 281-286 (2013)

Peyambari, M., S. Warner, N. Stoler, D. Ranier, y M. J. Roossinck. «A 1,000-year-old plant virus». *Journal of Virology* 93: e01188-18 (2019)

Roossinck, M. J. «The good viruses: Viral mutualistic symbioses». *Nature Reviews Microbiology* 9: 99–108 (2011)

Roossinck, M. J. y E. R. Bazán. «Symbiosis: Viruses as intimate partners». *Annual Review of Virology* 4: 123-139 (2017)

Schoelz, J. E. y L. R. Stewart. «The role of viruses in the phytobiome». *Annual Review of Virology* 5: 93-111 (2018)

Svircev, A., D. Roach, y A. Castle. «Framing the future with bacteriophages in agriculture». *Viruses* 10: 216 (2018)

Xu, Q., Y. Tang, y G. Huang. «Innate immune responses in RNA virus infection». *Frontiers of Medicine* 15: 333-346 (2021)

ORGANIZACIONES Y PÁGINAS WEB

American Society for Microbiology
www.asm.org

American Society for Virology
www.asv.org

Australasian Virology Society
www.avs.org.au

Descriptions of Plant Viruses
dpvweb.net

European Society for Virology
www.eusv.eu

International Union of Microbiological Societies, Virology Division
www.iums.org/index.php/virology

Japanese Society for Virology
jsv.umin.jp/jsv_e

Microbiology Society
www.microbiologysociety.org

Organización Mundial de la Salud
www.who.int/es

PanAmerican Health Organization
www.paho.org/hq

TWiV
This Week in Virology, podcast semanal con archivos de emisiones anteriores.
www.microbe.tv/twiv

United States Center for Disease Control
www.cdc.gov

ViralZone
Una compilación de información estructural y genética sobre virus.
viralzone.expasy.org

World Society for Virology
www.ws-virology.org

ÍNDICE

CRÉDITOS DE LAS IMÁGENES

Ilustraciones: Martin Brown 145, 149, 150; Lindsey Johns 13, 75 (inferior); Caitlin Monney (Monney Medical Media) 16, 65, 66, 70 (top), 77, 79, 80, 82, 83, 85 superior e inferior), 86, 89, 138, 163, 167, 171, 173, 198, 203, 223, 224, 256, 263; Tejeswini Padma 10, 11, 14, 31, 33, 34-35, 38-39, 70 (inferior), 72, 75 (superior), 109 (superior e inferior), 110, 112, 115, 117, 142; John Woodcock 58, 60, 132, 144, 175, 197, 208, 229, 233, 250, 258, 260 (superior e inferior).

El editor desea dar las gracias a las siguientes personas y entidades por permitir la reproducción de su material:

Adobe Stock: molekuul.be: 25 • Alamy Photo Library Pictorial Press Ltd: 22s; Science History Images: 22i; Photo12, Ann Ronan Picture Library: 23; Larry Downing, Reuters: 28; dpa picture alliance: 29s; Ivan Kuzmin: 29i, 225; Nic Hamilton Photographic: 45d; Todas Canada Photos: 46; Nigel Cattlin: 61, 87, 103, 119, 267sd e id; Juan Gaertner Science Photo Library: 67; Rosanne Tackaberry: 69s; Scott Camazine: 71s; Cavallini James BSIP: 71i; inga spence:76; Antonio Guillem: 78s; Kateryna Kon Science Photo Library: 93, 236; Science Picture Co: 97; Steve Gschmeissner Science Photo Library: 107s; Maxim Cristalov: 114d; Vintage_Space: 116; FineArt: 137; Holmes Garden Photos: 146; The Granger Collection: 164; Science History Images: 165; IanDagnall Computing: 176iz; 253iz; RBM Vintage Images: 177d; Jagadeesh N.V Reuters: 207i; History and Art Collection: 209; Nanoclustering Science Photo Library: 219; Niday Picture Library: 226; North Wind Picture Archives: 232; Granger-Historical Picture Archive: 235i; Shawshots: 254iz; World of Triss: 254d; J. Marshall-Tribaleye Images: 261; Biosphoto: 264iz; Tim Gainey: 264d • Stéphane Blanc: 150 • Centres for Disease Control and Prevention, James Gathany: 113 • Andrew Charnesky, Hafenstein Lab, The Pennsylvania State University: 211 • Churchill Archives Centre, The Rosalind Franklin Papers, FRKN 2/31: 22iz • CNRS © AMU/IGS/CNRS Phototheque: 53 • Delft School of Microbiology Archives, cortesía de la curaduría: 20 • Dreamstime Kanokphoto: 196; Nflane: 227 • John Finch, MRC Laboratory of Molecular Biology: 19 • Flickr: Harry Rose: 21; Oregon State University: 40iz; International Institute of Tropical Agriculture, Nigeria: 55; Chattahoochee Oconee National Forest: 235s; James St. John: 241; H.Holmes, RTB-The CGIAR Research Program on Roots, Tubers and Bananas: 267siz; U.S. Department of Agriculture, European and Mediterranean Plant Protection Organization Archive, Francia 267iiz; Scot Nelson: 275 • iNaturalist: James Bailey: 205; Gilles San Martin: 230 • Invasive. Org: Rupert Anand Yumlembam, Central Agricultural University, Imphal, Manipur, India, Bugwood.org 42 • iStock: Tomasz Klejdysz: 202; Gerald Corsi: 222 • Journal of Biological Chemistry Open Access, Fig. 2 en Andrés et al. «The cryo-EM structure of African swinefever virus unravels a unique architecture comprising two icosahedral protein capsids and two lipoprotein membranes». Volumen 295, Edición 1, P1-12, (2020) https://doi.org/10.1074/jbc. AC119.011196: 277 • Russell C. J. Kightley: 69i • Heui-Soo Kim: 47 • Caroline Langley, Hafenstein Lab, The Pennsylvania State University: 5, 125 • Hyunwook Lee, Hafenstein Lab, The Pennsylvania State University: 215, 239, 269 • Library of Congress, National Photo Company Collection: 255 • Pedro Moreno: 168 • National Cancer Institute: 271 • Cortesía del National Institute of Allergy and Infectious Diseases 47 • National Plant Protection Organization, Países Bajos, Annelien Roenhorst: 49 • Nature Communications Open Access, Fig. 4 en Hesketh, E.L., Saunders, K., Fisher, C. et al. «The 3.3 A structure of a plant geminivirus using cryo-EM. Nat Commun 9», 2369 (2018). https://doi.org/10.1038/s41467-018-04793-6: 213 • PDB-101 (PDB101.rcsb.org) RCSB PDB, David S. Goodsell 157 • David Price-Goodfellow: 257 • RCSB PDB creado con Mol* (D. Sehnal, S. Bittrich, M. Deshpande, R. Svobodová, K. Berka, V. Bazgier, S. Velankar, S. K. Burley, J. Koča, A. S. Rose (2021) Visualización Mol*: aplicación web para la visualización y el análisis tridimensional de grandes estructuras biomoleculares. Investigación de ácidos nucleicos. doi: 10.1093/nar/gkab314), y RCSB PDB, Imagen 2X8Q Imagen 2X8Q Hyun, J. K., Radjainia, M., Kingston, R. L., Mitra, A. K. (2010) J Biol Chem 285: 15056 Ensamblaje impulsado por protones de la proteína de la cápside del virus del sarcoma de Rous da como resultado la formación de partículas icosaédricas: 4s, 101; Imagen 2CH8 Tarbouriech, N., Ruggiero, F., Deturenne-Tessier, M., Ooka, T., Burmeister, W. P. (2006) J Mol Biol 359: 667 Estructura del oncogén Barf1 del virus de Epstein-Barr: 5Biz, 88; Imagen 6JHQ Cao, L., Liu, P., Yang, P., Gao, Q., Li, H., Sun, Y., Zhu, L., Lin, J., Su, D. Rao, Z., Wang, X. (2019) PLoS Biol 17: e3000229 La base estructural para la neutralización del virus de la hepatitis A muestra un diseño racional de inhibidores altamente potentes: 5BC, 123; Imagen 5IRE Sirohi, D., Chen, Z., Sun, L., Klose, T., Pierson, T. C., Rossmann, M. G., Kuhn, R. J. (2016) Science 352: 467-470 Estructura de criomicrografía del virus Zika con una resolución de 3,8 angstroms: 9; Imagen 3J9X DiMaio, F., Yu, X., Rensen, E., Krupovic, M., Prangishvili, D., Egelman, E. H. (2015) Science 348: 914-197 Un virus que infecta a un hipertermófilo encapsida el ADN en forma A: 34-35; Imagen 6P7B Li, N., Shi, K., Rao, T., Banerjee, S., Aihara, H. (2020) Sci Rep 10: 393 Información estructural sobre la unión del ADN y la amplia selección del sustrato de la resolvasa del subgrupo avian: 91; Imagen 4V99 Makino, D.L., Larson, S. B., McPherson, A.(2013) J Struct Biol 181: 37-52 Estructura cristalográfica del virus del mosaico del pánico (PMV): 127; Imagen 2H3R Benach, J., Chen, Y., Seetharaman, J., Janjua, H., Xiao, R., Cunningham, K., Ma, L.-C., Ho, C. K., Acton, T. B., Montelione, G. T., Hunt, J. F., Tong, L., Estructura cristalina de ORF52 del virus del herpes murino 4 (MuHV-4) (gammaherpesvirus murino 68). Consorcio de Genómica Estructural del Noreste (NESG): 243s; Imagen 4BML Gipson, P., Baker, M. L., Raytcheva, D., Haase-Pettingell, C., Piret, J., King, J. A., Chiu, W. (2014) Nat Commun 5: 4278 Proteínas con forma de protuberancias que exceden las simetrías locales en un virus marino icosaédrico: 217 • RCSB PDB creado con NGL (A. S. Rose, A. R. Bradley, Y. Valasatava, J. D. Duarte, A. Prlic, P. W. Rose (2018) visualizador NGL: gráficos moleculares basados en la web para entidades complejas de gran tamaño. Bioinformatics 34: 3755-3758) Imagen 4G7X Ford, C. G., Kolappan, S., Phan, H. T., Waldor, M. K., Winther-Larsen, H. C., Craig, L. (2012) Estructuras cristalinas de un dominio pIII de CTX{varphi} no unido y en complejo con un dominio TolA de Vibrio cholerae revelan nuevas interfaces de interacción: 4i, 5s, 245; Imagen 7DWT Fibriansah, G., Lim, E. X. Y., Marzinek, J. K., Ng, T. S., Tan, J. L., Huber, R. G., Lim, X. N., Chew, V. S. Y., Kostyuchenko, V. A., Shi, J., Anand, G. S., Bond, P. J., Crowe Jr., J. E., Lok, S. M. (2021) PLoS Pathog 17: e1009331-e1009331. La afinidad de los anticuerpos frente a la morfología del dengue influye en la neutralización: 5id, 191; Imagen 7XDI Han Z., Yuan, W., Xiao, H., Wang, L., Zhang, J., Peng, Y., Cheng, L., Liu, H., Huang, L. (2022) Proc Natl Acad Sci USA119: e2119439119-e2119439119 Información estructural sobre un virus de arquea fusiforme con una cola simétrica, plegada siete veces: 34siz; Imagen 3J31 Veesler, D., Ng, T. S., Sendamarai, A. K., Eilers, B. J., Lawrence, C. M., Lok, S. M., Young, M. J., Johnson, J. E., Fu, C. Y. (2013) Proc Natl Acad Sci USA 110: 5504-5509 Estructura atómica del virus icosaédrico en torreta Sulfolobus, extremófilo de 75 MDa, determinada mediante crioelectrometría y cristalografía de rayos X: 34sd; Imagen 6CGR Dai, X. H., Zhou, Z. H. (2018) Estructura de la cápside 1 del virus del herpes simple con complejos proteicos del tegumento asociados Science 360: 155; Imagen 7LGE Chang, J. Y., Gorzelnik, K. V., Thongchol, J., Zhang, J.(2022) Viruses 14 Ensamblaje estructural del virión Q beta y sus diversas formas de partículas similares a virus: 159; Imagen 6HXX Kezar, A., Kavcic, L., Polak, M., Novacek, J., Gutiérrez-Aguirre, I., Znidaric, M. T., Coll, A., Stare, K., Gruden, K., Ravnikar, M., Pahovnik, D., Zagar, E., Merzel, F., Anderluh, G., Podobnik, M. (2019) Sci Adv 5: eaaw3808-eaaw3808 Base estructural de la naturaleza multitarea de la proteína de la cubierta Y del virus de la patata: 189; Imagen 7NXR Naniima, P., Naimo, E., Koch, S., Curth, U., Alkharsah, K. R., Stroh, L. J., Binz, A., Beneke, J. M., Vollmer, B., Boning, H., Borst, E. M., Desai, P., Behar, J., Messerle, M., Bauerfeind, R., Legrand, P., Sodeik, B., Schulz, T. F., Krey, T. (2021) PLoS Biol 19: e3001423-e3001423 El ensamblaje de la progenie del virus del herpes asociado al sarcoma de Kaposi infeccioso requiere de la formación de un pentámero pORF19: 243i; Imagen 1M1C Naitow, H., Tang, J., Canady, M., Wickner, R. B., Johnson, J. E. (2002) Nat Struct Biol 9: 725-728 Virus L-A virus en una resolución de 3.4 A revela la arquitectura de las partículas y el mecanismo de desprotección del ARNm: 247; Imagen 6EK5 Hipp, K., Grimm, C., Jeske, H., Bottcher, B. (2017) Structure 25: 1303-09.e3 Estructura de resolución casi atómica de un geminivirus vegetal determinada mediante criomicroscopía electrónica; 273; Imagen 3DOH (2008) Li,F. J Virol 82: 6984-91 Análisis estructural de las principales barreras entre los seres humanos y las civetas en las infecciones por coronavirus del síndrome respiratorio agudo severo: 259 • RCSB PDB, Jmol: un visualizador Java de código abierto para estructuras químicas en tres dimensiones. http://www.jmol.org/: 51 • Rusty Rodríguez: 228 • Science Photo Library Laguna Design: 3, 59; National Library of Medicine: 24; Henning Dalhoff: 64; Science Source: 99; Tim Vernon: 139; Dr. Klaus Boller: 153, 185; Roger Harris: 187; Dr. Victor Padilla-Sánchez Phd, Washington Metropolitan University: 193; AMI Images: 120-21; Ramon Andrade 3DCIENCIA: 131; PR J. L. Kemeny, ISM: 180 • Jean-Yves Sgro, Protein Data Bank: 1DNV; Rasmol, imagen del doctor Sgro (UW-Madison, Departamento de Bioquímica): 44; Protein Data Bank: 5K0U; UCSF Chimera, imagen del doctor Sgro (UW-Madison, Departamento de Bioquímica): 129 • Shutterstock: Juan Gaertner: 2-3; Kateryna Kon: 4C, 37 (todas), 73, 88s, 169, 170, 172sei, 181; Sashkin: 10i; Bussakan Punlerdmatee: 15; Catherine Avilez: 17; Lifestyle Graphic: 32; Martin Prochazkacz: 40d; walkerone: 43; Ihor Hvozdetskyi: 44-45s; Jezper: 48; DodoDripp: 70; podsy: 78iz; Kostiantyn Kravchenko: 81; homi: 95; schankz: 107iz; Choksawatdikorn: 108; Tatiana Shepeleva: 111; LightField Studios: 114iz; JennLShoots: 118; Evgeniyqw: 119A; Thammanoon Khamchalee: 119B; Mi St: 119C; Jamierpc: 119E; Vera Larina: 119F; Tomasz Klejdysz: 119F, 119iz, 231; Wut_Moppie: 119G; EVGEIIA: 119H; F.Neidl: 119I; chinahbzyg: 119K; frank60: 121sd; Suti Stock Photo: 133; Sandra Mori: 140-141; FJAH: 148s; Creativa Images: 148iiz; Laborant: 148id; Jose Luis Calvo: 166; Everett Collection: 174, 207s; Yekatseryna Netuk: 176-177; Igor Petrushenko: 183s; Showtime.photo: 183i; AJ Céspedes: 199; Rejdan: 200; massimofusaro: 201; Lam Van Linh: 23iz; Grandpa: 237d; The Escape of Malee: 262; LifeCollectionPhotography: 265; Theeraya Nanta: 266 • Mark J. A. Vermeij: 41 • Wikimedia Commons: EEIM: 121id; Spencerbdavis 178; NASA/USGS imagen cortesía de Steve Groom: 204i; Stefan Ertmann & Lokal Profil: 253s • Willie Wilson, Marine Biological Association, Plymouth: 204s • Profesor Ju-Yeon Yoon: 143 • Heiko Ziebell: 179.

Se han hecho todos los esfuerzos posibles para localizar a los titulares de los derechos de autor y obtener su permiso para reproducir el material protegido. El editor se disculpa por cualquier error u omisión en el listado anterior y estará encantado de incorporar cualquier corrección en futuras reimpresiones de esta obra.